U0085299

科學技術叢書

環工化學

黃汝賢等 編著

國家圖書館出版品預行編目資料

環工化學／黃汝賢等編著. －－修訂二版四刷. －－
臺北市：三民，2006
面；　公分
參考書目：面
ISBN 957-14-2399-8　(平裝)

1. 環境化學

367.4　　85002645

三民網路書店　http://www.sanmin.com.tw

© 環工化學

著作人　黃汝賢等
發行人　劉振強
著作財產權人　三民書局股份有限公司
臺北市復興北路386號
發行所　三民書局股份有限公司
地址／臺北市復興北路386號
電話／(02)25006600
郵撥／0009998-5
印刷所　三民書局股份有限公司
門市部　復北店／臺北市復興北路386號
重南店／臺北市重慶南路一段61號
初版一刷　1996年4月
修訂二版一刷　1997年2月
修訂二版四刷　2006年6月
編　號　S 444310
基本定價　陸元肆角
行政院新聞局登記證局版臺業字第○二○○號

ISBN　957-14-2399-8　(平裝)

自 序

筆者自民國六十九年從事環境工程教育以來，除教學、研究外，並一直參與經濟部委辦之工業污染防治技術服務團及農委會畜牧污染防治技術服務團的污染防治諮詢工作，深感環境化學學理知識對給水、廢水、空氣、廢棄物等領域之程序設計及操作皆非常重要，乃邀請具環境工程學專長的紀長國博士（大仁藥專環境工程衛生科主任）、吳春生博士（崑山工專環境工程科副教授）、何俊杰博士（高雄縣環境保護局秘書）及尤伯卿先生（前崑山工專化學工程科講師），遵照教育部民國八十三年六月公布之五年制工業專科學校「環工化學」課程標準編寫本書。

本書之撰寫特別著重在水及廢水之化學反應理論及應用，由基本原理而實際應用，循序漸近，期使讀者易學易懂。全書共六章，除可供專科學校環境工程科或環境工程衛生科授課使用之教科書外，亦可供從事污染防治規劃工作的環境工程師參考使用，希彼等在閱讀此書後對環工程序有關之化學問題能瞭解更清楚，進而規劃出更具工程及經濟效益之環工程序。

本書六章的主要內容介紹如下：第一章化學動力學，闡明化學反應原理、化學反應速率表示法及反應機構；第二章平衡化學，闡明熱力學理論，建立平衡化學的理論基礎；第三章酸鹼化學，闡明酸鹼化學原理，並比較酸鹼化學中精確解法、圖解法及近似解法之應用；第四章複合化學，以自然水中金屬離子或有機、無機配位基闡明錯鹽穩定性及其平衡計算法；第五章沈澱與溶解，闡明固—液動力學觀念及其平衡計算法；第六章氧化還原及其應用，以電子活性度闡明氧化還原反應原理、平衡圖解法及包括腐蝕控制及化學、生物氧化還原反應等之應用。各章節內容均是先闡明化學原理後，大都再舉例說明，最後並附有習題供練習，此一編排方式希對讀者之閱讀瞭解有所助益。

環工化學所涵蓋之範圍極廣，實在很難在有限的章節中將諸多環境領域有關之化學問題納入其中，筆者深感歉意；又本書付梓倉促，若有疏漏或錯誤之處，尚祈環工界先進不吝指正，以便再版時修正。此外，本書撰寫期間曾參考國內外許多學者專家著作，除均已詳列每章的參考資料外，筆者亦謹代表本書撰寫者向著者致最誠摯之謝意。

黃 汝 賢
謹識於國立成功大學
環境工程學系

環工化學

目　次

第一章　化學動力學

第二章　平衡化學

第三章 酸鹼化學

第四章　複合化學

第五章　沈澱與溶解

第六章 氧化還原及其應用

第一章　化學動力學

當蠟燭置於空氣中並不會發生反應，而點燃燭心後，蠟燭就開始燃燒；鐵片在空氣中會逐漸生銹；閃光燈中鎂絲的燃燒卻是瞬間完成的反應；白磷接觸空氣後即迅速自燃。這些反應均與空氣中的氧作用，但速率各不相同。我們必須學習和瞭解化學反應進行的速率和影響反應速率的因素，才能控制反應的進行。研究化學反應速率的科學，稱爲**化學動力學**（chemical kinetics）。本章探討之主題爲影響化學反應速率之因素及化學反應速率之表示法。

化學動力學對環境工程是非常重要的。例如，有機物受到氯及臭氧的化學氧化，磷酸鈣、碳酸鈣及氫氧化鎂的沈澱，以及鐵（II）、錳（II）的化學氧化，這些反應速率控制著處理程序的設計及其處理效率。此外，反應速率亦關係著沈澱、溶解及氧化還原之進行；例如二價鐵氧化成三價鐵的反應，若於 $pH < 4$，則 Fe^{2+} 非常穩定，很少被氧化成 Fe^{3+} 者，然而若 $pH > 7$ 時，則 Fe^{2+} 被氧化爲 Fe^{3+} 之氧化速率很大。又如氫氣與氧氣混合並無反應，若有少量鉑或混合氣體有火花，則將爆炸生成水。又如氯化銨溶液曝氣後仍很穩定，但如溶液中有 *Nitrosomonas* 及 *Nitrobacter* 之微生物及充足的氧時，將會進行**硝化作用**（nitrification），使銨根離子（NH_4^+）迅速地被氧化成亞硝酸鹽（NO_2^-），然後迅速地再被氧化爲硝酸鹽（NO_3^-）。而硝酸鹽被轉換成氮氣之**脫硝作用**（denitrification）亦需合適之微生物存在及厭氧狀態下才能進行。

1－1 反應物之碰撞及位向

反應物的粒子（**原子、分子或離子**）必須互相**碰撞**（collision）才能發生反應，但並非所有的碰撞都能發生反應，事實上只有極少數的碰撞會引起反應（能產生反應的碰撞稱爲**有效碰撞**），大部分的碰撞只是反應粒子互相碰撞，由於動能不足或位向不合，故未引起反應又分

圖1－1 氨和氯化氫反應之碰撞位向

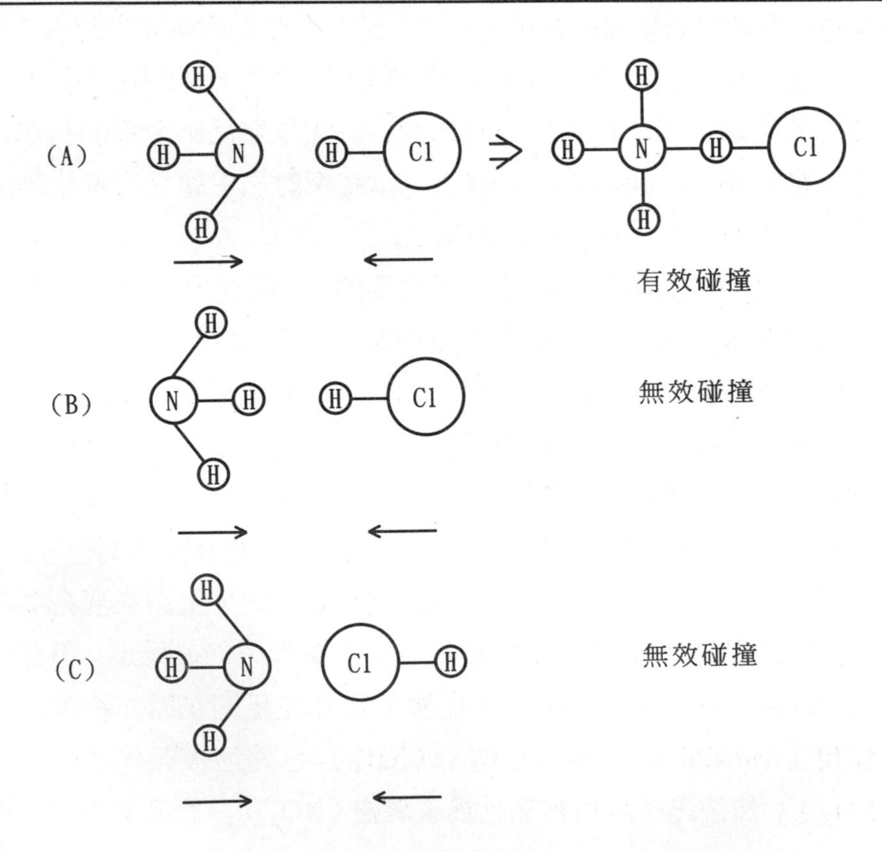

開，此種不會發生反應的碰撞稱爲**無效碰撞**。因此有效碰撞的條件爲：

⑴**位向有利**（beneficial orientation）：粒子碰撞之位置和方向需適當。例如氨（NH_3）和氯化氫（HCl）的反應，如圖 1–1 所示，其中(A)爲有效碰撞，(B)及(C)則爲無效碰撞。

又如圖 1–2 所示，氫（H_2）和碘（I_2）之反應，其中(A)爲有效碰撞，(B)爲無效碰撞。

圖 1–2　氫分子與碘分子反應之碰撞位向

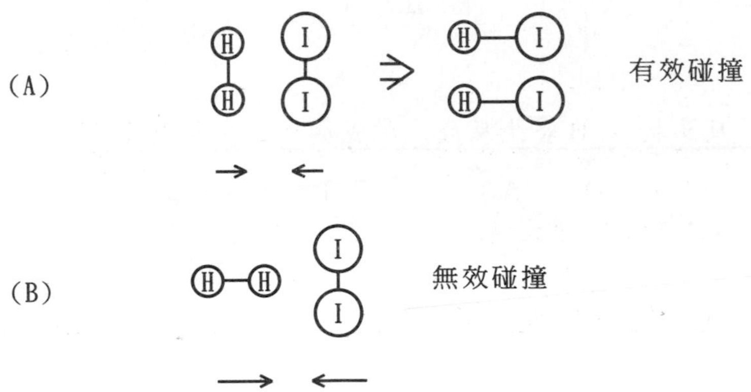

(A)　H–H　I–I　⇒　H–I　H–I　有效碰撞

(B)　H–H　I–I　無效碰撞

⑵**能量足夠**：在反應容器中，反應粒子的運動速率快慢不一，只有少數粒子具有足夠的動能（稱爲**低限能**）互相碰撞而起反應，如圖 1–3 之斜線部分所示。此乃由於反應物互相碰撞後將產生極不穩定的高能**活化錯合物**（activated complex），使得在反應物與產物間形成了一能量障礙，只有碰撞之分子具有足夠之能量時才能通過此一障礙，此一能量障礙即爲達成反應所需之最小能量，稱之爲**活化能**（activated energy, E）。如圖 1–4 及圖 1–5 所示，當反應物 A, B 互相碰撞時，若其位向適當且動能大於或等於活化能 E，則該碰撞爲有效碰撞，可形成活化錯合物 AB，進而產生生成物 P；反之，若其位向不當或動能小於活化能 E，則該碰撞爲無效碰撞，無法形成活化錯合物及生成物。

圖 1–3 反應分子所具動能與其分子數之關係。

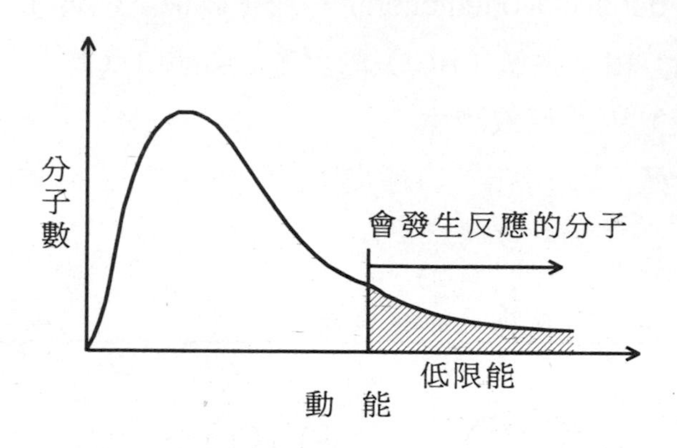

圖 1–4 反應物 A, B 發生反應，形成活化錯合物及生成物之示意圖

$$A + B \rightleftharpoons AB \longrightarrow P$$

反應物　活化錯合物　生成物

圖 1–5 $A + B \longrightarrow P$ 反應之位能圖

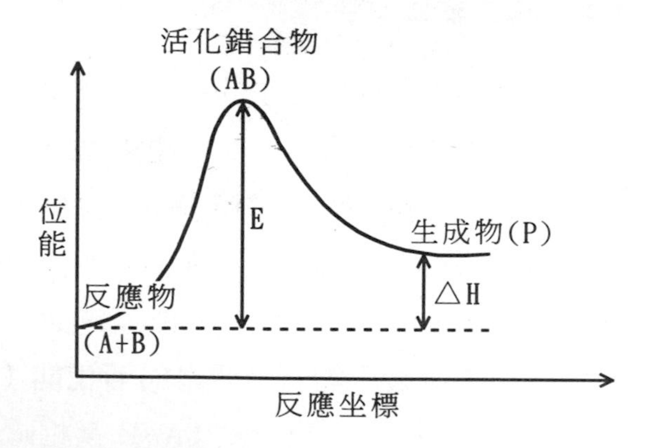

活化能愈大的反應，反應速率愈小，亦即反應進行的愈慢，而反應之活化能大小主要是決定於反應物之本質。圖 1–5 中之 ΔH 代表該反應之反應熱，當 $\Delta H > 0$ **時為吸熱反應**（endothermic reaction）；反之，

當 $\Delta H < 0$ **時爲放熱反應**（exothermic reaction），而 ΔH 之大小則取決於反應物與生成物之位能（稱爲**熱含量**）高低，與活化錯合物之位能高低無關，亦即 ΔH 與活化能 E 值無關。反之，圖 1–5 中，若逆向反應時，則需克服（$E - \Delta H$）之活化能障礙，始能形成活化錯合物，且若正向反應吸熱 ΔH，則逆向反應放熱 $-\Delta H$。

【例題 1–1】

過飽和溶液中，球形的 Ag^+ 離子與 Cl^- 離子很快形成 $AgCl_{(s)}$ 沈澱。此乃因爲 Ag^+ 離子與 Cl^- 離子都是球形，並且不需特別方位使然，如圖 1–6 所示。

圖 1–6　Ag^+ 與 Cl^- 反應之位向

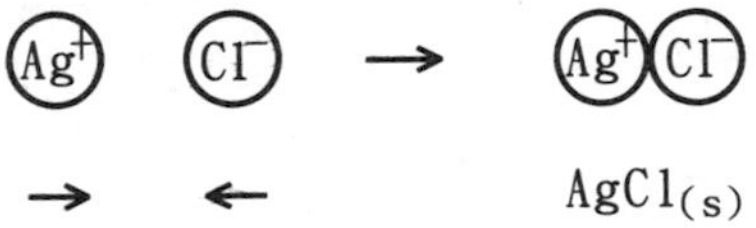

Ag^+　Cl^-　→　Ag^+Cl^-

→　←　$AgCl_{(s)}$

【例題 1–2】

若僅考慮碰撞方位，則過飽和的 CH_3COONa 溶液中，其形成固體 CH_3COONa 之速率比例題 1–1 中形成固體 AgCl 之速率慢的很多，此乃因爲只有 Na^+ 與 CH_3COO^- 的末端 O^- 之碰撞才能發生反應，否則其他方位之碰撞均屬無效（如圖 1–7 所示）。

【例題 1–3】

假設 H_2 與 I_2 之反應如圖 1–8 及下式所示:

$$\frac{1}{2}H_{2(g)} + \frac{1}{2}I_{2(g)} \longrightarrow HI_{(g)} + 8.4\text{仟卡}$$

試問:

(1)上式反應熱相當於圖 1–8 中 A,B,C 何者?

圖 1-7 CH_3COO^- 與 Na^+ 反應之位向

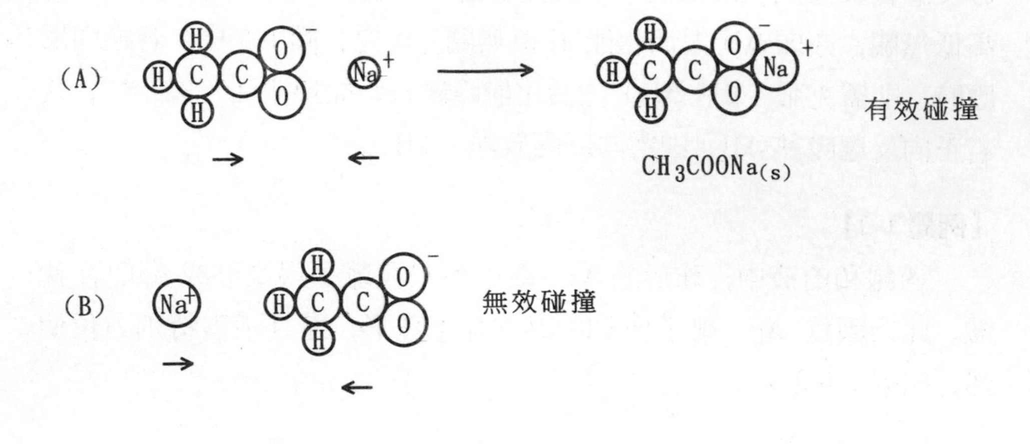

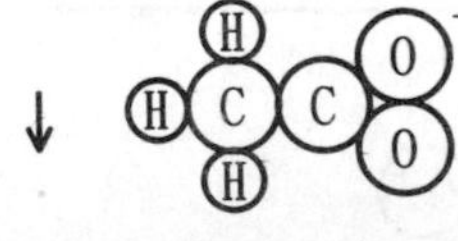

圖 1-8 氫分子與碘分子之反應位能圖

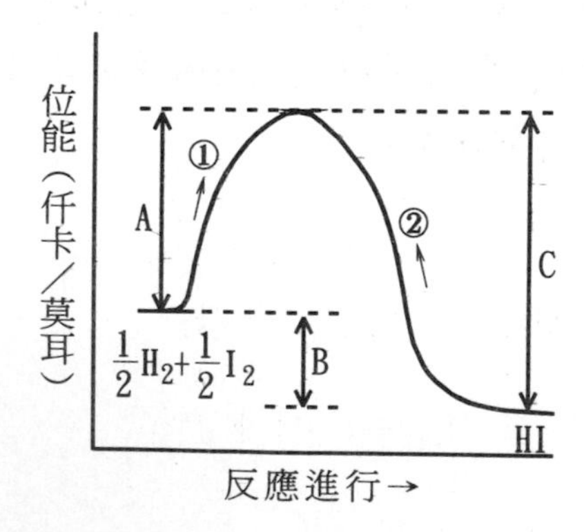

⑵上式反應爲放熱反應或吸熱反應？反應熱爲多少仟卡／莫耳？

⑶若上式反應之活化能爲 84 仟卡／莫耳，則逆向反應時，其活化能爲多少仟卡／莫耳？

⑷逆向反應②之反應熱爲多少仟卡／莫耳？

⑸圖 1–8 中，正向反應（①）或逆向反應（②）較易進行？

【解】

⑴上式反應熱（ΔH）相當於圖 1–8 中之 B。

⑵由上述反應方程式即可直接判定爲放熱反應，亦可由圖 1–8 中可知，反應物 $\frac{1}{2}H_2$ 及 $\frac{1}{2}I_2$ 之位能高於生成物 HI 之位能，因此反應將放出能量，即放熱反應（$\Delta H = -8.4$ 仟卡／莫耳）。

⑶當正向反應①進行時，活化能爲 84 仟卡／莫耳，即圖 1–8 中之 A 等於 84 仟卡／莫耳；當逆向反應②進行時，反應所需活化能則爲 $C = A + B = 84 + 8.4 = 92.4$ 仟卡／莫耳。

⑷逆向反應②進行時，由於反應物 HI 之位能比生成物 $\frac{1}{2}H_2$ 及 $\frac{1}{2}I_2$ 之位能低，因此反應熱（ΔH）爲 +8.4 仟卡／莫耳，亦可知該反應爲吸熱反應。

⑸由圖 1–8 可知，正向反應①所需的活化能(A)比逆向反應②所需的活化能(C)小，故正向反應①較逆向反應②更易進行。

1–2　反應速率定律式及反應機構

1–2–1　反應速率定律式

化學反應中，單位時間內任一反應物減少之量，或任一生成物增

加之量，稱爲**反應速率** (r)（reaction rate）。亦即，

$$r = \frac{\text{反應物消耗量}}{\text{時間間隔}} = \text{單位時間內反應物之消耗量}$$

或

$$r = \frac{\text{生成物生成量}}{\text{時間間隔}} = \text{單位時間內生成物之生成量}$$

【例題 1–4】

設在 T°C 時，一反應 $A + 3B \longrightarrow 2D$，反應時間與反應物及生成物濃度如下所示:

時間	A + 3B		⟶	2D
t_0	A_0	B_0		D_0
t_1	A_1	B_1		D_1
t_2	A_2	B_2		D_2
t_3	A_3	B_3		D_3
t_4	A_4	B_4		D_4

在 $t_1 \sim t_2$ 間:

反應物 A 的反應速率 (r_A) 爲:

$$r_A = -\frac{[A_2] - [A_1]}{t_2 - t_1} = -\frac{\Delta[A]}{\Delta t} \quad \textbf{(1–1)}$$

（負號表示反應物是隨時間消耗）

其中 [A] 是表示 A 之濃度。

反應物 B 的反應速率 (r_B) 爲:

$$r_B = -\frac{[B_2] - [B_1]}{t_2 - t_1} = -\frac{\Delta[B]}{\Delta t} \quad \textbf{(1–2)}$$

生成物 D 的反應速率 (r_D) 爲:

$$r_D = +\frac{[D_2] - [D_1]}{t_2 - t_1} = +\frac{\Delta[D]}{\Delta t} \quad \textbf{(1–3)}$$

（正號表示生成物是隨時間增加）

由於 $[A_2] < [A_1]$，故 $r_A > 0$；$[B_2] < [B_1]$，故 $r_B > 0$；$[D_2] > [D_1]$，故 $r_D > 0$，因此，反應速率均爲正值。在上述反應中，因爲消耗 1 莫耳的 A 和 3 莫耳的 B，生成 2 莫耳的 D，所以 r_A，r_B 和 r_D 三個值不等，爲了方便，可設反應速率爲 r，則

$$r = -\frac{\Delta[A]}{\Delta t} = -\frac{1}{3}\frac{\Delta[B]}{\Delta t} = \frac{1}{2}\frac{\Delta[D]}{\Delta t} \qquad \textbf{(1–4)}$$

即

$$r = r_A = \frac{1}{3}r_B = \frac{1}{2}r_D \qquad \textbf{(1–5)}$$

同理，若一反應

$$aA + bB \longrightarrow dD + eE$$

則

$$r_A = -\frac{\Delta[A]}{\Delta t}, \qquad r_B = -\frac{\Delta[B]}{\Delta t},$$

$$r_D = \frac{\Delta[D]}{\Delta t}, \qquad r_E = \frac{\Delta[E]}{\Delta t}$$

$$r = -\frac{1}{a}\frac{\Delta[A]}{\Delta t} = -\frac{1}{b}\frac{\Delta[B]}{\Delta t} = \frac{1}{d}\frac{\Delta[D]}{\Delta t} = \frac{1}{e}\frac{\Delta[E]}{\Delta t}$$

$$= \frac{1}{a}r_A = \frac{1}{b}r_B = \frac{1}{d}r_D = \frac{1}{e}r_E \qquad \textbf{(1–6)}$$

至於反應速率的單位，若物質是氣體，消耗或生成之量可用**濃度**（concentration，**莫耳／公升**，mole/L=M），亦可用**分壓**（partial pressure, atm **或** mmHg）表示；若在溶液中，通常用mole/L，即 M 表示。而時間單位則視反應快慢而定，通常可用**秒**（sec, s）、**分**（min）、**小時**（hr）、**天**（day）或**年**（yr）表示。因此反應速率的單位可爲 M/s, M/min, M/hr, mmHg/s, atm/s, atm/hr，……。

【例題 1–5】

N_2O_5 分解反應爲 $2N_2O_{5(g)} \longrightarrow 4NO_{2(g)} + O_{2(g)}$，已知反應開始後 100 秒 N_2O_5 之濃度爲 0.222 M，又知反應應開始後 200 秒 N_2O_5 之濃度爲 0.122 M，試求 N_2O_5 之反應速率。

【解】

$$r_{N_2O_5} = -\frac{\Delta[N_2O_5]}{\Delta t} = -\frac{0.122 - 0.222}{200 - 100} = 1.0 \times 10^{-3}\ M/s$$

【例題 1–6】

N_2O_5 分解反應爲 $2N_2O_{5(g)} \longrightarrow 4NO_{2(g)} + O_{2(g)}$，其反應速率有下列三種表示法:

$$-\frac{\Delta[N_2O_5]}{\Delta t} = k_1, \quad \frac{\Delta[NO_2]}{\Delta t} = k_2, \quad \frac{\Delta[O_2]}{\Delta t} = k_3$$

試求 k_1, k_2, k_3 之關係。

【解】

由於反應速率 $r = -\frac{1}{2}\frac{\Delta[N_2O_5]}{\Delta t} = \frac{1}{4}\frac{\Delta[NO_2]}{\Delta t} = \frac{\Delta[O_2]}{\Delta t}$

即 $r = \frac{1}{2}k_1 = \frac{1}{4}k_2 = k_3$

因此 $2k_1 = k_2 = 4k_3$

根據碰撞理論，化學反應乃因分子之相互碰撞所引起，因此反應速率與碰撞之分子數成正比，又因碰撞之分子數與濃度之乘積成正比，故

$$r \propto \text{反應物濃度乘積}$$

對於反應

$$aA + bB \longrightarrow P$$

其反應速率可以下式表示:

$$r = k[A]^m[B]^n \tag{1–7}$$

其中k**爲反應速率常數**（reaction rate constant），m 值與n 值可由實驗得知。若m 值與n 值分別爲反應式A 和B 之係數，即$m = a$，$n = b$，

故　　$$r = k[A]^a[B]^b \qquad (1\text{–}8)$$

則上述 $aA + bB \longrightarrow P$ 之反應亦可稱爲**基本反應**（elementary reaction）。若A, B, P 爲氣相物質，則反應速率可用分壓（或壓力）表示:

$$r = k[P_A]^m[P_B]^n \qquad (1\text{–}9)$$

由(1–7)式，(1–8)式或(1–9)式，反應速率與反應物濃度（或壓力、分壓）之定量關係式，稱爲**反應速率定律式**（rate law）。反應速率定律式係由實驗得知，不是憑空臆測或是由反應物之係數得知。

若$mA + nB \longrightarrow P$，爲一步完成之反應或爲**速率決定步驟**（rate determining step），則反應速率

$$r = k[A]^m[B]^n$$

(1–7)式中，反應速率常數（簡稱**速率常數**）由活化能、反應物種類及催化劑之有無來決定（將於1–3節中討論）；速率常數k之單位與反應速率定律式之指數m值及n值有關，即k之單位爲(濃度)$^{1-x}$／時間，其中$x = m + n$。例如時間以秒(s)，濃度以M表示，當$x = 0$，則k之單位爲M/s；當$x = 2$，則k之單位爲$\frac{1}{(s \cdot M)}$。

(1–7)式中，以反應物A而言，**反應階次**（reaction order）爲m次；以反應物B而言，反應階次爲n次；反應之總階次則爲(m+n)次。

【例題1–7】

氨（NH_3）在天然水及廢水中常存在著，在溶液中當氨與HOCl反應形成NH_2Cl之反應如下:

$$NH_3 + HOCl \longrightarrow NH_2Cl + H_2O$$

於 25℃，由實驗可得速率定律式爲

$$r = -\frac{\Delta[HOCl]}{\Delta t} = k[HOCl][NH_3] \qquad (1\text{–}10)$$

其中 $k = 5.1 \times 10^6 \frac{1}{(s \cdot M)}$。試問:

(1)總反應階次爲何?

(2)若每種反應物濃度減少 25%，則反應速率減少多少%?

(3)若濃度單位爲 mg/L 而非 mole/L 時，k 值爲何?

【解】

(1)由速率定律式得知，反應速率均爲 HOCl 及 NH_3 之 1 階反應，故總反應階次爲 2 (1 + 1 = 2)。

(2)設最初之 NH_3 及 HOCl 之濃度分別爲 C_1 及 C_2，則反應速率 $r = kC_1C_2$；當 NH_3 及 HOCl 之濃度均減少 25%時，NH_3 及 HOCl 之剩餘濃度分別爲 $\frac{3}{4}C_1$ 及 $\frac{3}{4}C_2$，因此，

反應速率 $= k \cdot \frac{3}{4}C_1 \cdot \frac{3}{4}C_2 = \frac{9}{16}kC_1C_2$

即反應速率減少了 $\left(1 - \frac{9}{16}\right) \times 100\% = 43.75\%$

(3)由 $k = 5.1 \times 10^6 \frac{1}{s \cdot M} = 5.1 \times 10^6 \frac{L}{s \cdot mole}$，並由(1–10)式可知，k 單位中之 mole/L 係指 mole NH_3/L，由於 1 mole NH_3/L = 17000 mg/L，因此

$$k = 5.1 \times 10^6 \frac{1\ L}{1.7 \times 10^4\ mg - s} = 300\ L/mg - s$$

【例題 1-8】

硝化反應（nitrification）$2NO_2^- + O_2 \xrightarrow{\text{硝化菌}} 2NO_3^-$ 之數據如下，試求其反應速率定律式。

試　程	起始濃度 (M)		NO_3^-之生成率 (M/s)
	NO_2^-	O_2	
I	1×10^{-3}	1×10^{-3}	7×10^{-6}
II	1×10^{-3}	2×10^{-3}	14×10^{-6}
III	1×10^{-3}	3×10^{-3}	21×10^{-6}
IV	2×10^{-3}	3×10^{-3}	84×10^{-6}
V	3×10^{-3}	3×10^{-3}	189×10^{-6}

【解】

(1)由試程 I, II 知，當 $[NO_2^-]$ 固定，$[O_2]$ 變爲兩倍時，NO_3^- 之生成率爲兩倍，因此 $r\propto[O_2]$

(2)由試程 III, IV及 V，當 $[O_2]$ 固定，$[NO_2^-]$ 分別變爲二倍及三倍時，NO_3^- 之生成率分別爲 4 倍及 9 倍，因此 $r\propto[NO_2^-]^2$

由(1)(2)可得反應速率定律式爲

$$r=k[NO_2^-]^2[O_2] \tag{1-11}$$

前述反應速率，爲了方便均以差分式表示，當 $\Delta t\longrightarrow 0$ 時，反應速率定律式則以微分式表示（一般亦以微分式表示），因此在分析反應速率之數據，決定反應速率常數及反應階次時，反應速率定律式的積分式很有用處。

首先，對於反應

$$A\longrightarrow P$$

其反應速率定律式設爲

$$r=-\frac{d[A]}{dt}=k[A]^n \tag{1-12}$$

如前所述，指數 n 須由實驗方可得知。爲瞭解反應物 A 之濃度隨時間之變化關係，因此須對 (1–12) 式積分，茲就下述情況分別討論之:

一、 n=0，爲零次反應（zero-order reaction），則

$$-\frac{d[A]}{dt}=k \quad \textbf{(1–13)}$$

假設 A 之起始濃度為 $[A_0]$，即 $t=0$， $[A]=[A_0]$；積分(1–13)式得

$$[A]=[A_0]-kt \quad \textbf{(1–14)}$$

當 A 之濃度反應至最初濃度之 50% 時，即達 $[A]=0.5[A]_0$，所需之時間（若為放射性物質，一般稱為**半衰期**（half-life））為

$$t_{\frac{1}{2}}=\frac{0.5[A_0]}{k}$$

由(1–14)式，速率常數可由縱軸為 $[A]$，橫軸為 t 之實驗直線圖中測定，斜率為 $(-k)$。

二、 n=1，為一次反應（first-order reaction），則

$$-\frac{d[A]}{dt}=k[A] \quad \textbf{(1–15)}$$

積分之

$$\int_{[A]_0}^{[A]}\frac{d[A]}{[A]}=-k\int_0^t dt$$

得 $$\ln[A]=\ln[A]_0-kt \quad \textbf{(1–16)}$$

或 $$[A]=[A]_0e^{-kt} \quad \textbf{(1–17)}$$

由(1–16)式，速率常數可由縱軸為 $\ln[A]$，橫軸為 t 之實驗直線圖中測定，斜率為 $(-k)$。達 $[A]=0.5[A]_0$時，所需時間為

$$t_{\frac{1}{2}}=\frac{0.693}{k}$$

三、 n>1，為 n 次反應（n-order reaction），則利用(1–12)式得

$$-\frac{d[A]}{dt}=k[A]^n$$

積分之

$$\int_{[A]_0}^{[A]} \frac{d[A]}{[A]^n} = -k\int_0^t dt$$

得

$$\frac{1}{[A]^{n-1}} = \frac{1}{[A]_0^{n-1}} + (n-1)kt \tag{1–18}$$

由(1–18)式，速率常數可由縱軸爲 $\frac{1}{[A]^{n-1}}$，橫軸爲 t 之實驗直線圖中測定，斜率爲 $(n-1)k$。

若 $n = 2$，爲二次反應，則

$$\frac{1}{[A]} = \frac{1}{[A]_0} + kt \tag{1–19}$$

且達 $[A] = 0.5[A]_0$ 所需時間爲

$$t_{\frac{1}{2}} = \frac{1}{k[A]_0}$$

因此，對於二次反應，由(1–19)式，速率常數 k 可由縱軸爲 $\frac{1}{[A]}$，橫軸爲 t 之實驗直線圖中測定，斜率爲 k。

其次，對於兩種反應物之反應

$$A + B \longrightarrow P$$

其反應速率定律式設爲

$$r = -\frac{d[A]}{dt} = -\frac{d[B]}{dt} = k[A]^a[B]^b \tag{1–20}$$

如前所述，指數 a, b 須由實驗方可得知。爲瞭解反應物 A, B 之濃度隨時間之變化關係，仍須對(1–20)式積分；茲僅就 $a = 1$，$b = 1$（即反應總階次爲二次，而對於 A 及 B 而言，均各爲一次）之反應加以探討，因此(1–20)式可改寫爲:

$$-\frac{d[A]}{dt} = k[A][B] \tag{1-21}$$

假設上述反應爲計量反應，茲就下述情況分別討論之:

一、$[A]_0 = [B]_0$，即反應物 A 及 B 之起始濃度相同；又由於該反應亦爲計量反應，即每個 A 分子反應時亦有一個 B 分子參與反應，因此 [A]=[B]，故(1–21)式可改寫爲

$$-\frac{d[A]}{dt} = k[A]^2 \tag{1-22}$$

積分後與(1–19)式相同。

二、$[A]_0 \neq [B]_0$，即反應物 A 及 B 之起始濃度不同，則

$$[A] = [A]_0 - x \tag{1-23}$$

$$[B] = [B]_0 - x \tag{1-24}$$

其中 x 爲反應物反應之濃度。(1–23)式微分可得

$$\frac{d[A]}{dt} = -\frac{dx}{dt} \tag{1-25}$$

將(1–23)式、(1–24)式及(1–25)式代入(1–21)式中可得

$$\frac{dx}{dt} = k([A]_0 - x)([B]_0 - x) \tag{1-26}$$

積分之，可得

$$\ln\frac{[B]}{[A]} = \ln\frac{[B]_0}{[A]_0} + ([B]_0 - [A]_0)kt \tag{1-27}$$

由(1–27)式，速率常數可由縱軸爲 $\ln\frac{[B]}{[A]}$，橫軸爲 t 之實驗直線中測定，斜率爲 $([B]_0 - [A]_0)k$。

再其次，對於係數不同之兩種反應物，反應爲

$$A + 2B \longrightarrow P$$

若該反應爲計量反應，則其反應速率定律式爲

$$r=-\frac{d[A]}{dt}=-\frac{1}{2}\frac{d[B]}{dt}=k[A][B]^2 \qquad \textbf{(1–28)}$$

當 $[B]_0=2[A]_0$，由於

$$[A]=[A]_0-x \qquad \textbf{(1–29)}$$

$$[B]=[B]_0-2x=2[A]_0-2x=2[A] \qquad \textbf{(1–30)}$$

將(1–30)式代入(1–28)式中，積分得

$$\frac{1}{[A]^2}=\frac{1}{[A]_0^2}+8kt \qquad \textbf{(1–31)}$$

由(1–31)式，速率常數可由縱軸 $\frac{1}{[A]^2}$，橫軸爲 t 之實驗直線圖中測定，斜率爲 8k，即 k = 斜率 /8。

此外，對於反應

$$A+B\longrightarrow P$$

反應速率定律式爲

$$\frac{d[A]}{dt}=-k[A][B] \qquad \textbf{(1–32)}$$

如果其中一反應物之濃度超出另一反應物之濃度很多，則可將該濃度很大的反應物濃度視爲常數，例如，$[B]\gg[A]$，則(1–32)式可改寫爲

$$\frac{d[A]}{dt}=-k'[A] \qquad \textbf{(1–33)}$$

其中 $k'=k[B]_0$ 積分可得

$$[A]=[A]_0e^{-k't} \qquad \textbf{(1–34)}$$

通常稀薄水溶液中之反應，水是反應物之一，則可假設水的濃度爲常數。例如蔗糖之水解反應即是此種**假性一次反應**（pseudo first-order reaction）之例子。

$$C_{12}H_{22}O_{11} + H_2O \longrightarrow C_6H_{12}O_6 + C_6H_{12}O_6$$

蔗糖　　　　　葡萄糖　　果糖

【例題 1-9】

過氧化氫 (H_2O_2) 爲廢水處理程序中常用之氧化劑，有二氧化錳觸媒時，容易分解成 O_2 及 H_2O，即

$$2H_2O_2 \xrightarrow{M_nO_{2(s)}} 2H_2O + O_2$$

試驗數據如下表所述，試求反應速率常數及反應階次。

時間 (min)	$[H_2O_2]$ (M)
0	0.032
10	0.023
20	0.018
30	0.013
40	0.0099
50	0.0071

【解】

若反應爲一次反應，則依(1–16)式，$\ln[H_2O_2]$ 與 t（即縱軸爲 $\ln[H_2O_2]$，橫軸爲 t）將爲直線；若反應爲二次反應，則依(1–19)式，$\dfrac{1}{[H_2O_2]}$ 與 t 將爲直線。先決定反應階次後，再由其斜率決定速率常數。$\ln[H_2O_2]$ 及 $\dfrac{1}{[H_2O_2]}$ 如下表所示。

時間 (min)	$[H_2O_2]$ (M)	$\ln[H_2O_2]$	$1/[H_2O_2]$ (1/M)
0	0.032	−3.44	31.3
10	0.023	−3.77	43.2
20	0.018	−4.02	55.6
30	0.013	−4.34	76.9
40	0.0099	−4.62	101
50	0.0071	−4.95	141

圖 1–9　例 1–9 中假定反應階次為一次及二次時，圖中所示分別為 $\ln[H_2O_2]$ 及 $\frac{1}{[H_2O_2]}$ 與 t 之變化關係圖

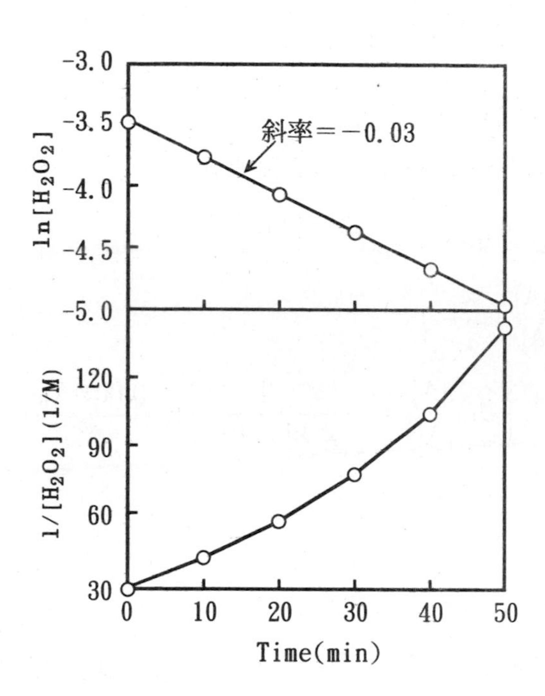

由圖 1–9 顯示，$\ln[H_2O_2]$ 與 t 爲直線，而 $\frac{1}{[H_2O_2]}$ 與 t 爲曲線，故反應階次爲一次。

$$斜率 = \frac{\Delta \ln[H_2O_2]}{\Delta t} = \frac{-4.05-(-3.45)}{20-0} = -0.03\ \text{min}^{-1} = -k$$

故　$k = 0.03\ \text{min}^{-1}$

這種試誤法（trial and error method）求反應階次，當(1)若反應階次不是整數或(2)由於實驗誤差，數據點散亂未呈直線時，則很難判斷。

【例題 1–10】

已知放射性物質鍶 90(Sr^{90}) 之半衰期爲 29 年，今於一貯存槽中，

欲使 Sr^{90} 衰減 99.9%，試問需貯存多久?

【解】

由於放射性物質之衰減反應爲一次反應，故半衰期

$$t_{\frac{1}{2}} = \frac{0.693}{k} = 29\text{年},$$

得 $$k = 2.39 \times 10^{-2}\ yr^{-1}$$

因此，欲使 Sr^{90} 衰減 99.9%，即剩餘 0.1%，依(1–16)式

$$\ln[A] = \ln[A]_0 - kt$$

即 $$\ln\frac{[A]}{[A]_0} = -kt$$

因此 $$t = -\frac{1}{k}\ln\frac{[A]}{[A]_0} = -\frac{1}{2.39 \times 10^{-2}}\ln\frac{0.001[A]_0}{[A]_0} = 289\text{年}$$

故需貯存 289 年。

【例題 1–11】

反應: $2A \longrightarrow 5P$ 對於 A 爲一次反應。如果 A 反應一半濃度所需之時間爲 t_1 秒，試以 t_1 表示(1)反應速率常數; (2) A 反應 90%所需之時間。

【解】

(1)反應速率定律式

$$r = -\frac{d[A]}{dt} = k[A]$$

積分得 $$\ln\frac{[A]}{[A]_0} = -kt$$

因此 $$\ln\frac{0.5[A]_0}{[A]_0} = -kt_1$$

得 $$k = \frac{0.693}{t_1}$$

(2) A 反應 90%所需之時間 t 爲

$$\ln \frac{0.1[A]_0}{[A]_0} = -kt = -\frac{0.693}{t_1}t$$

得　$t = 3.322t_1$

前述對於反應

$$A \longrightarrow P$$

反應速率定律式爲

$$-\frac{d[A]}{dt} = k[A]^n$$

對於一般較常見之零次、一次及二次反應階次，[A] 隨時間之變化方程式歸納如下表:

n	方程式
0	$[A] = [A]_0 - kt$
1	$\ln[A] = \ln[A]_0 - kt$
2	$\frac{1}{[A]} = \frac{1}{[A]_0} + kt$

1–2–2　反應機構

由前述反應物粒子必須互相碰撞，才會發生反應。但若反應物種類多，則同時互相碰撞之機會很小，一般化學反應通常是經由一連串的反應步驟達成的，每一反應步驟則由二至三個粒子互相碰撞，這一連串的反應步驟稱爲**反應機構**（reaction mechanism）。

以下述反應爲例，

$$Cr_2O_7^{2-} + 6I^- + 14H^+ \longrightarrow 2Cr^{3+} + 3I_2 + 7H_2O$$

反應物共有 21 個離子，若上述反應只是一個步驟完成，勢必 21 個離子於同一時間內相互撞擊，這種機會很小，因此反應速率應該很慢，但實驗結果顯示，反應速率很快，所以總反應方程式並不能代表化學反應的真正過程，須藉由反應機構之研究才能瞭解反應發生之過程與順序，而反應機構仍須由實驗方可得知。

例如氫氣與溴氣在 200℃下形成溴化氫之反應:

$$H_2 + Br_2 \longrightarrow 2HBr$$

表面上看起來，是 H_2 與 Br_2 兩個分子作用，一個步驟完成，但經由實驗顯示，其反應速率定律式爲

$$\frac{1}{2}\frac{d[HBr]}{dt} = \frac{k[H_2][Br_2]^{\frac{1}{2}}}{1 + k'[HBr]/[Br_2]}$$

可見，該反應不是基本反應。經由實驗結果，上述反應實際上包括下列步驟:

(1) $Br_2 \rightleftharpoons 2Br\cdot$

(2) $Br\cdot + H_2 \rightleftharpoons HBr + H\cdot$

(3) $H\cdot + Br_2 \longrightarrow HBr + Br\cdot$

有時亦將此一連串的反應稱爲**鏈反應**（chain reaction）。步驟(1)之右向反應爲**鏈反應之起始**（initiation）: $Br_2 \longrightarrow 2Br\cdot$，溴分子得到能量分解爲**溴自由基** (Br·free radical)。

步驟(2)及(3)爲**鏈反應之進行**（propagation），溴自由基和氫分子反應形成溴化氫和氫自由基 (H·); 氫自由基和溴分子反應形成溴化氫和溴自由基，如此步驟(2)及(3)反覆進行。

步驟(1)之左向反應 $2Br\cdot \longrightarrow Br_2$ 及下述反應,

$$2H\cdot \longrightarrow H_2$$

$$H\cdot + Br\cdot \longrightarrow HBr$$

將耗盡自由基，使**鏈反應終止**（termination）。

茲再舉一例說明反應機構; **過氧二硫酸根離子**（peroxydisulfate

ion）$S_2O_8^{2-}$ 及碘離子 I^- 之化學反應:

$$S_2O_8^{2-} + 2I^- \longrightarrow 2SO_4^{2-} + I_2$$

經實驗結果，上述反應實際上包括下列二步驟:

(1)　$S_2O_8^{2-} + I^- \longrightarrow SO_4^{2-} + SO_4I^-$　（慢）

(2)　$SO_4I^- + I^- \longrightarrow SO_4^{2-} + I_2$　（快）

由上述反應機構可知，每個反應步驟均是兩個分子互相碰撞。$S_2O_8^{2-}$ 與 I^- 反應形成之 SO_4I^- 迅速的在步驟(2)中消失，此種在反應過程中所形成之物質稱爲**中間產物**（intermediate）。由於步驟(1)之反應速率比步驟(2)慢，因此總反應之反應速率係由步驟(1)所控制，此在反應機構中最慢的反應步驟，稱爲**速率決定步驟**（rate-determining step）。

因此，總反應並不表示反應機構，而反應機構亦不能由總反應推知，須由實驗而得。

【例題 1–12】

在水中，蔗糖在蔗糖酵素之催化作用下，蔗糖水解爲葡萄糖及果糖，反應式爲:

$$\underset{\text{蔗糖}}{C_{12}H_{22}O_{11}} + H_2O \xrightarrow{\text{蔗糖酵素}} \underset{\text{葡萄糖}}{C_6H_{12}O_6} + \underset{\text{果糖}}{C_6H_{12}O_6}$$

經由實驗發現，在蔗糖酵素濃度 ([E]) 固定不變之條件下，蔗糖水解速率 $\left(\frac{d[S]}{dt}\right)$ 與蔗糖濃度 ([S]) 之變化關係如圖 1–10 所示。

(1)當蔗糖濃度較低時，水解速率與濃度成正比，即

$$-\frac{d[S]}{dt} = k[S] \qquad \textbf{(1–35)}$$

(2)當蔗糖濃度較高時，水解速率接近最大值，且顯然與濃度無關，即

$$-\frac{d[S]}{dt} = \text{常數} \qquad \textbf{(1–36)}$$

經實驗結果發現，蔗糖與蔗糖酵素間之反應機構為

$$S + E \underset{k_2}{\overset{k_1}{\rightleftharpoons}} ES \xrightarrow{k_3} P + E \tag{1–37}$$

其中 S 為蔗糖，E 為蔗糖酵素，ES 為蔗糖與蔗糖酵素形成之活化複合物，P 為生成物，試以反應機構說明圖 1–10 之現象。假設(1–37)式之反應為基本反應。

圖 1–10　蔗糖水解速率與濃度之變化關係

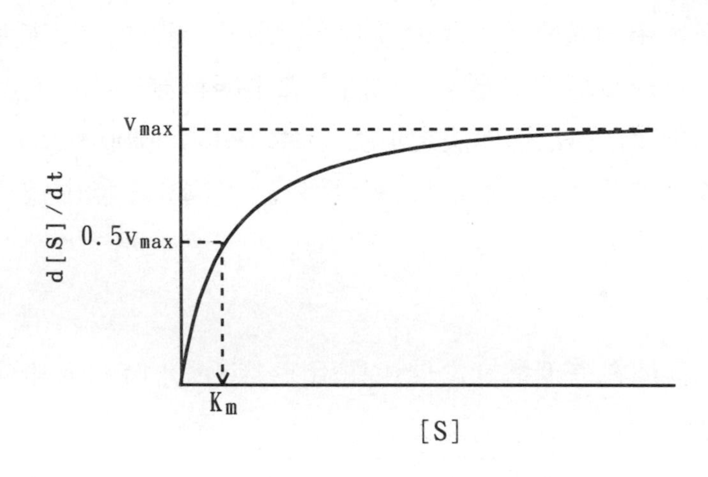

【解】

當達**穩定狀態**（steady-state）時，

ES 形成之速率 = ES 被反應之速率（即 $\frac{d[ES]}{dt} = 0$），

因此

$$k_1[E][S] = k_2[ES] + k_3[ES] \tag{1–38}$$

即

$$\frac{[E]}{[ES]} = \frac{k_2 + k_3}{k_1[S]} \tag{1–39}$$

由於蔗糖酵素之總濃度 $[E]_t = [E] + [ES]$　　(1–40)

將(1–40)式代入(1–39)式中整理可得

$$[ES] = \frac{[E]_t[S]}{[(k_2 + k_3)/k_1] + [S]}$$

$$= \frac{[E]_t[S]}{K_m + [S]} \quad (1\text{–}41)$$

其中　$K_m = \frac{k_2 + k_3}{k_1}$

假設反應速率（即水解速率）V 與 [ES] 成正比，則當所有蔗糖酵素均以 [ES] 出現，即 $[ES] = [E]_t$ 時，反應速率達最大值 V_{max}，因此(1–41)式可改寫爲

$$V = \frac{V_{max}[S]}{K_m + [S]} \quad (1\text{–}42)$$

(1–42)式亦稱爲**Michaelis-Menten方程式**，

(1)**當** $[S] \ll K_m$ **時**，

$$V \cong \frac{V_{max}[S]}{K_m} = k'[S] \quad (1\text{–}43)$$

即反應速率與濃度成正比，爲一次反應。

(2)**當** $[S] \gg K_m$ **時**，$V \cong V_{max}$，爲零次反應。

由(1–42)式，當 $V = \frac{1}{2}V_{max}$ 時，$K_m = [S]$，因此 Michaelis-Menten 常數 (K_m) 亦稱爲**半速率常數**（half-velocity constant）；K_m 值係代表酵素與基質間之親和力，K_m 值愈低，親和力愈高。

故由反應機構所推導之反應速率定律式可充分說明圖 1–10 之現象。

【例題 1–13】

經由實驗結果顯示，在廢水濃度很高時，100 g 的細菌去除廢水中之污染物之速率達最大值 2000 g/day；相同細菌量，在廢水濃度爲 1500 mg/L 時，去除廢水中污染物之速率爲 1000 g/day。試問在相同細菌量下，當廢水濃度爲 500 mg/L 時，污染物之去除速率爲何？

【解】

由 Michaelis-Menten 方程式知，在廢水濃度很高時，去除廢水中污染物之速率 $V = V_{max} = 2000\ g/day$；又達 $\frac{1}{2}V_{max} = 1000\ g/day$之去除速率時之廢水濃度即爲 Michaelis-Menten 常數值 K_m，$K_m = 1500\ mg/L$，因此 Michaelis-Menten 方程式爲

$$V = \frac{2000[S]}{1500 + [S]}$$

因此，當廢水濃度 $[S] = 500\ mg/L$時，污染物之去除速率爲

$$V = \frac{2000 \times 500}{1500 + 500} = 500\ g/day$$

1–3 反應速率之溫度效應及催化作用

1–3–1 反應速率之溫度效應

實驗發現，反應速率隨溫度之增高而加速，這主要是因爲當溫度增高時，反應分子之動能增加，使超過發生反應所需之低限能（**相當的位能叫活化能**）的分子數增加，以便發生有效碰撞。如圖 1–11 所示，當溫度增高時 ($T_2 > T_1$)，超過低限能之分子數（圖中劃斜線部分）增加，因此在 T_2時發生有效碰撞之分子數多於 T_1，使反應加快。

Arrhenius 於 1889 年提出 k，E_a, T 之經驗式

$$k = Ae^{-E_a/RT} \tag{1–44}$$

其中 k = 反應速率常數

E_a = 活化能 (焦耳, J)

圖 1-11　在不同溫度下，反應物分子之動能分布圖

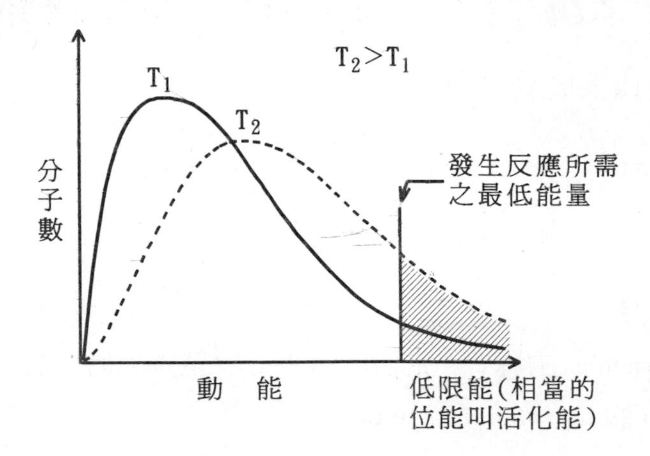

圖 1-12　$\ln k$ 與 $\frac{1}{T}$ 之變化關係圖

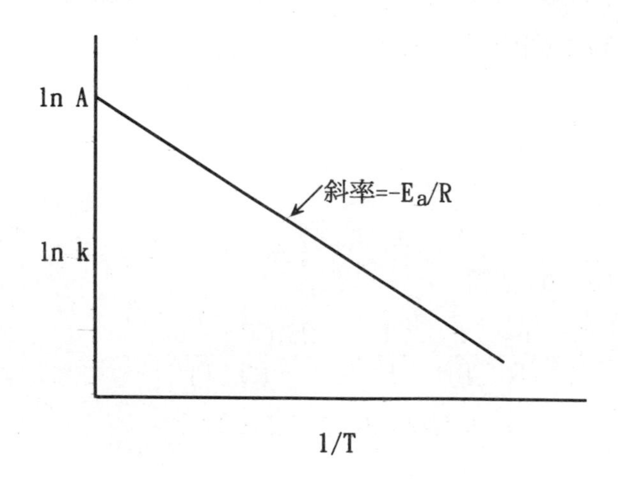

R = 氣體常數 (8.31 J/mole ·K)

T = 絕對溫度 (K)

A = 常數

由(1–44)式可知，反應速率常數係隨活化能及溫度大小而變。活化能

愈大，則反應速率常數愈小，即反應速率愈慢；溫度愈高，反應速率常數愈大，即反應速率愈快。(1–44)式亦可兩邊取自然對數，表示爲

$$\ln k = \ln A - \frac{E_a}{RT} \tag{1–45}$$

亦即，$\ln k$ 與 $\frac{1}{T}$ 之圖中，直線斜率 $= -\frac{E_a}{R}$，縱軸截距爲 $\ln A$，如圖 1–12 所示，因此可由圖中求出活化能及常數 A。

【例題 1–14】

依 Arrhenius 方程式，當溫度由 25℃增至 35℃時，試問反應速率增加幾倍？（設 $E_a = 58.17$ kJ/mole）

【解】

$$T_1 = 25^\circ C = 25 + 273.2 = 298.2K$$

$$T_2 = 35^\circ C = 35 + 273.2 = 308.2K$$

並分別依(1–45)式列出其 Arrhenius 方程式：

$$\ln k_1 = \ln A - \frac{E_a}{RT_1} \tag{1–46}$$

$$\ln k_2 = \ln A - \frac{E_a}{RT_2} \tag{1–47}$$

由(1–47)式－(1–46)式得

$$\ln \frac{k_2}{k_1} = -\frac{E_a}{R}\left(\frac{1}{T_2} - \frac{1}{T_1}\right) = \frac{E_a(T_2 - T_1)}{RT_2T_1}$$

$$= \frac{58.17 \times 1000(308.2 - 298.2)}{8.31 \times 298.2 \times 308.2} = 0.762$$

$$\frac{k_2}{k_1} = 2.1,\ k_2 = 2.1k_1$$

即，反應速率常數增加之倍數 $= \frac{k_2 - k_1}{k_1} = \frac{2.1k_1 - k_1}{k_1} = 1.1$

因此反應速率增加 1.1 倍。由這裡也說明，一般而言，溫度在室溫附近，溫度每升高 10℃，其反應速率約增加一倍。

【例題 1–15】

下述反應

$$H_2O_2 + 2KI + 2H^+ \rightleftharpoons 2H_2O + I_2 + 2K^+$$

當反應物濃度 $[H_2O_2] = 5.56 \times 10^{-2}$ M，$[KI] = 1.2 \times 10^{1}$ M 時，發現反應速率常數 k 值隨溫度而異，如下表

溫度,（℃）	k (L/mole · sec)
44.5	1.66×10^{-3}
35.0	1.02×10^{-3}
25.7	6.63×10^{-4}
15.1	2.98×10^{-4}
4.5	1.17×10^{-4}

求此反應之活化能及 Arrhenius 式之常數值。

【解】

ln k	溫度,（K）	$\frac{1}{T} \times 10^3$
−6.40	317.7	3.15
−6.89	308.2	3.25
−7.32	298.9	3.35
−8.12	288.3	3.47
−9.05	277.7	3.60

註：溫度 K = 273.2 + 溫度°C

依上述資料，繪出圖 1–13，

$$斜率 = \frac{\Delta \ln k}{\Delta\left(\frac{1}{T}\right)} = \frac{-9.5-(-6)}{3.7 \times 10^{-3} - 3.1 \times 10^{-3}} = -5830 \text{ K}$$

$$= -\frac{E_a}{R}$$

圖 1-13 例題 1-15 之 ln k 與 $\frac{1}{T}$ 關係圖

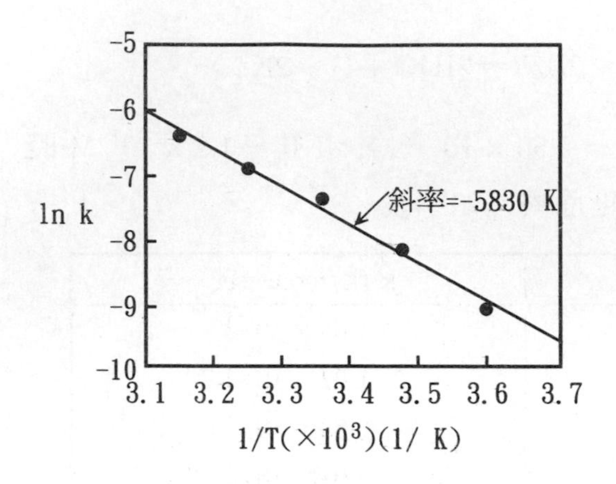

故 $E_a = 5830K \times 8.31\ J/mole \cdot K = 48.45\ kJ/mole$

又由圖 1-13，$\ln k = -7$，$\frac{1}{T} = 0.00327/K$

即 $T = 305.8K$ 代入(1-45)式中，得

$$\ln A = -7 + \frac{5830}{305.8} = 12.06$$

$$A = 1.73 \times 10^5\ L/mole \cdot sec$$

1-3-2 催化作用

許多反應進行緩慢，當加入其他物質後反應進行迅速，此種加入之物質，稱爲**催化劑**（catalyst）。藉催化劑使反應加速之作用，稱爲**催化作用**（catalysis）。受催化劑作用之反應物質稱爲**基質或受質**（substrate）。

反應之進行有其一定之途徑，**催化劑能降低活化能，改變反應之途徑**。降低活化能後，使超過反應所需低限能之分子數增加，增加有效碰撞數目，而使得反應速率加快。

圖 1–14 顯示催化劑對化學反應之效應。實線爲未添加催化劑之反應；a, b 分別爲正、逆反應之活化能。虛線爲添加催化劑之反應，此一新途徑相當於一新反應機構，使反應經產生另一種活化錯合物而發生；c, d 分別爲正、逆反應之活化能。a>c，b>d，因此催化劑使正反應及逆反應之活化能均降低，換言之，催化劑對於正、逆反應有相同效果，不僅可使正反應速率加快，亦可使逆反應速率加快。

圖 1–14　催化劑對於正逆反應之效應 (a, b 分別為未添加催化劑正、逆反應之活化能；c, d 分別為添加催化劑正、逆反應之活化能；a > c，b > d)

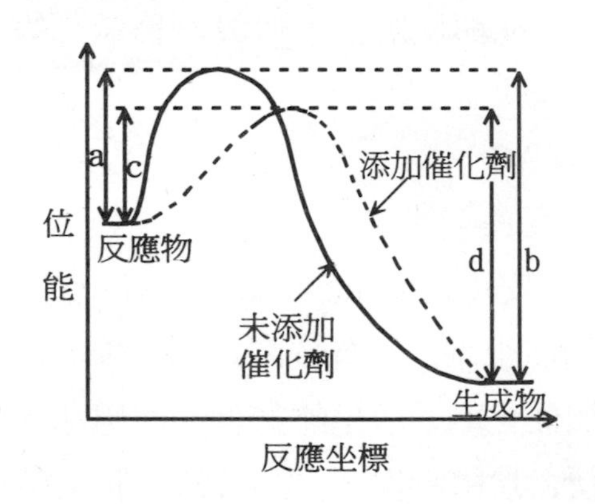

圖 1–15 之 E 及 E_c 分別代表未添加及添加催化劑之活化能，圖中陰影面積顯示分子具有動能大於 E_c 之數目比大於 E 者多，亦即有效碰撞之分子數較多，使得催化作用之反應速率必大於無催化作用者。此外，亦由該圖顯示，反應熱 (ΔH) 並不受催化劑存在與否之影響，此乃因催化劑雖然參與反應，例如與反應物結合成活化複合物，但總反應卻不改變。例如，反應物 A 及 B 反應形成 P 之反應，總反應爲

圖 1-15　有無催化劑存在時，反應之能量圖

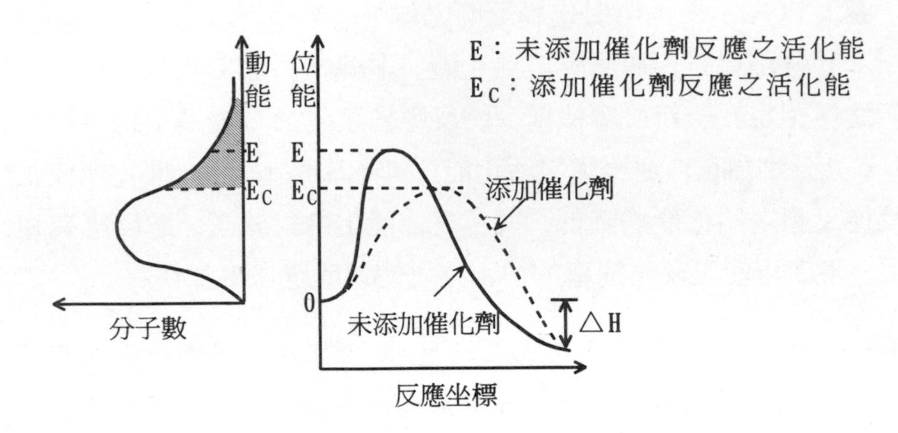

(1)　　$A + B \longrightarrow P$　　（慢）

當添加催化劑 C，它能與反應分子形成一種活化複合物，然後再反應成爲生成物，即

(2)　　$A + C \longrightarrow AC$　　（快）

(3)　　$AC + B \longrightarrow P + C$　　（快）

上述反應步驟(2)及(3)反應結果即爲步驟(1)之總反應，但在反應速率上，步驟(1)由於未添加催化劑，具有較高之活化能，反應速率較慢；步驟(2)及(3)，由於添加催化劑，活化能較低，反應速率較快，形成生成物之速率較步驟(1)快，且由步驟(2)，(3)可知，催化劑 C 並未發生永性的變化，可重複使用。

根據催化作用的不同，催化劑的種類可分爲:

(1)**正催化劑（即催化劑，catalyst）**：加快反應速率者。除非有特別聲明，否則一般我們所講的催化劑皆指正催化劑。

(2)**負催化劑（亦稱抑制劑，inhibitor）**：減慢反應速率者，如 H^+ 對於 H_2O_2 之反應即是，

$$2H_2O_2 \xrightarrow{H^+} O_2 + 2H_2O$$

(3)**助催化劑（亦稱促進劑，promoter）**：增強催化劑的催化作用，如

$$N_2 + 3H_2 \longrightarrow 2NH_3$$

之反應中，加入 Fe 粉當催化劑，並加入少量 K_2O 及 Al_2O_3 當助催化劑。

(4)**自催化劑**：即生成物亦是催化劑。如

$$2MnO_4^- + 16H^+ + 5C_2O_4^{2-} \longrightarrow 2Mn^{2+} + 10CO_2 + 8H_2O$$

在高錳酸鉀 ($M_nO_4^-$) 與草酸根 ($C_2O_4^{2-}$) 之反應中，Mn^{2+} 是生成物，亦具催化作用。

除了上述四種催化劑外，有時我們也常聽到能破壞催化劑活性的**毒劑**（poison），使催化劑中毒，例如少量的砷存在時，將使鉑 (Pt) 對 SO_2 氧化成 SO_3 的催化能力遭破壞，

$$2SO_2 + O_2 \xrightarrow{Pt} 2SO_3$$

又如，現今由於汽車已是普遍的交通工具，然而因汽車引擎的燃料燃燒不完全，排放 CO 及碳氫化合物，造成空氣污染。解決之道，即是於汽車內加裝含有金屬氧化物的**觸媒轉換器**（catalytic converter），將 CO 及碳氫化合物轉化成 CO_2 及水蒸氣，以解決空氣污染；但此種金屬氧化物很容易爲鉛所中毒，因此加裝觸媒轉換器的汽車必須使用無鉛汽油。

當所使用之催化劑與基質是同相時，例如均爲固相、液相或氣相時，我們常稱它們是**均相的**（homogeneous）；相反的，當所使用之催化劑與基質不同相時，我們常稱它們是**異相的**（heterogeneous）。例如，在測定曝氣設備把氧傳送到水或廢水之效率時，試驗前須先把水樣袪氧，即是於水樣中加入亞硫酸鈉 Na_2SO_3，

$$2SO_3^{2-} + O_2 \rightleftharpoons 2SO_4^{2-}$$

以消耗水中之氧。但上述反應若沒有催化劑，反應很慢，大約 10 min，溶氧才從 10 mg/L 減至 7 mg/L；若加入 0.01 mg/L 的鈷離子，則僅需 15 ～ 20 sec，即可完全除去水中溶氧，上述鈷離子與 SO_3^{2-} 是均相的。又如銅離子可催化臭氧氧化氰化物，使其反應速率大兩倍以上，如以下反應式所示：

$$3CN^- + O_3 \xrightarrow{Cu^{2+}} 3CNO^-$$

此一催化反應係屬均相的。至於異相的例子，例如測定總有機碳 (TOC) 時使用之氧化鈷 (Co_3O_4) 催化劑即是，在 Beckman Model 900 型的碳分析儀中，有支填充著石棉（內含硝酸鈷）的石英管，當溫度 950°C 時，硝酸鈷分解爲氧化鈷，當 20 μL 水樣注入時，在含有氧氣的**移動相**（mobile phase）中，水樣中之有機碳被氧化成 CO_2，再由紅外線**檢測器**（detector） 分析 CO_2 的濃度，由於此例中之氧化鈷爲固相，而被催化之有機物（於 950℃時）爲氣相，故它們彼此是異相的。

至於家庭常用的含磷清潔劑中，主要成分爲**縮聚磷酸鹽**（condensed phosphate），**如焦磷酸鹽**（pyrophosphate, $P_2O_7^{4-}$）或**三聚磷酸鹽**（tripolyphosphate, $P_3O_{10}^{5-}$），當縮聚磷酸鹽之水解酵素存在時，例如焦磷酸鹽水解酵素 (pyrophosphate phosphohydrolase)，則可將縮聚磷酸鹽水解爲正磷酸鹽（PO_4^{3-}），此種作用亦是催化作用的一種常見例子。

【例題 1–16】

於 25℃條件下，當反應速率因添加催化劑而增加一倍時，試問其活化能降低多少 J/mole?

【解】

依(1–45)式，未添加催化劑時，

$$\ln k_1 = \ln A - \frac{E_{a1}}{RT} \tag{1–48}$$

添加催化劑時，$k_2 = 2k_1$

$$\ln k_2 = \ln A - \frac{E_{a2}}{RT} \tag{1–49}$$

$$= \ln(2k_1)$$

(1–49)式 −(1–48)式得

$$\ln(2k_1) - \ln k_1 = -\frac{1}{RT}(E_{a2} - E_{a1})$$

即

$$E_{a2} - E_{a1} = -RT\ln 2 = -8.31 \times (25 + 273.2)\ln 2$$

$$= -1718\ \text{J/mole} \cong -1.72\ \text{kJ/mole}$$

故添加催化劑使活化能降低 1.72 kJ/mole。

【例題 1–17】

在下述反應中，反應機構爲

(1)　$Cl_{2(g)} \xrightarrow{光} 2Cl$

(2)　$N_2O_{(g)} + Cl_{(g)} \longrightarrow N_{2(g)} + ClO_{(g)}$

(3)　$2ClO_{(g)} \longrightarrow Cl_{2(g)} + O_{2(g)}$

試問何者爲催化劑？爲均相或異相之催化作用？總反應爲何？

【解】

由反應機構中可知 $Cl_{2(g)}$ 被光分解爲原子態 $Cl_{(g)}$ 後，與反應物 $N_2O_{(g)}$ 發生反應形成 $ClO_{(g)}$；ClO 與 ClO 反應形成 $Cl_{2(g)}$，可知 $Cl_{2(g)}$ 參與反應並可重複使用，故 $Cl_{2(g)}$ 爲催化劑。由於 Cl_2 與 N_2O 均爲氣相，故爲均相的催化作用。由(1) +2× (2) + (3)可得總反應爲

$$2N_2O_{(g)} \longrightarrow 2N_{2(g)} + O_{2(g)}$$

1-4 經驗速率式

當含有有機物之廢水排到承受水體後，若該水體中存在著可以分解該廢水中有機物之微生物時，於**喜氣**（aerobic）情況下，即有氧情況下，其有機物將被逐漸地氧化、分解，而依試驗結果，在溶氧充足的條件下，其反應速率是對有機物的一次反應（如 (1–50) 式），類似此例所得之試驗結果稱之爲**經驗速率式**（empirical equation）。

$$\frac{dL}{dt} = -kL \tag{1–50}$$

其中　$L =$ 於時間 t，可被分解的有機物濃度 (mg/L)

　　　$k =$ 反應速率常數 (1/day)

積分(1–50)式得

$$L = L_0 e^{-kt} \tag{1–51}$$

其中　$L_0 =$ 起始的有機物濃度 (mg/L)

由於 L 不能直接測定，因此上式須加以修正，以一能直接測定之參數取代之，令

$$y = L_0 - L = L_0(1 - e^{-kt}) \tag{1–52}$$

其中　$y =$ 於時間 t，已被分解之有機物濃度 (mg/L)

而在**生化需氧量**（Biochemical Oxygen Demand, BOD）之試驗中，在 20℃， t 天中，測定所消耗之溶氧量即可代表被分解之有機物濃度。

$$y = DO_0 - DO_t = L_0 - L = L_0(1 - e^{-kt}) \tag{1–53}$$

其中　$DO_0 =$ 第 0 天之溶氧 (mg/L)

DO_t = 第 t 天之溶氧 (mg/L)

雖然有許多方法可求得 k 及 L_0，茲以其中之一的 Thomas 斜率法說明之。

首先展開(1–53)式之 $1-e^{-kt}$，

$$1-e^{-kt}=kt\left[1-\frac{kt}{2}+\frac{(kt)^2}{6}-\frac{(kt)^3}{24}+\cdots\right]$$

$$\cong kt\left[1-\frac{kt}{2}+\frac{(kt)^2}{6}-\frac{k^3t^3}{21.6}+\cdots\right]$$

$$=kt\left(1+\frac{kt}{6}\right)^{-3}$$

因此　$$y=L_0(1-e^{-kt})\cong L_0kt\left(1+\frac{kt}{6}\right)^{-3} \quad (1\text{–}54)$$

整理可得

$$\left(\frac{t}{y}\right)^{\frac{1}{3}}=(L_0k)^{-\frac{1}{3}}+\left(\frac{k^{\frac{2}{3}}}{6L_0^{\frac{1}{3}}}\right)t \quad (1\text{–}55)$$

$$=a+bt \quad (1\text{–}56)$$

其中　$$a=(L_0k)^{-\frac{1}{3}} \quad (1\text{–}57)$$

$$b=\frac{k^{\frac{2}{3}}}{6L_0^{\frac{1}{3}}} \quad (1\text{–}58)$$

因此由 $\left(\frac{t}{y}\right)^{\frac{1}{3}}$ 與 t 圖形之斜率 b 及截距 a 值，即可求出 k 及 L_0 值，即

$$k=\frac{6b}{a} \quad (1\text{–}59)$$

$$L_0=\frac{1}{6a^2b} \quad (1\text{–}60)$$

【例題 1–18】

根據下列 BOD 數據，求出 L_0 及 k 值。

t (day)	y (mg/L)
2	11
4	18
6	22
8	24
10	26

【解】

t (day)	y (mg/L)	$\left(\frac{t}{y}\right)^{\frac{1}{3}}$
2	11	0.57
4	18	0.61
6	22	0.65
8	24	0.69
10	26	0.73

依(1–56)式，求出 $\left(\frac{t}{y}\right)^{\frac{1}{3}}$ 值如上之結果，並劃出 $\left(\frac{t}{y}\right)^{\frac{1}{3}}$ 與 t 之圖形如圖 1–16 所示，由圖中求得

$$斜率\ b = \frac{0.04}{2} = 0.02$$

$$截距\ a = 0.53$$

並由(1–59)式及(1–60)式求得

$$k = \frac{6b}{a} = \frac{6 \times 0.02}{0.53} = 0.226\ (1/day)$$

$$L_0 = \frac{1}{6a^2b} = \frac{1}{6(0.53)^2(0.02)} = 29.7\ mg/L$$

圖 1–16　例題 1–18 之 $\left(\frac{t}{y}\right)^{\frac{1}{3}}$ 與 t 圖形

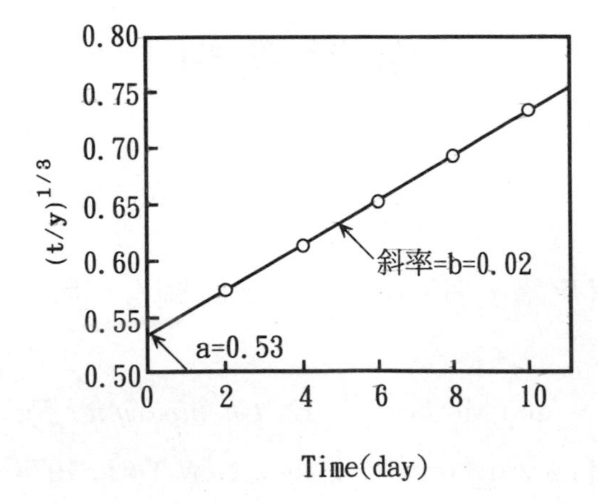

參考資料

1. 曾國輝，《化學上冊》第二版，藝軒圖書出版社，臺北市，民國 82 年。
2. Sawyer, C. N. and McCarty, P. L., *Chemistry for Environmental Engineering*, 3rd ed., McGraw-Hill, Inc., New York, 1978.
3. Snoeyink, V. L. and Jenkins, D., *Water Chemistry*, John Wiley and Sons, Inc., New York, 1980.

習　題

1. 一次反應之反應速率常數 2.5×10^{-6} (1/sec)，最初濃度 0.2 M。試問最初之反應速率爲多少 mole/L−sec, mole/c.c.−sec 及 moles/c.c.−min?
2. 一次反應在 30 分鐘後完成 40%，試問其反應速率常數值爲何? 幾分鐘後可完成 80%?
3. 如果二次反應最初速率於 25℃爲 5×10^{-7} mole/L−sec，兩反應物之最初濃度均爲 0.2 M，試問 k 值爲何? 如果活化能爲 20 kcal/mole，試問 35℃時之 k 值爲何?
4. 試問下述反應

   $$A \longrightarrow 2P$$

   爲一次或二次反應? k 值爲何?

A (mM/L)	時間 (sec)
1.00	0
0.50	11
0.25	20
0.10	48
0.05	105

5. 下列反應

   $$H^+ + OH^- \longrightarrow H_2O$$

反應速率定律式爲

$$\frac{d[H^+]}{dt} = \frac{d[OH^-]}{dt} = -k[H^+][OH^-]$$

20℃時之反應速率常數 $k = 1.3 \times 10^{11}$ L/mole−sec，假設很快的加入 NaOH 並在水溶液中與 HCl 混合，使 H^+ 及 OH^- 之最初濃度爲 10^{-5} M，試問酸鹼反應一半所需時間爲何?

6. 若 BOD 試驗的反應速率常數爲

$$k_{t_2} = k_{20}\theta^{T_2-293}$$

$T_2(K) = 273 + t_2(°C)$，k_{20} 爲 20℃時之反應速率常數

⑴試證明

$$\theta = \exp\frac{E_a}{RT_1T_2}$$

⑵如果 $\theta = 1.05$，$T_2 = 283K$，試求 E_a 值。

7. 試驗發現廢水中之 NH_2Cl 分解速率很慢，但若有陽光照射時其分解速率顯著增加。在完全隔絕陽光下，8 小時可分解 20%，爲一次反應。

⑴假設①放流水含 2 mg/L NH_2Cl as Cl_2；②與承受水體完全混合後之稀釋比 1:10（即放流水 1 份，承受水體 9 份）；③陽光完全隔絕；④超過 0.002 mg/L NH_2Cl as Cl_2 的含量對於鱒魚即具毒性。試問排放後多久對鱒魚即無毒害?

⑵假設無陽光照射 12hr 後接著有陽光照射 12hr，試問排放後多久對鱒魚即無毒害?（有陽光照射下 NH_2Cl 之分解反應爲一次反應，反應速率常數爲 0.3/hr）

8. NH_3 濃度 34 mg/L，加入 10^{-3} M HOCl，反應如下:

$$NH_3 + HOCl \longrightarrow NH_2Cl + H_2O$$

反應速率定律式爲

$$\frac{d[NH_3]}{dt} = -k[NH_3][HOCl]$$

其中 $k = 5.0 \times 10^6 L/mole - sec$，溫度 10℃，試計算

(1)90% HOCl 反應所需之時間爲何?

(2)如果溫度 40℃時之 $k = 1 \times 10^8$ L/mole − sec，活化能爲何?

9. BOD 數據如下表，假設爲一次反應，試求反應速率常數及最終 BOD 值。

t (day)	y (mg/L)
1	0.71
2	1.06
3	1.54
4	1.70
5	1.88
10	2.57
12	2.81

第二章　平衡化學

對於任一化學反應而言，該反應是否會隨意發生（spontaneous）？若會發生，才有進一步探討反應行爲之需要，因爲反應若不會發生，那麼探討其反應機構或反應速率亦是枉然。平衡化學在決定自來水、廢水及空氣污染物中之化學計量關係，以及各污染物對環境之影響皆非常重要。此外，利用物理化學程序去除水中重金屬及有機、無機污染物亦相當普遍。因此，豐富的平衡化學知識乃環保工作者不可或缺的。

本章將從熱力學理論推導化學反應進行之方向及進行程度之相關方程式，並以與環工相關之垃圾衛生掩埋之甲烷氣燃燒熱，及自來水中之硬度經家庭中之熱水器加熱後是否產生積垢等應用性課題說明之。最後並以非稀薄溶液中離子活性對化學平衡之影響說明離子強度之重要性。本章亦與第三章酸鹼化學有密切相關，讀者宜配合研讀之。

2-1　平衡之動態性質

多數的化學反應無法趨向完全，除了有反應物反應形成生成物的正反應外，亦有生成物反應形成反應物的逆反應，此即**可逆反應**（reversible reaction），在化學反應方程式中通常以 $\rightleftharpoons$ 表示正反應與逆反應係同時發生。

考慮如下式所示可逆之基本反應，

$$aA + bB \underset{k_{-1}}{\overset{k_1}{\rightleftharpoons}} cC + dD \tag{2-1}$$

其中正反應為

$$aA + bB \xrightarrow{k_1} cC + dD \tag{2-2}$$

正反應之反應速率為

$$r_f = k_1[A]^a[B]^b \tag{2-3}$$

而逆反應為

$$cC + dD \xrightarrow{k_{-1}} aA + bB \tag{2-4}$$

逆反應之反應速率為

$$r_r = k_{-1}[C]^c[D]^d \tag{2-5}$$

上列表示式中，k_1 及k_{-1} 分別為正反應與逆反應之速率常數。圖 2–1 表示上式反應物種濃度及反應速率隨反應進行（時間）之變化情形。

如圖 2–1 所示，對於上列可逆反應，若反應開始只有反應物存在，隨著反應進行，反應物濃度逐漸減少，正向反應速率亦因而漸減，另一方面生成物慢慢增多，因此逆向反應速率漸增，最後當正反應速率與逆反應速率相等時（無淨反應速率，$r_{net} = 0$），各物種濃度即不再變化，此時即達成平衡。故當上列反應達平衡時，

$$r_f = r_r \tag{2-6}$$

即

$$k_1[A]^a[B]^b = k_{-1}[C]^c[D]^d \tag{2-7}$$

重新整理得

圖 2-1　可逆反應濃度與速率變化圖

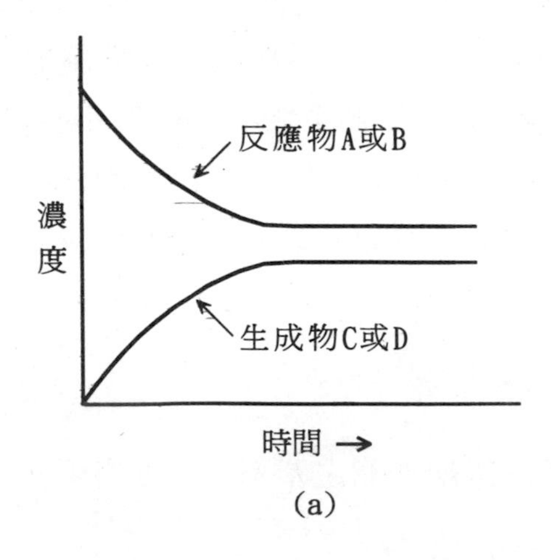

(a)

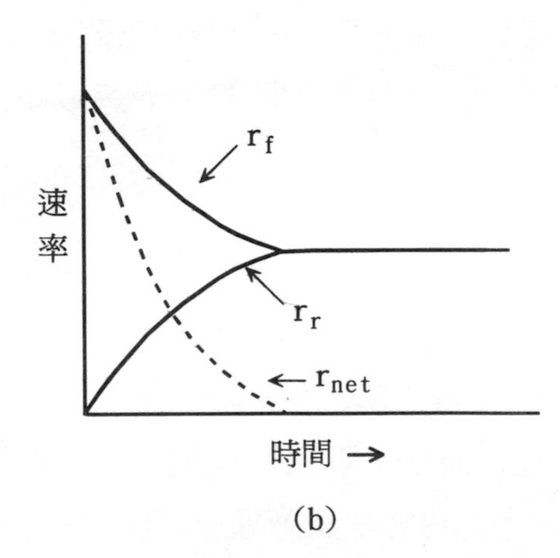

(b)

$$\frac{[C]^c[D]^d}{[A]^a[B]^b} = \frac{k_1}{k_{-1}} = K \qquad (2\text{–}8)$$

上式之 K 即爲平衡常數。

要注意的是，如上列之可逆反應，平衡狀態可由任一方向達成，也就是說反應由 A 及 B 開始，或由C 及 D 開始，最後達到的平衡狀態是相同的。

另一方面，平衡狀態若受到擾動時，例如濃度、壓力或溫度等改變，會經過一番調整而達到另一新的平衡狀態，此即**勒沙特列原理** (Le Châtelier's principle)。勒沙特列原理指出，**當施加一影響平衡之因素（濃度、壓力、溫度）於一平衡系統中，則平衡將往可抵消此一因素之方向進行**。根據勒沙特列原理，增加反應物濃度或減少生成物濃度，平衡往生成物方向移動，例如工業上生產酯類時，酯化反應爲一平衡反應，

$$\text{酸} + \text{醇} \rightleftharpoons \text{酯} + \text{水} \tag{2-9}$$

因此可利用將水移除以增加酯之產率。溫度對平衡的影響將在 2–3 節中討論。

對於氣相平衡反應，增加壓力，平衡往氣體莫耳數少的方向移動，因反應後莫耳數減少，即可使壓力降低，而達成新的平衡狀態，如氣相可逆反應

$$N_{2(g)} + 3H_{2(g)} \rightleftharpoons 2NH_{3(g)} \tag{2-10}$$

增加壓力，平衡將向生成物方向（右邊）移動。

催化劑只能改變反應速率，並不能改變平衡；催化劑之加入，係提供一新的反應途徑，通常是降低活化能，或謂提供之新路徑活化能（能量障礙）較低，因此可加快反應速率，但並未改變反應物與生成物之狀態，故未改變平衡。此處所謂反應物與生成物之狀態，即平衡狀態，實係熱力學所探討者，我們將在下一節介紹熱力學之基本概念，並據以評估化學平衡。

【例題2–1】

在下列平衡系統中加水達成新平衡時，

$$Fe^{3+}{}_{(aq)} + SCN^{-}{}_{(aq)} \rightleftharpoons FeSCN^{2+}{}_{(aq)}$$

下列各項之變化如何（增加、減少或不變）？
(a) Fe^{3+} 莫耳數，(b) SCN^- 莫耳數，(c) $FeSCN^{2+}$ 莫耳數，
(d) $[Fe^{3+}]$，(e) $[SCN^-]$，(f) $[FeSCN^{2+}]$。

【解】

$$k = \frac{[FeSCN^{2+}]}{[Fe^{3+}][SCN^-]}$$

加水稀釋，平衡向左移，故
Fe^{3+} 莫耳數增加，SCN^- 莫耳數增加，$FeSCN^-$ 莫耳數減少;
至於濃度，因稀釋的結果，雖然平衡向左移，造成 Fe^{3+} 及 SCN^- 莫耳數略增，但濃度仍降低，即
$[Fe^{3+}]$ 降低，$[SCN^-]$ 降低，$[FeSCN^{2+}]$ 降低。

【例題2-2】

定溫下，壓縮下列各物系，試討論平衡之移動方向及各物質之濃度變化。

(a) $N_2O_{4(g)} \rightleftharpoons 2NO_{2(g)}$

(b) $N_{2(g)} + 3H_{2(g)} \rightleftharpoons 2NH_{3(g)}$

(c) $H_{2(g)} + I_{2(g)} \rightleftharpoons 2HI_{(g)}$

【解】

(a) $N_2O_{4(g)} \rightleftharpoons 2NO_{2(g)}$

加壓，平衡向左，N_2O_4 莫耳數增加，NO_2 莫耳數減少，
但壓縮體積減小，故
$[N_2O_4]$ 增加，$[NO_2]$ 增加。

(b) $N_{2(g)} + 3H_{2(g)} \rightleftharpoons 2NH_{3(g)}$

加壓，平衡向右，N_2 及 H_2 莫耳數減少，NH_3 莫耳數增加，
$[N_2]$，$[H_2]$ 及 $[NH_3]$ 皆增大。

(c) $H_{2(g)} + I_{2(g)} \rightleftharpoons 2HI_{(g)}$

加壓，平衡不移動，H_2，I_2 及 HI 之莫耳數皆不變，
$[H_2]$，$[I_2]$ 及 [HI] 皆增加。

2-2 熱力學基礎

熱力學（thermodynamics）係研究一程序（物理變化或化學反應）中的能量變化。能量有許多種形式，各種形式的能量可以相互轉換，但無論如何轉換，**能量必須守恆**（conservation of energy），此即**熱力學第一定律**（first law of thermodynamics）。**熱力學第一定律之敘述為：能量雖可以各種形式存在，但能量之總和一定，且當能量以一種形式消失時，必有另一種能量形式出現。**

註：對於核反應，質量與能量可以互換，如愛因斯坦方程式，$E = mc^2$，其中 c 為光速。

討論一**密閉系統**（closed system）（無質量交換，但有能量交換之系統），熱力學第一定律可表示為

$$\Delta E = Q - W \tag{2-11}$$

其中

ΔE =系統之**內能**（internal energy）變化

Q =系統與外界之**熱量**（heat）變化，系統**吸熱**（endothermic）為正，系統**放熱**（exothermic）為負

W =系統與外界之**功**（work）變化，系統對外界作功為正，外界對系統作功為負

上式三種能量形式中，熱 (Q) 與功 (W) 為**路徑函數**（path function）即其量與程序有關，不同的程序或路徑會得到不同的熱與功，即使程序前後之狀態相同；而內能 (E) 為**狀態函數**（state function），其變化量

只與程序前後之狀態有關，與程序進行之路徑無關。熱力學中狀態函數除**內能** (E)外，尚有**焓** (H)、**熵** (S)及**自由能** (free energy, G)等，此等狀態函數之變化量皆以 Δ（狀態函數）來表示，即 ΔE、ΔH、ΔS 及 ΔG 等。

在 (2-11) 式中，功 (W) 可用**壓容功**（PV work）來表示

$$W = \int_{V_1}^{V_2} PdV \tag{2-12}$$

對於一恆容程序，體積維持一定，$W = 0$，(2-11) 式成爲

$$\Delta E = Q_V \tag{2-13}$$

即在一定體積下，系統的內能變化等於系統所吸收或所放出之熱。然而多數反應在定壓下進行，因此必須建立焓的觀念。

焓（enthalpy）**即熱含量**（heat content），以 H 表示，其定義如下:

$$H = E + PV \tag{2-14}$$

對於一恆壓程序，$W = P(V_2 - V_1)$，由第一定律(2-11) 式

$$\Delta E = E_2 - E_1 = Q_P - P(V_2 - V_1) \tag{2-15}$$

$$(E_2 + PV_2) - (E_1 + PV_1) = Q_P \tag{2-16}$$

$$H_2 - H_1 = Q_P \tag{2-17}$$

即

$$\Delta H = Q_P \tag{2-18}$$

在一定壓力下，系統所吸收或放出之熱，等於其焓變化。對反應而言，ΔH 爲正稱爲 **吸熱反應**（endothermic reaction），ΔH 爲負稱爲**放熱反應**（exothermic reaction）。

反應熱之測量通常以**卡計**（calorimeter）或**彈卡計**（bomb calorimeter）測定，其係在密閉容器內進行，如廢棄物之發熱量測定亦是，因此測定時爲維持一定體積，測得爲恆容熱變化，即 ΔE，必須以下式換算爲常用之 ΔH，

$$Q_P = \Delta H = \Delta E + P\Delta V \qquad \textbf{(2-19)}$$

若爲固相、液相反應， $\Delta V \approx 0$，故

$$\Delta H = \Delta E \qquad \textbf{(2-20)}$$

而氣相反應，則假設爲**理想氣體**（ideal gas），可導出

$$\Delta H = \Delta E + \Delta nRT \qquad \textbf{(2-21)}$$

其中 Δn 爲反應中氣相生成物莫耳數與氣相反應物莫耳數之差。

【例題2-3】

在 1 atm， 25℃下用卡計測得苯1 莫耳燃燒放出 780.09 kcal 熱量，試求苯之莫耳燃燒熱 (ΔH) 爲若干 kcal/mole?

【解】

苯在 25℃， 1 atm 下之燃燒反應

$$C_6H_{6(\ell)} + \frac{15}{2}O_{2(g)} \longrightarrow 6CO_{2(g)} + 3H_2O_{(\ell)}$$

$$\Delta n = 6 - \frac{15}{2} = -\frac{3}{2}$$

$$\Delta H = \Delta E + \Delta nRT$$

$$= -780.09 + \left(-\frac{3}{2}\right) \times 1.987 \times 298 \times 10^{-3}$$

$$= -780.98 \text{ kcal/mole}$$

使物質溫度升高一度所需之熱量，稱為該物質的**熱容量**（heat capacity），因此熱量可利用下列二式計算。

$$Q_V = \Delta E = n\int_{T_1}^{T_2} \overline{C}_v dT \tag{2-22}$$

$$Q_P = \Delta H = n\int_{T_1}^{T_2} \overline{C}_p dT \tag{2-23}$$

上二式中，$\overline{C}_v$ 與 $\overline{C}_p$ 分別為該物質之恆容莫耳熱容量及恆壓莫耳熱容量，單位為 cal/mole · K。

【例題2-4】

一理想氣體之 $\overline{C}_p = 6.76$ cal/mole · K，若 10 莫耳之此理想氣體由 0℃加熱至 100℃，則此過程之 ΔE 及 ΔH 為若干?

【解】

$$\begin{aligned}
\Delta H &= n\int_{T_1}^{T_2} \overline{C}_p dT \\
&= n\overline{C}_p(T_2 - T_1) \\
&\quad (\because \overline{C}_p = \text{constant}) \\
&= 10 \times 6.76 \times (373 - 273) \\
&= 6760 \text{ cal}
\end{aligned}$$

類似 ΔH,

$$\Delta E = n\overline{C}_v(T_2 - T_1)$$

而對於理想氣體,

$$\overline{C}_p - \overline{C}_v = R$$

故

$$\overline{C}_v = 6.76 - 1.987$$

$$= 4.773 \text{ cal/mole} \cdot \text{K}$$

所以

$$\Delta E = 10 \times 4.773 \times (373 - 273)$$

$$= 4773 \text{ cal}$$

對化學反應而言，通常以 ΔH 來表示反應熱，因 H 爲狀態函數，因此熱化學方程式必須標明各反應物及生成物之狀態，如

$$H_{2(g)} + \frac{1}{2}O_{2(g)} \longrightarrow H_2O_{(\ell)} \qquad \Delta H^\circ = -68.32 \text{ kcal}$$

$$H_{2(g)} + \frac{1}{2}O_{2(g)} \longrightarrow H_2O_{(g)} \qquad \Delta H^\circ = -57.80 \text{ kcal}$$

上二式中，ΔH° 爲**標準狀態**（standard state）之反應熱，熱力學之標準狀態爲 25℃及 1 atm。

由各成分元素反應生成一莫耳物質之反應熱，稱爲該物質之**生成熱**（heat of formation），以 $\overline{H}_f$ 來表示。又定義**所有元素之穩定態在標準狀態**（25℃, 1 atm）**下之焓值爲零**，因此可用生成熱來求一化學反應之反應熱。

反應熱 = 生成物之生成熱總和 − 反應物之生成熱總和　　**(2–24)**

一些物質之標準生成熱（25℃, 1 atm，以 $\overline{H}^\circ_f$ 表示）列於表 2–1。

表 2-1 標準生成熱 ($\overline{H}^{\circ}_{f,298}$)

物質	$\overline{H}^{\circ}_{f,298}$(kcal/mole)	物質	$\overline{H}^{\circ}_{f,298}$(kcal/mole)
	元素與無機化合物		
$O_{3(g)}$	34.0	$CO_{(g)}$	− 26.4157
$H_2O_{(g)}$	− 57.7979	$CO_{2(g)}$	− 94.0518
$H_2O_{(\ell)}$	− 68.3174	$PbO_{(s)}$	− 52.5
$HCl_{(g)}$	− 22.063	$PbO_{2(s)}$	− 66.12
$Br_{2(g)}$	7.34	$PbSO_{4(s)}$	−219.50
$HBr_{(g)}$	− 8.66	$Hg_{(g)}$	14.54
$HI_{(g)}$	6.20	$Ag_2O_{(s)}$	− 7.306
S（單斜晶硫）	0.071	$AgCl_{(s)}$	− 30.362
$SO_{2(g)}$	− 70.96	$Fe_2O_{3(s)}$	−196.5
$SO_{3(g)}$	− 94.45	$Fe_3O_{4(s)}$	−267.0
$H_2S_{(g)}$	− 4.815	$Al_2O_{3(s)}$	−399.09
$H_2SO_{4(\ell)}$	−193.91	$UF_{6(g)}$	−505
$NO_{(g)}$	21.600	$UF_{6(s)}$	−517
$NO_{2(g)}$	8.091	$CaO_{(s)}$	−151.9
$NH_{3(g)}$	− 11.04	$CaCO_{3(s)}$	−288.45
$HNO_{3(\ell)}$	− 41.404	$NaF_{(s)}$	−136.0
$P_{(g)}$	75.18	$NaCl_{(s)}$	− 98.232
$PCl_{3(g)}$	− 73.22	$KF_{(s)}$	−134.46
$PCl_{5(g)}$	− 95.35	$KCl_{(s)}$	−104.175
C（鑽石）	0.4532	$NaCO_{3(s)}$	−270.330
	有機化合物		
甲烷，$CH_{4(g)}$	− 17.889	丙烯，$C_3H_{6(g)}$	4.879
乙烷，$C_2H_{6(g)}$	− 20.236	1- 丁烯，$C_4H_{8(g)}$	0.280
丙烷，$C_3H_{8(g)}$	− 24.820	乙炔，$C_2H_{2(g)}$	54.194
正丁烷，$C_4H_{10(g)}$	− 29.812	甲醛，$CH_2O_{(g)}$	− 27.7
異丁烷，$C_4H_{10(g)}$	− 31.452	乙醛，$CH_3CHO_{(g)}$	− 39.76
正戊烷，$C_5H_{12(g)}$	− 35.00	甲醇，$CH_3OH_{(\ell)}$	− 57.02
正己烷，$C_6H_{14(g)}$	− 39.96	乙醇，$C_2H_5OH_{(\ell)}$	− 66.356
正庚烷，$C_7H_{16(g)}$	− 44.89	甲酸，$HCOOH_{(\ell)}$	− 97.8
正辛烷，$C_8H_{18(g)}$	− 49.82	醋酸，$CH_3COOH_{(\ell)}$	−116.4
苯，$C_6H_{6(g)}$	19.820	草酸，$(CO_2H)_{2(s)}$	−197.6
苯，$C_6H_{6(\ell)}$	11.718	四氯化碳，$CCl_{4(\ell)}$	− 33.3
乙烯，$C_2H_{4(g)}$	12.496	甘氨酸，$H_2NCH_2CO_2H_{(s)}$	−126.33

【例題2–5】

垃圾經過衛生掩埋後，其中的有機成分在土壤中起化學反應，可產生甲烷 (CH_4) 氣體，若加以收集可做爲燃料。現已知$CH_{4(g)}$，$H_2O_{(\ell)}$ 及 $CO_{2(g)}$ 三者的生成熱分別爲 -17.89，-68.32 及 -94.05 kcal/mole，試計算甲烷氣體在 25℃下之燃燒熱?

【解】

甲烷之燃燒反應

$$CH_{4(g)} + 2O_{2(g)} \longrightarrow CO_{2(g)} + 2H_2O_{(\ell)}$$

$$\begin{aligned}\Delta H &= \Delta\overline{H}^{\circ}_{f,CO_{2(g)}} + 2\overline{H}^{\circ}_{f,H_2O_{(\ell)}} - \overline{H}^{\circ}_{f,CH_{4(g)}} - 2\overline{H}^{\circ}_{f,O_{2(g)}} \\ &= (-94.05) + 2(-68.32) - (-17.89) - 0 \\ &= -212.80 \text{ kcal/mole}\end{aligned}$$

熱力學第一定律只說明能量不滅，能量可由一種形式轉換成另一種形式，轉換前後之總能量不變，但對能量轉換之方向並未加以限制，熱力學第二定律即在說明能量轉換之方向。熱力學第二定律的敍述方式有許多，常見者如下列:

(1)**無法將熱完全轉換爲功**。

(2)**若不介入外力，無法將熱由低溫處傳至高溫處**。

(3)**所有自然程序均爲不可逆**。

(4)**內摩擦所生之熱爲不可逆**。

(5)**理想氣體之自然膨脹爲不可逆**。

(6)**宇宙之熵值趨向於增加至最大值**。

其中**熵**（entropy）爲由熱力學第二定律導出之狀態函數。

熵之定義如下式所示

$$dS = \frac{dQ_{rev}}{T} \tag{2–25}$$

上式中S 爲系統之熵值，Q_{rev} 爲系統在可逆程序中之熱量變化，T 爲絕對溫度。將 (2–25) 式積分則得系統之熵變化爲

$$\Delta S = S_2 - S_1 = \int_1^2 \frac{dQ_{rev}}{T} \tag{2–26}$$

注意上式中必須以可逆程序之熱來計算。

【例題2–6】

於 0℃下，9 克之水自固態（冰）熔解變爲液態，試問此過程之熵變化 (ΔS) 爲若干？

【解】

熔解過程在正常熔點 (0℃) 下爲可逆恆溫之變化，故

$$\Delta S = \int_1^2 \frac{dQ_{rev}}{T} = \frac{\Delta H}{T}$$

水在 0℃之熔解熱爲 80 cal/g，所以

$$\Delta S = \frac{9 \times 80}{273} = 2.64 \text{ cal/K}$$

【例題2–7】

14 克之氮氣自 27℃被加熱至127℃，試問此過程之熵變化 (ΔS) 爲若干？假設氮氣爲理想氣體，且其 $\overline{C}_v = 4.94$ cal/mole · K

【解】

(a)若爲恆容加熱

$$dQ = n\overline{C}_v dT$$

故

$$\begin{aligned} \Delta S &= \int_{T_1}^{T_2} \frac{n\overline{C}_v dT}{T} = n\overline{C}_v \ln \frac{T_2}{T_1} \\ &= \frac{14}{28} \times 4.94 \times \ln \frac{400}{300} \\ &= 0.711 \text{ cal/K} \end{aligned}$$

(b)若爲恆壓加熱

則 $\Delta S = n\overline{C}_p \ln \dfrac{T_2}{T_1}$

理想氣體之

$$\overline{C}_p = \overline{C}_v + R = 4.94 + 1.987 = 6.927$$

故 $\Delta S = \dfrac{14}{28} \times 6.927 \times \ln \dfrac{400}{300} = 0.996 \text{ cal/K}$

對於一**孤立系統**（isolated system），即與外界無任何質量與能量交換之系統，由熱力學第二定律之熵定義可推導出，孤立系統之任何自發反應均會導出熵值的增加，即

$$\left.\begin{array}{ll}\Delta S > 0, & \text{自發反應（spontaneous reaction）} \\ \Delta S = 0, & \text{平衡反應（an equilibrium reaction）} \\ \Delta S < 0, & \text{無法自發反應（non-spontaneous reaction）}\end{array}\right\} \quad \textbf{(2–27)}$$

上列結果只對孤立系統有效，而我們可將整個宇宙視爲一孤立系統，宇宙則可分爲**系統**（system）與**外界**（surrounding）兩部分，因此

$$\Delta S\text{（孤立系統）} = \Delta S_{total} = \Delta S\text{（系統）} + \Delta S\text{（外界）} \quad \textbf{(2–28)}$$

又宇宙中自然反應不斷在發生，故宇宙之熵值趨向於增加至一最大值。

熱力學第三定律定義了絕對熵，**完全結晶物質之熵在絕對零度時等於零，且在絕對零度以上的溫度具有一有限正值的熵**，表 2–2 列出一些物質之標準絕對熵。系統之熵值爲系統**亂度**（randomness）的一種量度，系統亂度增加，將導致系統熵值之增加，例如氣體膨脹、液體汽化成氣體，均使系統之亂度增加，因此上二種過程之熵變化均爲正值（即熵值增加）。

前述判斷自發反應或平衡之準則（2–27）式僅適用於孤立系統，對於一般系統所進行的反應，真正的驅動力應考慮焓變化與熵變化的組合，此即Gibbs **自由能變化**（Gibbs free energy change, ΔG），ΔG 可用來判斷一反應是否**自發**（spontaneous）。

表 2-2　物質在 25℃之第三定律熵 $\overline{S}^{\circ}_{298}$(cal/K – mole)

元素與無機化合物					
$O_{2(g)}$	49.003	$NO_{(g)}$	50.339	$AgCl_{(s)}$	22.97
$O_{3(g)}$	56.8	$NO_{2(g)}$	57.47	$Fe_{(s)}$	6.49
$H_{2(g)}$	31.211	$NH_{3(g)}$	46.01	$Fe_2O_{3(s)}$	21.5
$H_2O_{(g)}$	45.106	$HNO_{3(\ell)}$	37.19	$Fe_3O_{4(s)}$	35.0
$H_2O_{(\ell)}$	16.716	$P_{(g)}$	38.98	$Al_{(s)}$	6.769
$He_{(g)}$	30.126	P（s，白）	10.6	$Al_2O_{3(s)}$	12.186
$Cl_{2(g)}$	53.286	$PCl_{3(g)}$	74.49	$UF_{6(g)}$	90.76
$HCl_{(g)}$	44.617	$PCl_{5(g)}$	84.3	$UF_{6(s)}$	54.45
$Br_{2(g)}$	58.639	C（s，鑽石）	0.5829	$Ca_{(s)}$	9.95
$Br_{2(\ell)}$	36.4	C（s，石墨）	1.3609	$CaO_{(s)}$	9.5
$HBr_{(g)}$	47.437	$CO_{(g)}$	47.301	$CaCO_{2(s)}$	22.2
$HI_{(g)}$	49.314	$CO_{2(g)}$	51.061	$Na_{(s)}$	12.2
S（斜方晶硫）	7.62	$Pb_{(s)}$	15.51	$NaF_{(s)}$	14.0
S（單斜晶硫）	7.78	$Pb_{(s)}$	18.3	$NaCl_{(s)}$	17.3
$SO_{2(g)}$	59.40	$PbSO_{4(s)}$	35.2	$K_{(s)}$	15.2
$SO_{3(g)}$	61.24	$Hg_{(g)}$	41.80	$KF_{(s)}$	15.91
$H_2S_{(g)}$	49.15	$Hg_{(\ell)}$	18.5	$KCl_{(s)}$	19.76
$N_{2(g)}$	45.767	$Ag_{(s)}$	10.206		

有機化合物			
甲烷，$CH_{4(g)}$	44.50	丙烯，$C_3H_{6(g)}$	63.80
乙烷，$C_2H_{6(g)}$	54.85	1- 丁烯，$C_4H_{8(g)}$	73.48
丙烷，$C_3H_{8(g)}$	64.51	乙炔，$C_2H_{2(g)}$	47.997
正丁烷，$C_4H_{10(g)}$	74.10	甲醛，$CH_2O_{(g)}$	52.26
異丁烷，$C_4H_{10(g)}$	70.42	乙醛，$C_2H_4O_{(g)}$	63.5
正戊烷，$C_5H_{12(g)}$	83.27	甲醇，$CH_3OH_{(\ell)}$	30.3
正己烷，$C_6H_{14(g)}$	92.45	乙醇，$CH_3CH_2OH_{(\ell)}$	38.4
正庚烷，$C_7H_{16(g)}$	101.64	甲酸，$HCO_2H_{(\ell)}$	30.82
正辛烷，$C_8H_{18(g)}$	110.82	醋酸，$CH_3CO_2H_{(\ell)}$	38.2
苯，$C_6H_{6(g)}$	64.34	草酸，$(CO_2H)_{2(s)}$	28.7
苯，$C_6H_{6(\ell)}$	41.30	四氯化碳，$CCl_{4(\ell)}$	51.25
乙烯，$C_2H_{4(g)}$	52.45	甘氨酸，$C_2H_5O_2N_{(s)}$	26.1

Gibbs **自由能** 之定義為

$$G = H - TS \quad \textbf{(2–29)}$$

對於一在恆溫、恆壓下進行之可逆程序，

$$\Delta G = \Delta H - T\Delta S \quad (\because 恆溫)$$

$$\Delta H = \Delta E + P\Delta V \quad (\because 恆壓)$$

$$\Delta E = Q - W \quad (第一定律)$$

$$Q = Q_{rev} = T\Delta S,\ W = W_{max} \quad (可逆反應，可作最大功)$$

整理上列四式得

$$-\Delta G = W_{max} - P\Delta V = W_{useful} \quad \textbf{(2–30)}$$

(2–30) 式說明了 Gibbs 自由能變化之物理意義，Gibbs 自由能降低量 ($-\Delta G$) 為系統可獲得的最大功扣除所消耗的壓容功後之**有效功**（W_{useful}）。通常，一個自發反應均可產生有效功。因此，考慮任一系統在恆溫、恆壓下進行一反應時，

$\Delta G < 0$, **可自發反應**（a spontaneous reaction）
$\Delta G = 0$, **平衡反應**（an equilibrium reaction）
$\Delta G > 0$, **無法自發反應**（non-spontaneous reaction）
(2–31)

(2–31) 式說明了，在恆溫、恆壓下，在密閉系統中達平衡時 Gibbs 自由能為最低 ($\Delta G = 0$)。對於一般反應之 ΔG 計算，可利用下式求之，

$$\Delta G = \Delta H - T\Delta S \quad (恆溫) \quad \textbf{(2–32)}$$

另外，對於化學反應而言，由熱力學資料可查知各反應物與生成物之標準生成自由能 ($\overline{G}_f^\circ$)，可利用下式求得化學反應在標準狀態下之自由能變化，並據以判斷該反應在標準狀態下是否自發（是否能依所示方向進行）。

$$\Delta G^\circ = \sum G_f^\circ\text{（生成物）} - \sum G_f^\circ\text{（反應物）} \quad (2\text{–}33)$$

表 2–3 列出一些物質在標準狀態之生成自由能。

表 2–3　物質在 25℃之標準生成自由能 (G_f°, kcal/mole)

元素及無機化合物			
$O_{3(g)}$	39.06	C（s, 鑽石）	0.6850
$H_2O_{(g)}$	−54.6357	$CO_{(g)}$	−32.8079
$H_2O_{(\ell)}$	−56.6902	$CO_{2(g)}$	−94.2598
$HCl_{(g)}$	−22.769	$PbO_{3(s)}$	−52.34
$Br_{2(g)}$	0.751	$PbSO_{4(s)}$	−193.89
$HBr_{(g)}$	−12.72	$Hg_{(g)}$	7.59
$HI_{(g)}$	0.31	$AgCl_{(s)}$	−26.224
S（單斜晶硫）	0.023	$Fe_2O_{3(s)}$	−177.1
$SO_{2(g)}$	−71.79	$Fe_3O_{4(s)}$	−242.4
$SO_{3(g)}$	−88.52	$AL_2O_{2(s)}$	−376.77
$H_2S_{(g)}$	−7.892	$UF_{6(g)}$	−485
$NO_{(g)}$	20.719	$UF_{6(s)}$	−486
$NO_{2(g)}$	12.390	$CaO_{(s)}$	−144.4
$NH_{3(g)}$	−3.976	$CaCO_{3(s)}$	−269.78
$HNO_{3(\ell)}$	−19.100	$NaF_{(s)}$	−129.3
$P_{(g)}$	66.77	$NaCl_{(s)}$	−91.785
$PCl_{3(g)}$	−68.42	$KF_{(s)}$	−127.42
$PCl_{5(g)}$	−77.59	$KCl_{(s)}$	−97.592
有　機　化　合　物			
甲烷，$CH_{4(g)}$	−12.140	丙烯，$C_3H_{6(g)}$	14.990
乙烷，$C_2H_{6(g)}$	−7.860	1− 丁烯，$C_4H_{8(g)}$	17.217
丙烷，$C_3H_{5(g)}$	−5.614	乙炔，$C_2H_{2(g)}$	50.000
正丁烷，$C_4H_{10(g)}$	−3.754	甲醛，$CH_2O_{(g)}$	−26.3
異丁烷，$C_4H_{10(g)}$	−4.296	乙醛，$CH_3CHO_{(g)}$	−31.96
正戊烷，$C_5H_{12(g)}$	−1.96	甲醇，$CH_3OH_{(\ell)}$	−39.73
正己烷，$C_6H_{14(g)}$	0.05	乙醇，CH_3CH_2OH	−41.77
正庚烷，$C_7H_{16(g)}$	2.09	甲酸，$HCO_2H_{(\ell)}$	−82.7
正辛烷，$C_8H_{18(g)}$	4.14	醋酸，$CH_3CO_2H_{(\ell)}$	−93.8
苯，$C_6H_{6(g)}$	30.989	草酸，$(CO_2H)_{2(s)}$	−166.8
苯，$C_6H_{6(\ell)}$	29.756	四氯化碳，$CCl_{4(\ell)}$	−16.4
乙烯，$C_2H_{4(g)}$	16.282	甘氨酸，$H_2NCH_2CO_2H_{(s)}$	−88.61

【例題2-8】

由以下資料求下列反應式之標準自由能:

$$N_{2(g)} + 3H_{2(g)} \longrightarrow 2NH_{3(g)}$$

	$N_{2(g)}$	$H_{2(g)}$	$NH_{3(g)}$
$\overline{H}_f^\circ$(kcal/mole)	0	0	−11.04
$\overline{S}^\circ$(cal/mole · K)	45.77	31.21	46.01

【解】

$$\Delta H^\circ = 2(-11.04) - 0 - 0 = -22.08 \text{ kcal}$$

$$\Delta S^\circ = 2(46.01) - 45.77 - 3(31.21) = -47.38 \text{ cal/K}$$

$$\Delta G^\circ = \Delta H^\circ - T\Delta S^\circ$$

$$= -22.08 - 298(-47.38) \times 10^{-3}$$

$$= -7.96 \text{ kcal}$$

$\Delta G^\circ < 0$, 故此反應在標準狀態下可自發。

註: 此反應為$NH_{3(g)}$之生成反應（生成 2mole$NH_{3(g)}$），故 $NH_{3(g)}$ 之標準生成自由能

$$\overline{G}_f^\circ = -3.98 \text{ kcal/mole}$$

又此反應雖可自發，但在標準狀態下此反應難進行，通常在高溫、高壓下以金屬觸媒催化此反應，此即**哈柏法製氨（Haber process）**。

【例題2-9】

已知$NO_{(g)}$, $O_{3(g)}$ 及 $NO_{2(g)}$ 之標準生成自由能分別爲 20.72, 39.06 及 12.39 kcal/mole，則反應

$$NO_{(g)} + O_{3(g)} \longrightarrow NO_{2(g)} + O_{2(g)}$$

在 25°C, 1 atm 下之自由能變化爲若干?

【解】

$$\Delta G^\circ = 12.39 + 0 - 20.72 - 39.06$$

$$= -47.39 \text{ kcal}$$

$\Delta G^\circ < 0$, 標準狀態下此反應可自發。

註: 所有元素之穩定態在標準狀態下之生成自由能為零。

前述之計算均爲標準狀態下之反應，唯多數反應並非發生於標準狀態，考慮 (2–1) 式之反應:

$$aA + bB \rightleftharpoons cC + dD \qquad \textbf{(2–1)}$$

反應之進行與各物種濃度、反應系統溫度等有關，其自由能變化可表示爲:

$$\Delta G = \Delta G^\circ + RT \ln Q \qquad \textbf{(2–34)}$$

上式中 ΔG = 反應之自由能變化， kcal

ΔG° = 反應之標準自由能變化， kcal

R = 氣體常數， $R = 1.987$ cal/mole · K

T = 絕對溫度， K

Q = 反應商數 (reaction quotient)

$$Q = \frac{(a_C)^c (a_D)^d}{(a_A)^a (a_B)^b} \qquad \textbf{(2–35)}$$

其中 a 爲各物種之**活性**（activity），有關於活性將於 2–4 節討論，在稀薄溶液中，活性約相當於該物種之**莫耳濃度**（molarity），即

$$Q = \frac{[C]^c [D]^d}{[A]^a [B]^b} \quad \text{（稀薄溶液）} \qquad \textbf{(2–36)}$$

當反應達平衡時，$\Delta G = 0$ ， $Q = K$（平衡常數），則 (2–34) 式成爲

$$\Delta G^\circ = -RT \ln K \qquad \textbf{(2–37)}$$

將 (2–37) 式再代入 (2–34) 式，則得

$$\Delta G = RT \ln \frac{Q}{K} \qquad \textbf{(2–38)}$$

綜合 (2–31) 式及 (2–38) 式，對於化學反應可歸納如下:

(1) $\frac{Q}{K} > 1$, $\Delta G > 0$，正向反應無法發生。

(2) $\frac{Q}{K} = 1$, $\Delta G = 0$，反應達平衡。

(3) $\frac{Q}{K} < 1$, $\Delta G < 0$，正向反應可自發。

【例題2–10】

已知 $NH_{3(g)}$ 之標準生成自由能爲 -3.98 kcal/mole，試求下式反應之平衡常數。

$$N_{2(g)} + 3H_{2(g)} \rightleftharpoons 2NH_{3(g)}$$

【解】

$$\begin{aligned}\Delta G^\circ &= 2(-3.98) - 0 - 0 \\ &= -7.96 \text{ kcal} \\ &= -RT \ln K\end{aligned}$$

$$\begin{aligned}K &= e^{-\Delta G^\circ/RT} \\ &= e^{-(-7.96)\times 10^3/1.987\times 298} \\ &= 6.89 \times 10^5\end{aligned}$$

【例題2–11】

計算碳酸 ($H_2CO_3^*$) 在25℃下第一游離常數 (K_{a_1})

$$[H_2CO_3^*] = [CO_{2(aq)}] + [H_2CO_3]$$

【解】

碳酸 ($H_2CO_3^*$) 之第一段解離

$$H_2CO^*_{3(aq)} \rightleftharpoons H^+_{(aq)} + HCO^-_{3(aq)}$$

$H_2CO^*_{3(aq)}$、 $H^+_{(aq)}$ 及 $HCO^-_{3(aq)}$ 之標準生成自由能 ($\overline{G}^\circ_f$) 分別爲 −149.00，0 及 −140.31 kcal/mole，上式解離反應之 ΔG° 爲

$$\Delta G^\circ = 0 + (-140.31) - (-149.00)$$

$$= 8.69 \text{ kcal}$$

$$K = e^{-\Delta G^\circ/RT}$$

$$= e^{-8.69\times10^3/1.987\times298}$$

$$= 4.23 \times 10^{-7}$$

即 $H_2CO_{3(aq)}$ 之 K_{a_1} 爲

$$K_{a_1} = \frac{[H^+][HCO_3^-]}{[H_2CO_3^*]} = 4.23 \times 10^{-7}$$

【例題2–12】

計算 $CO_{2(g)}$ 在 25℃時於水中之溶解常數。

【解】

$$CO_{2(g)} \rightleftharpoons CO_{2(aq)}$$

$CO_{2(g)}$ 與 $CO_{2(aq)}$ 之標準生成自由能分別爲 −94.26 與 −92.31 kcal/mole，故

$$\Delta G^\circ = (-92.31) - (-94.26) = 1.95 \text{ kcal}$$

$$K = e^{-1.95\times10^3/1.987\times298} = 0.0371$$

註：氣體之溶解度與氣體之壓力成正比，此敘述為亨利定律（Henry's law）

$$C = K_H \cdot P$$

K_H 稱為**亨利定律常數（Henry's law constant）**；例題 2–12 計算所得之常數即為亨利常數。

【例題2–13】

試計算水在 25℃時解離成 H^+ 及 OH^- 之平衡常數，又當 $[H^+] = 10^{-6}M, [OH^-] = 5\times10^{-8}$ M 時，試問水是否自發地解離？

【解】

$$H_2O_{(\ell)} \rightleftharpoons H^+_{(aq)} + OH^-_{(aq)}$$

$H_2O_{(\ell)}$、$H^+_{(aq)}$ 及 $OH^-_{(aq)}$ 之 $\overline{G}^\circ_f$ 分別為 −56.69， 0 及 −37.60 kcal/mole，則

$$\Delta G^\circ = -37.60 + 0 - (-56.69) = 19.09 \text{ kcal}$$

$$K = e^{-19.09\times10^3/1.987\times298} = 1.0\times10^{-14}$$

此平衡常數稱為水之**離子積常數（ion-product constant）**，K_w

$$K_w = [H^+][OH^-] = 1.0\times10^{-14}$$

當 $[H^+] = 10^{-6}M$, $[OH^-] = 5\times10^{-8}M$ 時

$$Q = [H^+][OH^-] = 10^{-6}\times5\times10^{-8} = 5\times10^{-14}$$

$$\frac{Q}{K} = \frac{5\times10^{-14}}{1.0\times10^{-14}} = 5 > 1$$

或 $$\Delta G = \Delta G^\circ + RT\ln Q$$

$$= 19.09 + 1.987\times10^{-3}\times298\times\ln 5\times10^{-14} = 0.96 > 0$$

故水之解離在此情況下無法自發，而是反方向進行。

2–3 焓及溫度變數

化學反應之反應熱可由生成熱求得，如前述之 (2–24) 式，

$$\Delta H = \sum H_f\text{（生成物）} - \sum H_f\text{（反應物）} \tag{2–24}$$

一般由熱力學資料查得之生成熱均爲**標準狀態**（standard state）之生成熱，利用 (2–24) 式求得之反應熱亦爲標準狀態之反應熱，但反應常在非標準狀態發生，對在任一溫度 T 發生反應之反應熱可用下式求算:

$$\Delta H_T = \Delta H^\circ + \int_{298}^{T} \Delta C_p dT \tag{2–39}$$

式中

ΔH° = 標準狀態之反應熱 (298K)

ΔH_T = 溫度 T 之反應熱

ΔC_p = 反應中生成物與反應物之熱容量差

$\Delta C_p = \sum C_p$（生成物）$- \sum C_p$（反應物）

【例題2–14】

已知 $H_2O_{(\ell)}$ 在 25℃下之生成熱爲:

$$H_{2(g)} + \frac{1}{2}O_{2(g)} \longrightarrow H_2O_{(\ell)} \qquad \Delta\overline{H}^\circ = -68.32\ \text{kcal/mole}$$

試計算 90℃下 $H_2O_{(\ell)}$ 之莫耳生成熱。

25℃至 90℃間之平均莫耳熱容量:

$\overline{C}_{p,\ H_{2(g)}} = 6.90\ \text{cal/mole}\cdot\text{K}$

$\overline{C}_{p,\ O_{2(g)}} = 7.05\ \text{cal/mole}\cdot\text{K}$

$\overline{C}_{p,\ H_2O_{(\ell)}} = 18.00\ \text{cal/mole}\cdot\text{K}$

【解】

$$\Delta C_p = 18.00 - 6.90 - \frac{1}{2} \times 7.05 = 7.58$$

$$\begin{aligned}\Delta H_{363} &= \Delta H^\circ + \int_{298}^{363} \Delta C_p dT \\ &= \Delta H^\circ + \Delta C_p(363 - 298) \\ &= -68.32 + 7.58 \times (363 - 298) \times 10^{-3} \\ &= -67.83 \text{ kcal/mole}\end{aligned}$$

在 2–1 節中提及，一平衡反應受到擾動時，平衡會移動而達另一新的平衡狀態，溫度對平衡的影響可由van't Hoff **方程式**來說明。

由熱力學**基本性質關係式**（foundamental property relation）

$$dG = -SdT + VdP \tag{2–40}$$

在恆壓下，

$$\left(\frac{\partial G}{\partial T}\right)_p = -S \tag{2–41}$$

對一有限之變化（由狀態 1 ⟶ 狀態 2 ）

$$\left(\frac{\partial \Delta G}{\partial T}\right)_p = -\Delta S \tag{2–42}$$

又

$$\begin{aligned}\left[\frac{\partial(\Delta G/T)}{\partial T}\right]_p &= \frac{T\left(\frac{\partial \Delta G}{\partial T}\right)_p - \Delta G}{T^2} \\ &= \frac{T(-\Delta S) - \Delta G}{T^2} \\ &= \frac{-T\Delta S - (\Delta H - T\Delta S)}{T^2} \\ &= -\frac{\Delta H}{T^2}\end{aligned} \tag{2–43}$$

(2–43) 式稱爲**Gibbs-Helmholtz 方程式**。標準狀態下，

$$\left[\frac{\partial(\Delta G^\circ/T)}{\partial T}\right]_p = -\frac{\Delta H^\circ}{T^2} \quad \textbf{(2–44)}$$

將 (2–37) 式代入 (2–44) 式，即可得 van't Hoff 方程式。

$$\Delta G^\circ = -RT\ln K \quad \textbf{(2–37)}$$

$$\frac{d\ln K}{dT} = \frac{\Delta H^\circ}{RT^2} \quad (\text{恆壓}) \quad \textbf{(2–45)}$$

(2–45) 式即**van't Hoff 方程式**。如果在應用之溫度範圍內，ΔH° 不受溫度影響，則將 (2–45) 式積分可得

$$\ln\frac{K_2}{K_1} = \frac{\Delta H^\circ}{R}\left(\frac{T_2 - T_1}{T_1T_2}\right) \quad \textbf{(2–46)}$$

上式中 K_1，K_2 分別爲溫度T_1，T_2 時之平衡常數，(2–46) 式說明溫度對平衡常數之影響。由 (2–46) 式

⑴**吸熱反應**，$\Delta H^\circ > 0$，溫度升高 ($T_2 > T_1$)，則平衡常數增加 ($K_2 > K_1$)，平衡將向正向（右邊）移動。

⑵**放熱反應**，$\Delta H^\circ < 0$，溫度升高 ($T_2 > T_1$)，則平衡常數減小 ($K_2 < K_1$)，平衡將向逆向（左邊）移動。

綜合上述，溫度升高將使平衡向吸熱方向移動，此亦爲**勒沙特列原理**（Le Châtelier principle）敍述之平衡將向抵消影響平衡因素之方向移動。

【例題2–15】

碳酸 ($H_2CO_3^*$) 在 25℃下之第一游離常數爲 4.23×10^{-7}，試計算其在 10℃下之 K_{a_1}。

【解】

$$H_2CO^*_{3(aq)} \rightleftharpoons H^+_{(aq)} + HCO^-_{3(aq)}$$

$H_2CO^*_{3(aq)}$，$H^+_{(aq)}$，$HCO^-_{3(aq)}$ 之 $\overline{H}^\circ_f$ 分別爲 −167.00, 0, −165.18 kcal/mole,

反應之 ΔH° 爲

$$\Delta H^\circ = -165.18 + 0 - (-167.00) = 1.82 \text{ kcal}$$

$$\ln \frac{4.23 \times 10^{-7}}{K} = \frac{1.82 \times 10^3}{1.987}\left(\frac{298 - 283}{283 \times 298}\right)$$

解得

$$K = 3.59 \times 10^{-7}$$

【例題2-16】

自來水在25℃時恰好對 $CaCO_{3(s)}$ 飽和，現自來水進到用戶家庭之溫度爲 20℃，在家庭熱水器加熱至 70℃，試問(1)進入用戶時及(2)離開熱水器時，該水之 $CaCO_{3(s)}$ 爲未飽和、飽和或過飽和狀態?

【解】

反應爲

$$CaCO_{3(s)} + H^+_{(aq)} \rightleftharpoons Ca^{2+}_{(aq)} + HCO^-_{3(aq)}$$

	$\overline{H}^\circ_f$ (kcal/mole)	$\overline{G}^\circ_f$ (kcal/mole)
$CaCO_{3(s)}$	−288.45	−269.78
$H^+_{(aq)}$	0	0
$Ca^{2+}_{(aq)}$	−129.77	−132.18
$HCO^-_{3(aq)}$	−165.18	−140.31

上式反應之 ΔG° 爲

$$\Delta G^\circ = -132.18 + (-140.31) - (-269.78) - 0$$

$$= -2.71 \text{ kcal}$$

$$= -1.987 \times 298 \times 10^{-3} \times \ln K$$

25℃之 $K = 97.2$

又上式反應之 ΔH° 爲

$$\Delta H^\circ = -129.77 + (-165.18) - (-288.45) - 0$$

$$= -6.5 \text{ kcal}$$

20℃之平衡常數 (K_1) 及 70℃之平衡常數 (K_2) 分別可求得

$$\ln\frac{97.2}{K_1} = \frac{-6.5\times10^3}{1.987}\left(\frac{298-293}{293\times298}\right),\qquad K_1 = 117.2$$

$$\ln\frac{K_2}{97.2} = \frac{-6.5\times10^3}{1.987}\left(\frac{343-298}{298\times343}\right),\qquad K_2 = 23.0$$

自來水恰好於 25℃對 $CaCO_{3(s)}$ 飽和，即自來水中之反應商數 Q 恰等於 25℃之K 值，97.2，則

(1)20℃時，$Q = 97.2 < K = 117.2$，即未飽和。

(2)70℃時，$Q = 97.2 > K = 23.0$，即過飽和，或反應將逆向進行，$CaCO_{3(s)}$ 沈積於熱水器內，影響熱水器之使用壽命。

2–4　離子及分子之非理想性質

前述之化學平衡均假設於理想溶液中達成，所謂理想溶液係假設溶液中之離子行爲各自獨立，與其他離子無關，唯此假設僅在非常稀薄溶液中適用，當溶液中離子濃度增加時，離子與離子間之靜電交互作用亦逐漸增加，離子行爲不再獨立，而受到溶液中其他離子的影響，因此其有效濃度將比其分析濃度爲小，此有效濃度在熱力學上定義爲**活性（activity）**，活性可由離子之分析濃度乘上活性係數而得。

$$a = \gamma C \qquad \textbf{(2–47)}$$

其中 a =**活性（activity）**

γ =**活性係數**（activity coefficient）， $\gamma < 1$

C=離子之分析濃度或測定濃度，通常用重量莫耳濃度，但水溶液中密度接近 1 時，可用體積莫耳濃度。

非理想溶液之活性係數 (γ) 小於 1，當溶液無限稀薄時，γ 趨近於 1，即接近理想溶液。對於像 (2–1) 式之平衡反應

$$aA + bB \rightleftharpoons cC + dD \tag{2–1}$$

其真正之平衡常數應以活性表示，得活性平衡常數

$$^{a}K = \frac{a_C^c\, a_D^d}{a_A^a\, a_B^b} \tag{2–48}$$

而以濃度表示者，則爲濃度平衡常數

$$^{c}K = \frac{[C]^c[D]^d}{[A]^a[B]^b} \tag{2–49}$$

因此

$$^{a}K = \frac{a_C^c\, a_D^d}{a_A^a\, a_B^b} = \frac{(r_C[C])^c(r_D[D])^d}{(r_A[A])^a(r_B[B])^b}$$

$$= \frac{r_C^c\, r_D^d}{r_A^a\, r_B^b} \cdot {}^{c}K \tag{2–50}$$

非理想之離子溶液性質取決於離子電荷間之靜電交互作用，因此欲探討影響離子溶液之非理想行爲，須先討論溶質濃度及溶液中各離子電荷之影響，此即**離子強度**（ionic strength, **I**）。Lewis 及Randall 提出離子強度爲:

$$I = \frac{1}{2}\sum_i C_i Z_i^2 \tag{2–51}$$

上式中 I = 離子強度

C_i = i 離子之體積莫耳濃度

Z_i = i 離子之電荷數

【例題2–17】

一水溶液中含 0.01M 之 $CaCl_2$ 及0.001M 之 Na_2SO_4，試計算此溶液之離子強度。

【解】

離子濃度:

$$[Ca^{2+}] = 0.01\ M$$

$$[Cl^-] = 0.02\ M$$

$$[Na^+] = 0.002\ M$$

$$[SO_4^{2-}] = 0.001\ M$$

故

$$I = \frac{1}{2}(0.01 \times 2^2 + 0.02 \times 1^2 + 0.002 \times 1^2 + 0.001 \times 2^2)$$

$$= 0.033$$

在水質化學中，水溶液中的複雜離子濃度無法如 (2–51) 式一一加以計算，一般以水溶液之總溶解固體濃度 (TDS) 或比導電度 (EC) 來估算。Langelier (1936) 提出溶液離子強度與其總溶解固體量之關係式。

$$I = 2.5 \times 10^{-5} \cdot TDS \qquad \textbf{(2–52)}$$

其中 TDS 爲溶液中之總溶解固體濃度 (mg/L)， (2–52) 式適用於 TDS 少於 1000mg/L 之情況。Russell 則提出離子強度與溶液比導電度之關係:

$$I = 1.6 \times 10^{-5} \cdot EC \qquad \textbf{(2–53)}$$

式中 EC 爲溶液之比導電度 (μmho $\cdot$ cm^{-1})。

【例題2-18】

有一河水在20℃時之比導電度爲 0.0006 mho·cm^{-1}，試估算其離子強度。

【解】

$$\text{比導電度 EC} = 0.0006\text{mho}\cdot\text{cm}^{-1}$$
$$= 600\mu\text{mho}\cdot\text{cm}^{-1}$$

$$I = 1.6 \times 10^{-5} \cdot \text{EC}$$
$$= 1.6 \times 10^{-5} \cdot 600$$
$$= 0.0096$$

如前述及，離子溶液（電解質溶液）中，各離子間之靜電交互作用影響溶液之性質，並決定其有效濃度，即活性。Debye 與 Hückel (1923) 創立一理論，認爲離子在稀溶液中之活性係數與其電荷、溶液之離子強度、溶液之介電常數及溫度有關，如下式所示。

$$\ln \gamma_i = \frac{-e^3 Z_i^2}{(DkT)^{\frac{3}{2}}} \sqrt{\frac{2\pi NI}{1000}} \qquad \textbf{(2–54)}$$

其中 γ_i = 離子 i 之活性係數

Z_i = 離子 i 之電荷數

e = 電子之攜電量

D = 溶液之介電常數

N = 亞佛加厥數（Avogadro's number）

k = 波茲曼常數（Boltzmann's constant）

I = 離子強度

(2–54) 式稱爲Debye-Hückel **極限定律**（Debye-Hückel limiting law），在一定溫度下，可寫爲

$$\log \gamma_i = -AZ_i^2\sqrt{I} \qquad \textbf{(2–55)}$$

對於 25℃之水溶液而言，$A=0.509$。此式適用於離子強度不超過 5×10^{-3} 之溶液。

離子強度稍大，而不超過 0.1 時，則應以延伸 Debye-Hückel 近似式計算，

$$\log \gamma_i = -AZ_i^2\left(\frac{\sqrt{I}}{1+Bb\sqrt{I}}\right) \tag{2-56}$$

其中　A = 有關溶劑之常數，例如水在 25℃，$A=0.509$

B = 有關溶劑之常數，例如水在 25℃，$B=0.328\times10^8$

b = 與離子大小有關之常數，通常數Å大小

(2-56) 式在水程序化學中難使用，一般以 Güntelberg 近似式來估算，

$$\log \gamma_i = -AZ_i^2\left(\frac{\sqrt{I}}{1+\sqrt{I}}\right) \tag{2-57}$$

上述之 Debye-Hückel 極限定律 (2-55) 式與 Güntelberg 近似式 (2-57) 式只限於估算單一離子之活性係數，而一般實驗所能測定者爲平均離子活性係數$\gamma_\pm$，則依 Debye-Hückel 極限定律與 Güntelberg 近似式可分別得到下列二式:

$$\log \gamma_\pm = -AZ_+Z_-\sqrt{I} \tag{2-58}$$

$$\log \gamma_\pm = -AZ_+Z_-\left(\frac{\sqrt{I}}{1+\sqrt{I}}\right) \tag{2-59}$$

至於水溶液中非電解質之活性係數可依下式經驗式來預測:

$$\log \gamma = k_s I$$

其中 k_s =**鹽析係數**（salting-out coefficient），一般在 0.01～0.15 範圍。

【例題2-19**】**

試以 Debye-Hückel 極限定律計算 0.01 M 之 $K_3Fe(CN)_6$ 水溶液在 25℃之平均離子活性係數，並與觀測值 0.808 作一比較。

【解】

0.01M $K_3Fe(CN)_6$ 溶液中，

$$[K^+] = 0.03\ M$$

$$[Fe(CN)_6^{3-}] = 0.01\ M$$

離子強度

$$I = \frac{1}{2}(0.03 \times 1^2 + 0.01 \times 3^2)$$

$$= 0.06$$

平均離子活性係數

$$\log \gamma_\pm = -AZ_+Z_-\sqrt{I}$$

$$= -0.509 \times 1 \times 3 \times \sqrt{0.06}$$

$$\gamma_\pm = 0.423$$

此值與觀測值 0.808 誤差頗大，顯然 Debye-Hückel 極限定律僅適用於稀薄溶液，及離子強度小於 5×10^{-3} 之情況；而此溶液之離子強度爲 0.06 遠高於其適用限度。

【例題2-20】

一水溶液含有 0.002 M $CaCl_2$ 與 0.002 M $ZnSO_4$，試以 Debye-Hückel 極限定律計算 25℃下此溶液中 Zn^{2+} 之活性係數。

【解】

溶液中各離子濃度

$$[Ca^{2+}] = 0.002\ M$$

$$[Cl^-] = 0.004\ M$$

$$[Zn^{2+}] = 0.002\ M$$

$$[SO_4^{2-}] = 0.002\ M$$

離子強度

$$I = \frac{1}{2}(0.002 \times 2^2 + 0.004 \times 1^2 + 0.002 \times 2^2 + 0.002 \times 2^2)$$
$$= 0.014$$

Zn^{2+} 之活性係數

$$\log \gamma_{Zn^{2+}} = -AZ^2_{Zn^{2+}}\sqrt{I}$$
$$= -0.509 \times 2^2 \times \sqrt{0.014}$$

$$\therefore \gamma_{Zn^{2+}} = 0.574$$

參考資料

1. 杜逸虹，《物理化學》，三民書局，民國 65 年。
2. 黃正義、黃炯昌譯,《環境工程化學》，乾泰圖書公司，民國 77 年。
3. 黃定加，《物理化學》，高立圖書公司，民國 77 年。
4. Balzhiser, R. E., Samuels, M. R. and Eliassen, J. D., *Chemical Engineering Thermodynamics: The Study of Energy, Entrotpy, and Equilibrium,* Prentice-Hall, Inc., New Jersey, 1972.
5. Benefield, L. D., Judkins, J. F. and Weand, B. L., *Process Chemistry for Water and Wastewater Treatment,* Prentice-Hall, Inc., New Jersey, 1982.
6. Sawyer, C. N. and McCarty, P. L., *Chemistry for Environmental Engineering*, 3rd ed., McGraw-Hill, Inc., New York, 1978.
7. Smith, J. M. and van Ness, H. C., *Intorduction to Chemical Engineering Thermodynamics,* McGraw-Hill, Inc., New York, 1975.
8. Snoeyink, V. L. and Jenkins, D., *Water Chemistry*, John Wiley and Sons, Inc., New York, 1980.
9. Stumm, W. and Morgan, J. J., *Aquatic Chemistry*, Wiley-Interscience, New York, 1981.

習　題

1. 氣相反應

$$N_{2(g)} + 3H_{2(g)} \rightleftharpoons 2NH_{3(g)} + 22kcal$$

當改變下列條件時，試問其平衡將會如何移動?

(1)增加 $N_{2(g)}$ 之濃度

(2)定溫下，物系壓力增大

(3)增加物系溫度

(4)從反應系統中取出 $NH_{3(g)}$

(5)物系體積增大

(6)加入催化劑

(7)定溫下，增加氫的分壓

(8)定容、定溫下，通入氦氣

(9)溫度與物系總壓不變，通入氦氣

2. 若 25℃時液態苯之燃燒熱爲 -780.98 kcal/mole，試計算 25℃時苯之生成熱。（已知 $CO_{2(g)}$ 及 $H_2O_{(l)}$ 之標準生成熱分別爲 -94.05 及 -68.32 kcal/mole）

3. 試判斷下式反應在標準狀態下是否爲自發?

$$CCl_{4(l)} + H_{2(g)} \longrightarrow HCl_{(g)} + CHCl_{3(l)}$$

已知 25℃時，上式反應之 $\Delta H^\circ = -21.83$ kcal，$\Delta S^\circ = 9.92$ cal/K。

4. (a)試由下列數據計算尿素 $CO(NH_2)_{2(s)}$ 之標準生成自由能 $\overline{G}_f^\circ$。

$$CO_{2(g)} + 2NH_{3(g)} \longrightarrow H_2O_{(g)} + CO(NH_2)_{2(s)} \quad \Delta G^\circ = 456 \text{ cal}$$

$$H_2O_{(g)} \longrightarrow H_{2(g)} + \frac{1}{2}O_{2(g)} \quad \Delta G^\circ = 54636 \text{ cal}$$

$$C\text{（石墨）} + O_{2(g)} \longrightarrow CO_{2(g)} \quad \Delta G^\circ = 94260 \text{ cal}$$

$$N_{2(g)} + 3H_{2(g)} \longrightarrow 2NH_{3(g)} \quad \Delta G^\circ = -7752 \text{ cal}$$

(b)試由尿素之生成熱 $\overline{H}_f^\circ = -79634$ cal/mole 及生成 $\overline{S}_f^\circ = -109.05$ cal/mole · K 計算其 $\overline{G}_f^\circ$。

5. 氫之解離反應

$$H_{2(g)} \rightleftharpoons 2H_{(g)}$$

在 1800K 與 2000K 之平衡常數分別爲 1.52×10^{-7} 與 3.10×10^{-6}，試求在此溫度範圍內之反應熱。

6. 試求下列各溶液之離子強度

(a) 0.1 M NaCl

(b) 0.1 M $Na_2C_2O_4$

(c) 0.1 M $CuSO_4$

(d)含有 0.1 M Na_2HPO_4 及 0.1 M NaH_2PO_4 之溶液

7. 25℃時，反應

$$HCO_3^- \rightleftharpoons H^+ + CO_3^{2-}$$

之平衡常數 $K_{a_2} = 5.0 \times 10^{-11}$ 。若一含上述離子之平衡溶液，離子強度爲 10^{-3}，$[H^+] = 10^{-10}$M，試求此平衡溶液之pH 值及 $\frac{[CO_3^{2-}]}{[HCO_3^-]}$。

8. 計算下列反應在25℃之自由能變化 (ΔG°) 及平衡常數 K。

$$CO_{(g)} + H_2O_{(g)} \rightleftharpoons CO_{2(g)} + H_{2(g)}$$

已知 25℃之生成熱與絕對熵如下

	$CO_{2(g)}$	$H_{2(g)}$	$H_2O_{(g)}$	$CO_{(g)}$
H_f°(kcal/mole)	−94.05	0	−57.80	−26.42
S°(cal/mole·K)	51.06	31.21	45.11	47.30

9. 試計算含有下列離子濃度之溶液的離子強度:

$$[Ca^{2+}] = 10^{-4}\ M,\ [CO_3^{2-}] = 10^{-5}\ M,\ [HCO_3^-] = 10^{-3}\ M,$$

$$[SO_4^{2-}] = 10^{-4}\ M,\ [Na^+] = 1.02 \times 10^{-3}\ M$$

10. 試計算下列電解質在 25℃，濃度為 0.01 N 時之活性。
(a)鹽酸 (HCl)
(b)氯化鋅 ($ZnCl_2$)
(c)硫酸鋅 ($ZnSO_4$)
11. 一溶液含 0.5 M 之 $MgSO_4$, 0.1 M 之 $AlCl_3$ 及 0.2 M 之 $(NH_4)_2SO_4$, 試求其離子強度為若干?
12. 醋酸根離子內細菌進行好氧性氧化時，反應可表示如下:

$$CH_3COO^-_{(aq)} + 2O_{2(aq)} \longrightarrow HCO^-_{3(aq)} + CO_{2(aq)} + H_2O_{(l)}$$

試求其自由能變化。（此自由能變化即細菌維持及合成新細胞之可用之最大能量）
13. 高錳酸根 (MnO_4^-) 在與大氣平衡溶液中依下式分解,

$$4MnO^-_{4(aq)} + 4H^+_{(aq)} \rightleftharpoons 4MnO_{2(s)} + 2H_2O_{(l)} + 3O_{2(g)}$$

其平衡常數為 10^{68} （25℃時），試求若 $[MnO_4^-] = 10^{-10}$M 則平衡時 pH 值為若干?
14. 一水樣分析後得知其 TDS 為 200 mg/L，若 25℃時 $CaCO_3$ 固體及其水相態達到飽和平衡，而平衡之碳酸鹽濃度為 20 mg/L（以 $CaCO_3$

計），則分析 Ca^{2+} 之濃度爲何？ 25℃時 $CaCO_3$ 之熱力學平衡常數（以活性爲準）爲 $10^{-8.32}$。

第三章　酸鹼化學

酸與鹼之反應爲基本化學反應之一。無論是環境工程或化學工程，甚至其他有關的化學領域，pH 值測定與酸鹼**滴定**（titration）的場合極多，而此兩者即是酸鹼平衡化學之一種應用。此外，許多沈澱、溶解、氧化還原和複合反應等，亦都含有酸與鹼之反應。

本章將先論述酸、鹼之性質、種類及其酸鹼平衡，並配合適當之例題來說明各種酸鹼化學之原理，分別比較精確解法、圖解法及近似解法之應用。本章在計算溶液之離子平衡時，皆以理想溶液爲條件，對於實際溶液可能產生一些誤差（必要時，應以活性代替濃度）。所幸在水處理之領域中，一般水域均爲稀溶液，因此，實際應用時大都採用濃度而不採用活性。

3-1　名詞定義

一切化合物溶於溶劑後，常會呈顯三種不同之特性，即**酸類**（acids）、**鹼類**（base），或不呈酸或鹼性而爲酸與鹼類所衍生者，稱之爲**鹽類**（salts）。

3-1-1 酸鹼學說

一、酸與鹼實驗上之定義

1.酸之通性

(1)水溶液有酸味。

(2)水溶液均含有 H^+（或 H_3O^+），溶液中 $[H^+] > [OH^-]$。

(3)能導電，爲電解質。

(4)與活性大的金屬（如 Zn,Mg）作用放出氫氣。

(5)能使藍色石蕊變紅色。

(6)能與鹼中和，中和後之水溶液仍能導電。

2.鹼之通性

(1)水溶液有澀味。

(2)水溶液含有 OH^-，且 $[OH^-] > [H^+]$。

(3)水溶液能導電，爲電解質。

(4)具滑膩感。

(5)能使紅色石蕊變藍色。

(6)能與酸中和，中和後之水溶液仍能導電。

二、酸與鹼觀念上之定義

1.阿瑞尼士學說（Arrhenius theory）

酸（acid）是在水溶液中能游離出**氫離子**（hydrogen ion）之氫化合物；例如下列反應:

$$HCl_{(aq)} \longrightarrow H^+_{(aq)} + Cl^-_{(aq)} \quad \textbf{(3-1)}$$

$$HNO_{3(aq)} \longrightarrow H^+_{(aq)} + NO^-_{3(aq)} \quad \textbf{(3-2)}$$

$$NH^+_{4(aq)} \rightleftharpoons H^+_{(aq)} + NH_{3(aq)} \quad (3\text{–}3)$$

鹼 (base)是在水溶液中能產生**氫氧離子**（hydroxide ion）之氫氧化物。例如下列反應:

$$NaOH_{(s)} \xrightarrow{H_2O} Na^+_{(aq)} + OH^-_{(aq)} \quad (3\text{–}4)$$

$$NH_4OH_{(aq)} \rightleftharpoons NH^+_{4(aq)} + OH^-_{(aq)} \quad (3\text{–}5)$$

2.**布忍司特—羅瑞學說** (Bronsted-Lowry theory)

所謂**酸**（acid）乃指提供質子者，即**質子供應者**（proton donor）；**鹼**（base）則指質子之接受者，即**質子接受者**（proton acceptor）。以布忍司特—羅瑞學說之觀點，所有之酸鹼反應，可視為是一種酸和一種鹼反應產生另一種鹼和另一種酸，所產生的鹼和酸與原來的酸和鹼互為共軛。

共軛（鹼 2 ↔ 酸 2）

$$\underset{\text{酸}_1}{HA} + \underset{\text{鹼}_2}{B^-} \rightleftharpoons \underset{\text{鹼}_1}{A^-} + \underset{\text{酸}_2}{HB} \quad (3\text{–}6)$$

共軛（酸 1 ↔ 鹼 1）

在 (3–6) 式之反應，物質 HA 因可提供質子故為酸；物質 B^- 因接受質子故為鹼。注意，此反應係可逆性，反應向右時，形成另一種酸 HB 和另一種鹼 A^-，於該反應中，HA 和 A^- 稱之為**共軛酸鹼對** (acid-conjugated base pair)；同理，HB 和 B^- 亦為另一共軛酸鹼對。常見物質之共軛酸鹼，其強度如表 3–1 所示。

由以上之學說可知，水可為酸亦可為鹼，亦稱之為**兩性電解質**（ampholytes），例如下列反應:

$$\underset{\text{酸}_1}{HCl} + \underset{\text{鹼}_2}{H_2O} \rightleftharpoons \underset{\text{鹼}_1}{Cl^-} + \underset{\text{酸}_2}{H_3O^+} \quad (3\text{–}7)$$

表3-1 常見物種之共軛酸、共軛鹼強度示意表

酸強度	共軛酸		共軛鹼	鹼強度
最強				最弱
	$HClO_4$	100%電離與 H_2O 生成 H_3O^+	ClO_4^-	
	HI		I^-	
	HBr		Br^-	
	HCl		Cl^-	
	H_2SO_4		HSO_4^-	
	HNO_3		NO_3^-	
	H_3O^+	------------	H_2O	
	H_2SO_3		HSO_3^-	
	HSO_4^-		SO_4^-	
	H_3PO_4		$H_2PO_4^-$	
	HF		F^-	
	$HC_2H_3O_2$(HOAc)		$C_2H_3O_2^-$(OAc^-)	
	H_2CO_3		HCO_3^-	
	H_2S		HS^-	
	NH_4^+		NH_3	
	HCN		CN^-	
	H_2O	------------	OH^-	
	OH^-	100%與水反應生成 OH^-	O^{2-}	
	NH_3		NH_2^-	
	H_2		H^-	
最弱				最強

$$\underset{鹼_1}{CO_3^{2-}} + \underset{酸_2}{H_2O} \rightleftharpoons \underset{酸_1}{HCO_3^-} + \underset{鹼_2}{OH^-} \tag{3-8}$$

其他具有酸和鹼功能之物質，諸如多質子酸之陰離子，以及某些金屬的氫氧化物等；例如下列反應:

$$HCO_3^- + OH^- \rightleftharpoons CO_3^{2-} + H_2O \quad (\text{視 } HCO_3^- \text{ 爲酸}) \tag{3-9}$$

$$HCO_3^- + H_3O^+ \rightleftharpoons H_2CO_3^* + H_2O \quad (\text{視 } HCO_3^- \text{ 爲鹼}) \tag{3-10}$$

又如

$$Al(H_2O)_3(OH)_3 + OH^- \rightleftharpoons Al(H_2O)_2(OH)_4^- + H_2O \tag{3-11}$$

[視 $Al(H_2O)_3(OH)_3$ 為酸]

$$Al(H_2O)_3(OH)_3 + H_3O^+ \rightleftharpoons Al(H_2O)_4(OH)_2^+ + H_2O \quad \textbf{(3–12)}$$

[視 $Al(H_2O)_3(OH)_3$ 為鹼]

3.路易士學說（Lewis theory）

凡能接受未共用電子對而形成配位鍵之分子或離子者稱為酸；換言之，酸乃電子對接受者。而凡能供給未共用電子對而形成配位鍵之分子或離子者稱為鹼；換言之，鹼乃電子對之供應者；例如下列反應：

(a)
$$H^+ + :NH_3 \longrightarrow \left[H-\underset{H}{\overset{H}{N}}-H \right]^+ \quad \textbf{(3–13)}$$

酸（電子對接受者）　鹼（電子對供應者）

(b)
$$F-\underset{F}{\overset{F}{B}} + :\underset{H}{\overset{H}{N}}-H \longrightarrow F-\underset{F}{\overset{F}{B^-}}-\underset{H}{\overset{H}{N^+}}-H \quad \textbf{(3–14)}$$

酸（電子對接受者）　鹼（電子對供應者）

以上三種酸與鹼之定義方法可以說是殊途同歸，可歸納如表 3–2 所示。然在實際應用上仍有些差異性，最主要的區別在於路易士學說所涵蓋之範圍最為廣泛，布忍司特—羅瑞學說所定義者次之，而阿瑞尼士學說則屬較狹義之酸鹼定義。由於路易士學說對酸鹼之定義較為廣泛，較適用於非水溶液之酸鹼反應，至於水溶液之酸鹼反應，一般均以阿瑞尼士學說和布忍司特—羅瑞學說較為方便常用。

表3-2 酸、鹼學說上之比較

定義學說	酸	鹼	範例
阿瑞尼士	能釋出 H^+ 者	能釋出 OH^- 者	酸: $H_2SO_{4(\ell)} + H_2O_{(\ell)} \longrightarrow HSO^-_{3(aq)} + H_3O^+_{(aq)}$ 鹼: $Ca(OH)_{2(s)} \xrightarrow{H_2O_{(\ell)}} Ca^{2+}_{(aq)} + 2OH^-_{(aq)}$
布忍司特一羅瑞	能供應 H^+ 者	能接受 H^+ 者	酸: $SO_{3(g)} + 2H_2O_{(\ell)} \longrightarrow HSO^-_{3(aq)} + H_3O^+_{(aq)}$ 鹼: $NH_{3(aq)} + HCl_{(aq)} \rightleftharpoons NH^+_{4(aq)} + Cl^-_{(aq)}$
路易士	電子對之接受者	電子對之供應者	$BF_3 + :NH_3 \longrightarrow F_3B^{\ominus}-{}^{\oplus}NH_3$ (F−B(F)(F) + :N(H)(H)−H ⟶ F−B(F)(F)⊖−⊕N(H)(H)−H)

3-1-2 酸鹼分類

酸之分類，從含質子數目來區分如下所示。

1.**單質子酸**（monoprotic acid）：酸分子中僅含有一個可解離之氫原子者；例如下列反應：

$$HCl + H_2O \rightleftharpoons H_3O^+ + Cl^- \qquad \textbf{(3–15)}$$

$$HNO_3 + H_2O \rightleftharpoons H_3O^+ + NO_3^- \qquad \textbf{(3–16)}$$

$$CH_3COOH + H_2O \rightleftharpoons H_3O^+ + CH_3COO^- \qquad \textbf{(3–17)}$$

2.**雙質子酸**（diprotic acid）：酸分子中含有二個可解離之氫原子者；例如下列反應：

$$H_2CO_3 + H_2O \rightleftharpoons H_3O^+ + HCO_3^- \quad \text{（第一段解離）} \qquad \textbf{(3–18a)}$$

$$HCO_3^- + H_2O \rightleftharpoons H_3O^+ + CO_3^{2-} \quad \text{（第二段解離）} \qquad \textbf{(3–18b)}$$

3.三質子酸（triprotic acid）：酸分子中含有三個可解離之氫原子者；例如下列反應：

$$H_3PO_4 + H_2O \rightleftharpoons H_3O^+ + H_2PO_4^- \quad (第一段解離) \quad \textbf{(3–19a)}$$

$$H_2PO_4^- + H_2O \rightleftharpoons H_3O^+ + HPO_4^{2-} \quad (第二段解離) \quad \textbf{(3–19b)}$$

$$HPO_4^{2-} + H_2O \rightleftharpoons H_3O^+ + PO_4^{3-} \quad (第三段解離) \quad \textbf{(3–19c)}$$

有時，以**單元酸**（monobasic acid），**二元酸**（dibasic acid）及**三元酸**（tribasic acid）來分別替代上述單質子酸、雙質子酸及三質子酸等名稱。而酸在分類上，亦有依其是否含有氧而區分爲含氧酸和非含氧酸；以及依其爲有機物或無機物而區分爲有機酸和無機酸。

同理，鹼之分類則依其含 OH^- 之數目而區分爲一元鹼、二元鹼、三元鹼；依其是否含有氧而區分爲含氧鹼和非含氧鹼；以及依其爲有機物或無機物而區分爲有機鹼和無機鹼。

依上述酸、鹼之分類，甲烷 (CH_4)、乙烷 (C_2H_6)、苯 (C_6H_6) 等有機化合物，其分子中之氫原子在水中不能解離釋出 H^+，故不是酸；又甲醇 (CH_3OH)、乙醇(C_2H_5OH) 等分子中雖具有氫氧基，但在水中並不會解離出 OH^-，故不是鹼。然而，酚 (C_6H_5OH) 之氫氧基可在水中解離出 H^+，故爲酸。

水溶液之質子與水分子鍵結力頗強，比較正確之代表符號是 H_3O^+，意即**水化質子**（hydrated proton）或**鋞離子**（hydronium ion）；亦有可能是藉著氫鍵與另外三個水分子相縛合在一起成爲 $H_9O_4^+$，而非 H^+。另外，氫氧離子 OH^-，也是水化離子，連接著三個水分子形成 $H_7O_4^-$ 或 $OH^- \cdot 3H_2O$ 。爲簡化起見，通常均以 H^+ 及 OH^- 來表示水化質子及氫氧離子；偶而使用 H_3O^+，以強調酸鹼反應乃真正質子交換之反應。

3–1–3 解離常數

在水溶液中，不管何種溶質存在，均會有微量水分子解離為 H^+ 和 OH^- 而維持下列之平衡式:

$$H_2O_{(\ell)} \rightleftharpoons H^+_{(aq)} + OH^-_{(aq)} \qquad \textbf{(3–20)}$$

$$K_A = \frac{[H^+][OH^-]}{[H_2O]}$$

因 H_2O 之解離部分非常少，故未解離之 H_2O 濃度通常都視為一定值 (55.6 M)。

$$K_W = K_A \cdot [H_2O] = [H^+][OH^-]$$

在定溫下，K_W 為定值，定義為水之離子積。在 25℃時，$[H^+]$ 和 $[OH^-]$ 均為 1.00×10^{-7} M，故

$$K_W = [H^+][OH^-] = (1.00 \times 10^{-7})(1.00 \times 10^{-7})$$
$$= 1.00 \times 10^{-14}$$

表 3–3 為不同溫度下，K_W 之變化情形，由表 3–3 可知，K_W 值隨著溫度升高而增大。

表 3–3 K_W 於不同溫度下之變化情形

溫度℃	K_W 值	中性溶液之 pH 值 $[H^+] = [OH^-]$
0	0.12×10^{-14}	7.47
10	0.30×10^{-14}	7.26
15	0.45×10^{-14}	7.18
20	0.68×10^{-14}	7.08
25	1.00×10^{-14}	7.00
40	2.95×10^{-14}	6.76
100	48×10^{-14}	6.16

在稀薄水溶液中，由於水分子濃度極度大於其他物種之濃度，故視水濃度爲定值，於是，在任何稀溶液，H^+ 和 OH^- 之濃度間可保持著 $[H^+][OH^-] = 1.00 \times 10^{-14}$ 之關係式（25℃時）。

水溶液中 H^+ 與 OH^- 間維持一定之平衡，吾人便可藉由 H^+ 與 OH^- 之相對濃度，來判別溶液究竟屬於中性、酸性或鹼性。純水或中性溶液係指 H^+ 及 OH^- 兩者之濃度相等者，亦即

$$[H^+][OH^-] = (K_w)^{\frac{1}{2}} = 10^{-7}\ M \qquad (25℃時)$$

在酸性溶液中，$[H^+]$ 大於 $[OH^-]$，亦即

$$[H^+] > 10^{-7} M > [OH^-] \qquad (25℃時)$$

若 $[H^+]$ 已知，則利用 K_w 可推算 $[OH^-]$ 濃度之大小，如下式:

$$[OH^-] = \frac{K_w}{[H^+]}$$

【例題3–1】

某水溶液之氫離子濃度，在 25℃時爲 5×10^{-5} mole/L，試問該水溶液之氫氧離子濃度爲若干?

【解】

水之離子積，$K_w = 10^{-14}$（在 25℃時），故

$$[OH^-] = \frac{K_w}{[H^+]} = \frac{10^{-14}}{5 \times 10^{-5}} = 2 \times 10^{-10}\ M$$

將弱酸 HB 置入水中，其一部分可解離爲 H^+ 和 B^-，當 H^+ 和 B^- 再結合形成 HB 之速率和 HB 之解離速率恰爲相等時，未解離部分和離子之間成立一平衡關係式。此平衡之反應式爲

$$HB + H_2O \rightleftharpoons H_3O^+ + B^- \qquad \textbf{(3–21)}$$

其平衡定律式爲

$$K = \frac{[H_3O^+][B^-]}{[HB][H_2O]}$$

此爲稀薄水溶液，$[H_2O]$ 幾乎爲定值，故

$$K_a = K[H_2O] = \frac{[H_3O^+][B^-]}{[HB]}$$

通常可以簡化如下:

$$HB_{(aq)} \rightleftharpoons H^+_{(aq)} + B^-_{(aq)} \tag{3–22}$$

$$K_a = \frac{[H^+][B^-]}{[HB]}$$

此關係式僅在十分稀薄溶液下始能成立，因爲在較濃之溶液中，必須考慮離子強度。在定溫下，K_a 爲一定值，定義爲酸的**解離常數**（dissociation constant）或**游離常數**（ionization constant）。HB 爲單質子酸，至於多質子酸則以分段解離表示之。例如硫酸之解離情況爲

$$H_2SO_{4(aq)} \rightleftharpoons H^+_{(aq)} + HSO^-_{4(aq)} \qquad K_{a_1} > 10 \tag{3–23}$$

$$HSO^-_{4(aq)} \rightleftharpoons H^+_{(aq)} + SO^{2-}_{4(aq)} \qquad K_{a_2} = 1.5 \times 10^{-2} \tag{3–24}$$

K_a值愈大表示該酸供應質子給水分子之傾向愈強烈，亦即爲強酸（strong acid）；另 K_b 定義爲鹼的解離常數，**K_b 值愈大表示該鹼從水分子中接受質子之傾向愈強烈，亦即爲強鹼**（strong base）。相反地，較低之 K_a 及 K_b 值分別表示**弱酸**（weak acid）和**弱鹼**（weak base）。

表 3–4 是環工化學常見物質之解離常數。酸類依照其強度漸弱之次序排列，強酸與弱酸之分界線大約取在碘酸範圍 ($pK_a = 0.8$)。因此，表 3–4 中所列之過氯酸、鹽酸、硫酸、硝酸和 H_3O^+ 可歸類爲強酸，其餘爲弱酸。鹼類則依照其強度漸增之次序排列，強鹼與弱鹼之分界線大約取在矽酸附近 ($pK_b = 1.4$) 。因此，表 3–4 中所列之硫化物、氫氧化物、醯胺及氧化物可歸類爲強鹼，其餘爲弱鹼。強酸之共軛鹼爲弱

表 3−4　常見之共軛酸鹼解離常數值（25℃）

酸		$-\log K_a = pK_a$	共軛鹼		$-\log K_b = pK_b$
$HClO_4$	過氯酸	−7	ClO_4^-	過氯酸離子	21
HCl	鹽酸	∼ − 3	Cl^-	氯離子	17
H_2SO_4	硫酸	∼ − 3	HSO_4^-	硫酸氫離子	17
HNO_3	硝酸	−0	NO_3^-	硝酸離子	14
H_3O^+	鏗離子	0	H_2O	水	14
HIO_3	碘酸	0.8	IO_3^-	碘酸離子	13.2
HSO_4^-	硫酸氫離子	2	SO_4^{2-}	硫酸離子	12
H_3PO_4	磷酸	2.1	$H_2PO_4^-$	磷酸二氫離子	11.9
$Fe(H_2O)_6^{3+}$	鐵酸	2.2	$Fe(H_2O)_5OH^{2+}$	水基鐵 (III) 錯鹽	11.8
HF	氫氟酸	3.2	F^-	氟離子	10.8
HNO_2	亞硝酸	4.5	NO_2^-	亞硝酸離子	9.5
CH_3COOH	醋酸	4.7	CH_3COO^-	醋酸離子	9.3
$Al(H_2O)_6^{3+}$	鋁離子	4.9	$Al(H_2O)_5OH^{2+}$	水基鋁 (III) 錯鹽	9.1
$H_2CO_3^*$	二氧化碳及碳酸	6.3	HCO_3^-	碳酸氫離子	7.7
H_2S	硫化氫	7.1	HS^-	硫化氫離子	6.9
$H_2PO_4^-$	磷酸二氫鹽	7.2	HPO_4^{2-}	磷酸氫離子	6.8
$HOCl$	次氯酸	7.5	OCl^-	次氯酸離子	6.4
HCN	氰酸	9.3	CN^-	氰離子	4.7
H_3BO_3	硼酸	9.3	$B(OH)_4^-$	硼離子	4.7
NH_4^+	銨離子	9.3	NH_3	氨	4.7
H_4SiO_4	正矽酸	9.5	$H_3SiO_4^-$	矽酸三氫離子	4.5
C_6H_5OH	酚	9.9	$C_6H_5O^-$	酚離子	4.1
HCO_3^-	碳酸氫離子	10.3	CO_3^{2-}	碳酸離子	3.7
HPO_4^{2-}	磷酸氫鹽	12.3	PO_4^{3-}	磷酸離子	1.7
H_3SiO_4	矽酸三氫鹽	12.6	$H_2SiO_4^{2-}$	矽酸二氫離子	1.4
HS	硫化氫離子	14	S_2^-	硫離子	0
H_2O	水	14	OH^-	氫氧離子	0
NH_3	氨	∼23	NH_2^-	胺離子	9
OH^-	氫氧離子	∼24	O_2^-	氧離子	−10

鹼；弱酸之共軛鹼為強鹼。強酸、強鹼能完全解離，而弱酸、弱鹼則解離不完全。更值得一提的是，pK_a 值和 pK_b 值在分界線附近之酸、鹼，其濃度較高時解離不完全，而濃度較低時則傾向完全解離。

【例題3-2】

在 25℃時，試求 0.001 M 鹽酸水溶液中，水之解離度。

【解】

0.001 M 鹽酸（強酸）完全解離，水溶液產生 $[H^+] = 10^{-3}$ M, $[Cl^-] = 10^{-3}$ M。依勒沙特列原理知，H^+ 之存在會降低水之解離度，即

$$H_2O \rightleftharpoons H^+ + OH^-$$

平衡時：$(55.5 - x)$ M　$(10^{-3} + x)$M　x M

所以　$(10^{-3} + x)(x) = 1.00 \times 10^{-14}$

因　$10^{-3} + x \simeq 10^{-3}$

故　$(10^{-3})(x) = 1.00 \times 10^{-14}$

$x = 1.00 \times 10^{-11}$ M

即水之解離度為 $\dfrac{1.00 \times 10^{-11}}{55.5} \times 100\% = 1.8 \times 10^{-11}\%$

【例題3-3】

在 25℃時，氨水 (NH_4OH) 之解離常數 (K_b) 為 1.8×10^{-5}，試求(1) 0.1 M 氨水之 $[OH^-]$，(2)其解離度為若干?

【解】

$$NH_4OH \rightleftharpoons NH_4^+ + OH^-$$

平衡時：$(0.1 - x)$M　x M　x M

$$K_b = \frac{[NH_4^+][OH^-]}{[NH_4OH]}$$

$$\frac{x^2}{0.1-x}=1.8\times10^{-5}$$

因爲氨水爲弱鹼，其解離的濃度甚小於初始濃度，

亦即　$x \ll 0.1\ M$

所以　$0.1-x \doteqdot 0.1$

$$\frac{x^2}{0.1}=1.8\times10^{-5}$$

$$x=1.34\times10^{-3}\ M=[OH^-]$$

而解離度爲　$\dfrac{1.34\times10^{-3}}{0.1}\times100\%=1.34\%$

3–2　酸鹼反應速率

水溶液中之酸鹼反應爲質子交換反應，其速率極爲快速，此乃因 H^+ 和 OH^- 離子之質傳非常快，反應速率由**擴散控制**（diffusion control）所支配，當離子擴散至互相接觸時，便立即反應。水溶液中之酸鹼反應式爲

$$H^+ + OH^- \underset{k_2}{\overset{k_1}{\rightleftharpoons}} H_2O \qquad \textbf{(3–25)}$$

在 25℃時，水溶液中酸鹼反應速率最快， $k_1=1.4\times10^{11}$ L/mole·sec, $k_2=2.5\times10^{-5}$ 1/sec。

【例題3–4】

酸鹼反應式 $H^+ + OH^- \underset{k_2}{\overset{k_1}{\rightleftharpoons}} H_2O$ 之反應速率式爲

$$\frac{d[H^+]}{dt}=\frac{d[OH^-]}{dt}=-k_1[H^+][OH^-]+k_2[H_2O]$$

已知 25℃時反應速率常數 $k_1=1.4\times10^{11}$ L/mole·sec, $k_2=2.5\times10^{-5}$1/sec

（因 $k_2 \ll k_1$ ，故可忽略該項）。假設很快地加入 NaOH 並在水溶液中與 HCl 混合，且已知 H^+ 與 OH^- 的最初濃度爲 10^{-4} M，試問酸鹼反應一半所需之時間?

【解】

因爲 $k_2 \ll k_1$，故反應速率式可改寫爲

$$\frac{d[H^+]}{dt} = \frac{d[OH^-]}{dt} = -k_1[H^+][OH^-]$$

$$\frac{\Delta[H^+]}{\Delta t} = -k_1[H^+][OH^-]$$

$$\frac{10^{-4} \times \frac{1}{2}}{\Delta t} = 1.4 \times 10^{11}\left[\frac{1}{2} \times 10^{-4}\right]\left[\frac{1}{2} \times 10^{-4}\right]$$

$$\Delta t = 1.4 \times 10^{-7} \text{ sec}$$

在程序化學中，常以酸或鹼作爲觸媒，以下將討論以氫離子和氫氧離子爲觸媒之反應速率。

3–2–1 以氫離子為觸媒

大部分發生於水溶液中之反應，皆由氫離子作爲觸媒，其通式如下:

$$A + nH^+ \longrightarrow P + nH^+ \qquad \textbf{(3–26)}$$

(3–26) 式之反應速率爲

$$-\frac{dC_A}{dt} = R_H[H^+]^n C_A \qquad \textbf{(3–27)}$$

式中 R_H 爲 H^+ 之反應速率常數。由於在反應過程中氫離子並未消耗，可視 $[H^+]$ 爲常數，故在反應時，可另定義一**觀察速率常數**（observed rate constant）。

$$K_{obs} = R_H[H^+]^n \quad (3\text{–}28)$$

將 (3–27) 式改寫爲

$$-\frac{dC_A}{dt} = K_{obs}C_A \quad (3\text{–}29)$$

故知，**以氫離子爲觸媒反應，乃屬假性一次反應**（pseudo first-order reaction）。

將 (3–28) 式兩側各取對數，得

$$\log K_{obs} = \log R_H + n\log[H^+]$$

或

$$\log K_{obs} = \log R_H - npH \quad (3\text{–}30)$$

繪製 $\log K_{obs}$ 與 pH 之對應圖，可得一直線，其斜率等於 $-n$ 。

3–2–2 以氫氧離子為觸媒

(3–26) 式改以氫氧離子爲觸媒作用之反應式:

$$A + nOH^- \longrightarrow P + nOH^- \quad (3\text{–}31)$$

利用氫氧離子爲觸媒之作用，同理可推導得下列之關係式

$$-\frac{dC_A}{dt} = R_{OH}[OH^-]^nC_A \quad (3\text{–}32)$$

式中 R_{OH} 表 OH^- 之反應速率常數

令 $$K'_{obs} = R_{OH}[OH^-]^n \quad (3\text{–}33)$$

得 $$-\frac{dC_A}{dt} = K'_{obs}C_A \quad (3\text{–}34)$$

兩端各取對數

$$\log K'_{obs} = \log R_{OH} + (pH - 14)n \tag{3-35}$$

若繪製 $\log K'_{obs}$ 與 pH 之對應圖，可得一直線，其斜率等於 n 。

【例題3-5】

某一酸鹼之實驗所得數據如下:

pH	觀察速率常數 K_{obs} (sec^{-1})
1.2	2.5×10^{-4}
1.8	5×10^{-4}
2.1	7×10^{-4}
2.5	8×10^{-3}
3.4	5×10^{-2}
3.9	6.5×10^{-2}

試估計參與此一酸鹼反應之 $[H^+]$ 之莫耳數 n 及反應速率常數 R_H。

【解】

依 (3–30) 式繪製 $\log K_{obs}$ 與 pH 之對應圖如下:

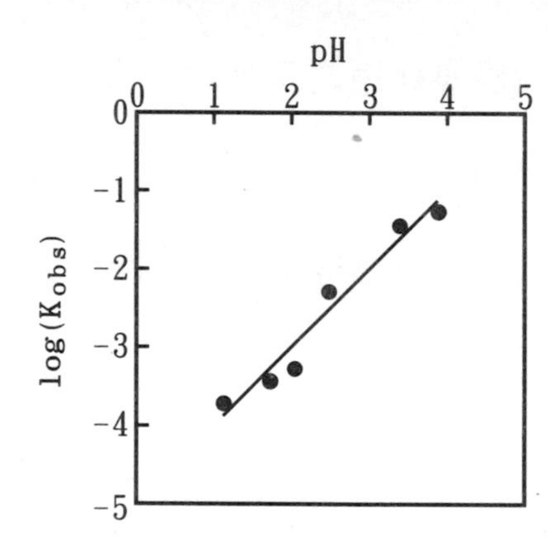

得一斜率 $-n = 1$ 之直線，故知參與觸媒反應之 $[H^+]$ 莫耳數爲 1；另得截距 $\log R_H = -5.0$，故知 $R_H = 10^{-5.0}$ L/mole · sec。

3–3　酸鹼平衡計算法

強電解質在水溶液中完全解離，各解離之離子濃度可由該溶液濃度直接表出。例如 0.01 M 鹽酸 (HCl) 中的 $[H^+]$ 和 $[Cl^-]$ 均爲 0.01 M；又如 0.01 M 硫酸鉀 (K_2SO_4) 水溶液的 $[K^+]$ 爲 0.01×2 M, $[SO_4^{2-}]$ 則爲 0.01 M。然而弱電解質水溶液僅有極少比率之分子可以解離爲氫離子（氫氧離子）和酸根離子（鹼根離子），仍有大部分以未解離之分子存在著。

酸鹼平衡計算問題事實上非常簡單，只要依循序**質量平衡**（mass balance）、**電中性**（electroneutrality）及**平衡關係式**（equilibrium relationship）三項觀念，便能迎刃而解。首先，一切反應均遵守質量平衡，亦即**在反應前後，各元素之質量不滅**。例如: 當 NaOH 加入醋酸溶液時，醋酸分子有一部分解離爲醋酸根離子，由於質量不滅定律，醋酸分子和醋酸根離子的莫耳濃度維持不變，可以寫成

$$C_T = [HA] + [A^-]$$

其次，水溶液須維持電中性，亦即**所有正電荷數與負電荷數相等**。例如NaCl 溶液中，其正負電荷數之平衡式爲

$$[Na^+] + [H^+] = [Cl^-] + [OH^-]$$

又如在 $Ca(OH)_2$ 溶液中，其正負電荷數之平衡式爲

$$2[Ca^{2+}] + [H^+] = [OH^-]$$

其中 $[Ca^{2+}]$ 的濃度乘以 2，這是因爲它是兩價離子，一莫耳 $[Ca^{2+}]$ 相當於二莫耳之正電荷，更進一步解說， 1 M $Ca(OH)_2$ 可解離成 1 M $[Ca^{2+}]$

與 2 M $[OH^-]$，該溶液爲鹼性，$[H^+]$ 之濃度甚小，可以忽略，故電荷數之平衡式爲 $2(1\ M) + 0 = 2\ M$，可知此溶液維持其電中性。

第三，酸鹼反應趨向平衡狀態，故所有平衡關係式均需滿足。就 HA 加入純水爲例（若忽略離子強度效應），水溶液之解離平衡式如下:

$$K_w = [H^+][OH^-] = 10^{-14} \qquad (25°C時)$$

HA 之解離平衡式如下:

$$K_a = \frac{[H^+][A^-]}{[HA]}$$

或 $$K_b = \frac{[HA][OH^-]}{[A^-]} = \frac{K_w}{K_a}$$

下列之步驟爲求解酸鹼平衡問題之通用方法:

⑴定義所發生之平衡問題，反應物、生成物在達到平衡之後，分別列出所有可能出現之物種，包括 H_2O、H^+、OH^-，以及其他元素和中性粒子等。

⑵確定原先各成分之濃度。

⑶列出系統內之質量平衡式。

⑷列出系統內之正負電荷數平衡式。

⑸列出各物種所屬之平衡關係式（查出其平衡常數）。

⑹聯立步驟⑵、⑶、⑷、⑸所有式子，即可求得平衡時各物種之濃度。

以下兩例題爲說明酸鹼平衡計算步驟之應用。在例題中分別採用精確解法和近似解法加以比較。

【例題 3-6】

溫度爲 25°C，忽略離子強度效應，試計算10^{-6} M HCl溶液之pH值。

【解】

A.精確解法:

1.HCl 為強酸，可能出現之物種為 H_2O、H^+、OH^-、HCl、Cl^-。

2.寫出系統中所有反應之平衡式

$$HCl \rightleftharpoons H^+ + Cl^-$$

$$H_2O \rightleftharpoons H^+ + OH^-$$

3.寫出各反應之平衡常數式

$$K_a = \frac{[H^+][Cl^-]}{[HCl]} = 10^3$$

$$K_w = [H^+][OH^-] = 10^{-14}$$

4.寫出氯之質量平衡式

$$C_T = [HCl] + [Cl^-] = 10^{-6}\ M$$

5.寫出電荷平衡式

$$[H^+] = [Cl^-] + [OH^-]$$

6.步驟 5.之 $[Cl^-]$ 電荷平衡式，代入步驟 4.中

$$[HCl] = C_T - ([H^+] - [OH^-])$$

7.步驟 6.之 [HCl] 式代入步驟 3.鹽酸之平衡常數式

$$K_a = \frac{[H^+]([H^+] - [OH^-])}{C_T - ([H^+] - [OH^-])}$$

8.將水之解離常數式代入 $[OH^-]$，則步驟 7.之方程式改寫成

$$K_a = \frac{[H^+]([H^+] - (K_w/[H^+]))}{C_T - ([H^+] - (K_w/[H^+]))}$$

移項

$$[H^+]^3 + (K_a - K_W)[H^+]^2 - K_aC_T[H^+] + K_aK_W = 0$$

9.用試誤法解得 $[H^+] \doteqdot 10^{-6}M$

B.近似解法：本法係在合理之條件下將酸鹼平衡問題予以適度簡化，求其近似解。唯應以任何方程式之驗算偏差小於 5% 爲判斷標準。

1.HCl 爲強酸，在水溶液中視爲完全解離。

2.水解離之 $[H^+]$ 濃度遠較 HCl 解離者爲小，易言之，水解離之 $[OH^-]$ 甚小，可以忽略不計。

3.寫出 HCl 之反應平衡式

$$HCl \rightleftharpoons H^+ + Cl^-$$

4.計算氫離子之莫耳濃度

1 M HCl 解離出1 M $[H^+]$，故 10^{-6} M HCl 解離出 10^{-6} M $[H^+]$

5.決定溶液之 pH 值

$$pH = -\log[10^{-6}] = 6$$

【例題 3-7】

溫度 25℃，忽略離子強度效應，10^{-2} 莫耳之醋酸加入水中形成 1 升之溶液，試計算各物種之濃度。

【解】

A.精確解法：

1.此爲單質子弱酸在水中解離，平衡後可能出現之物種爲 HA、A^-、H^+、OH^-、H_2O。

2.系統中所有反應之平衡式

$$HA \rightleftharpoons H^+ + A^-$$

$$H_2O \rightleftharpoons H^+ + OH^-$$

3.寫出各反應之平衡常數式

$$K_a = \frac{[H^+][A^-]}{[HA]} = 10^{-4.7}$$

$$K_w = [H^+][OH^-] = 10^{-14}$$

4.寫出醋酸之質量平衡式

$$C_T = [HA] + [A^-] = 10^{-2}\ M$$

5.寫出電荷平衡式

$$[H^+] = [OH^-] + [A^-]$$

6.合併步驟 3.和步驟 5.

$$[A^-] = [H^+] - \frac{K_w}{[H^+]}$$

7.合併步驟 3.和步驟 4.

$$[H^+][A^-] = K_a(C_T - [A^-])$$

8.聯立步驟 6.和步驟 7.，並重新排列

$$[H^+]^3 + K_a[H^+]^2 - (K_aC_T + K_w)[H^+] - K_aK_w = 0$$

9.用試誤法解得 $[H^+]$，再代入各式求出各物種之濃度如下:

$$[H^+] = 4.368 \times 10^{-4}\ M$$

$$[OH^-] = 2.289 \times 10^{-11}\ M$$

$$[HA] = 9.563 \times 10^{-3}\ M$$

$$[A^-] = 4.368 \times 10^{-4}\ M$$

B.近似解法:

假設 $[A^-] = x\ M$

由 HA 之解離常數式

$$\frac{[H^+][A^-]}{[HA]} = \frac{x^2}{10^{-2} - x} = K_a = 10^{-4.7}$$

假設 $[HA] \gg [A^-]$

所以 $[HA] \doteqdot 10^{-2}$

$$\frac{x^2}{10^{-2}} = 10^{-4.7}$$

$$x = 4.47 \times 10^{-4}\ M$$

所以 $[H^+] = 4.47 \times 10^{-4}\ M$

$[OH^-] = 2.24 \times 10^{-11}\ M$

$[HA] = 9.55 \times 10^{-3}\ M$

$[A^-] = 4.47 \times 10^{-4}\ M$

近似解法可不必解三次方程式，且與精確解比較，誤差只有 2%，故合理的假設可簡化計算。

3-4 酸鹼平衡圖解法

酸鹼平衡之**圖解法**（graphical approach）乃根據計算法予以簡化而來，所謂圖解法，是在對數紙上繪製pC 及pH圖，亦即取各物種濃度之對數與 pH 值作圖，即能獲得酸鹼平衡問題之近似解。以下所討論者爲弱酸平衡、弱鹼平衡和碳酸根系統平衡三者，其方程式之推導及各物種濃度之對數對 pH 值作圖之通用步驟。爲方便計，均忽略其離子強度效應。

3–4–1　弱酸平衡

今以 HA 代表一單質子弱酸，其解離常數為 K_a，溶液中之總濃度為 C_T，則其質量平衡式和平衡常數式分別為

$$C_T = [HA] + [A^-] \tag{3–36}$$

$$K_a = \frac{[H^+][A^-]}{[HA]} \tag{3–37}$$

其關係式可改寫為

$$[HA] = \frac{[H^+]C_T}{K_a + [H^+]} \tag{3–38}$$

$$[A^-] = \frac{K_aC_T}{K_a + [H^+]} \tag{3–39}$$

【狀況一】當 $[H^+] \gg K_a$ **時**

(3–38) 式與 (3–39) 式可簡化改寫成

$$[HA] \doteqdot C_T$$

$$[A^-] \doteqdot \frac{K_aC_T}{[H^+]}$$

或

$$\log[HA] = \log C_T \tag{3–40}$$

$$\log[A^-] = \log K_a + \log C_T + pH \tag{3–41}$$

(3–40) 式顯示出[HA] 之濃度變化與溶液之 pH 值無關，若以 log[HA] 對 pH 值作圖，可得一斜率為零之直線。而 (3–41) 式則顯示出 $\log[A^-]$ 與 pH 值有一斜率為 +1 之線性關係。

【狀況二】當 $[H^+] \ll K_a$ **時**

(3–38) 式與 (3–39) 式分別簡化改寫成

$$[HA] \doteqdot \frac{[H^+]C_T}{K_a}$$

$$[A^-] \doteqdot C_T$$

或 $$\log[HA] = \log C_T - \log K_a - pH \tag{3-42}$$

$$\log[A^-] \doteqdot C_T \tag{3-43}$$

(3–42) 式與 (3–43) 式也呈現線性關係，斜率分別爲 −1 及 0。

在水中還存在著下列氫離子和氫氧離子濃度之關係式，即

$$\log[H^+] = -pH \tag{3-44}$$

$$\log[OH^-] = pH - pK_w \tag{3-45}$$

從 (3–44) 式可得斜率爲 −1 之 $[H^+]$ 線，從 (3–45) 式則可得斜率爲 +1 之 $[OH^-]$ 線。圖 3–1 所示是濃度爲 10^{-2} M 醋酸水溶液之 pC − pH 圖（溫度 25℃）。

圖 3–1 10^{-2} M 醋酸溶液 pC − pH 圖

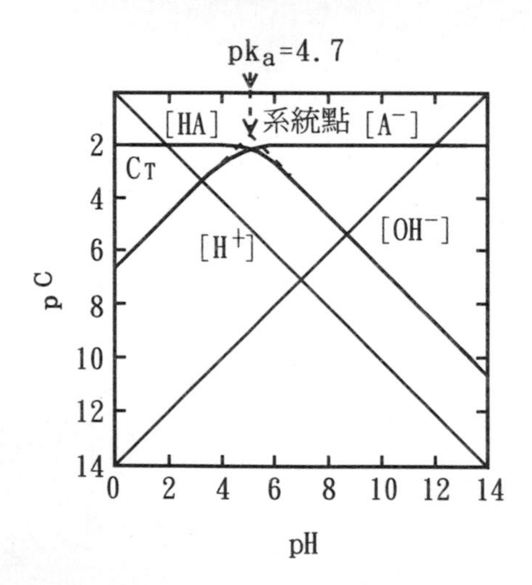

[HA] 和 $[A^-]$ 在 pC − pH 圖中爲二段直線，中間連接一小段曲線所組成，其兩直線段之交點，稱爲**系統點**（system point），位於pH = pK_a 處。中間接連的小段曲線之交點則位於系統點下方0.3 處，此乃因在系統點下方處，$[HA] = [A^-] = \frac{1}{2}C_T$，而 $\log\left(\frac{1}{2}C_T\right) = \log C_T + \log 0.5 = \log C_T - 0.3$。故繪製 pC − pH 圖時，連結 [HA] 與 $[A^-]$ 之曲線交點應位於系統點之下方 0.3 處。

3–4–2　平衡圖解法之應用

應用酸鹼平衡圖解法時，首先需引入**質子條件**（proton condition）之觀念，並說明推導質子平衡式之步驟。例如醋酸 (HA) 加入 H_2O 中，HA 及 H_2O 稱爲**初態物種**（initial state species）。在水溶液中 HA 會有解離成 H^+ 和 A^- 之離子；而 H_2O 會有解離成 H^+ 和 OH^- 之離子，而**質子平衡係指該等初態物種獲得質子之質子條件應與失去質子之質子條件相等**（如圖 3–2），故此系統之質子平衡式可寫爲

$$[H^+] = [A^-] + [OH^-]$$

在推導弱酸、弱鹼及其鹽類之質子平衡式時，不影響平衡狀態之物種可以忽略不計。例如醋酸鈉 (NaA) 加入 H_2O 中，在推導其質子平衡式時，鈉可不計，故初態物種乃假定爲 A^- 及H_2O。在水溶液中，A^- 會接受一質子形成 HA；而 H_2O 會有解離成 H^+ 和 OH^- 之離子，故此系統之質子平衡式可寫爲

$$[HA] + [H^+] = [OH^-]$$

圖 3–2 所示者爲 HA − H_2O 和 NaA − H_2O 系統之質子條件示意圖，再配合例題 3–8 將可說明使用酸鹼平衡圖之方法。

圖 3–2 弱酸及弱鹼之質子條件示意圖

$HA - H_2O$ 系統

獲得質子之平衡態: +1		H^+ ↑
初態物種:	HA ↓	H_2O
失去質子之平衡態: −1	A^-	↓ OH^-

$NaA - H_2O$ 系統

獲得質子之平衡態: +1	HA ↑	H^+ ↑
初態物種:	A^-	H_2O
失去質子之平衡態: −1		↓ OH^-

【例題3–8】

利用圖 3–1 之 10^{-2}M 醋酸水溶液之 pC – pH 圖，試計算平衡時之 pH 值（溫度 25℃）。

【解】

先繪出圖 3–2 之 $HA - H_2O$ 系統質子條件示意圖，其質子平衡式為

$$[H^+] = [A^-] + [OH^-]$$

HA 為一弱酸，$[A^-] + [OH^-]$ 項中之 $[OH^-]$ 可予不計，得知

$$[H^+] \doteqdot [A^-]$$

圖 3–1 中，顯示 $[H^+]$ 線與 $[A^-]$ 線交於 pH = 3.5 處，故平衡時之 pH 值為 3.5。

3–4–3　弱鹼平衡

若以氨水 (NH_3) 爲例，其解離常數爲 K_b，溶液中之總濃度爲 C_T，可得到下列關係式:

$$[NH_3] = \frac{[OH^-]C_T}{K_b + [OH^-]} \tag{3–46}$$

$$[NH_4^+] = \frac{K_bC_T}{K_b + [OH^-]} \tag{3–47}$$

圖 3–3 爲用 3–4–1 節類似方法繪出之 10^{-2} M NH_3 水溶液之 pC – pH 圖（溫度 25℃）。

圖 3–3　10^{-2} M 氨水溶液之 pC – pH 圖

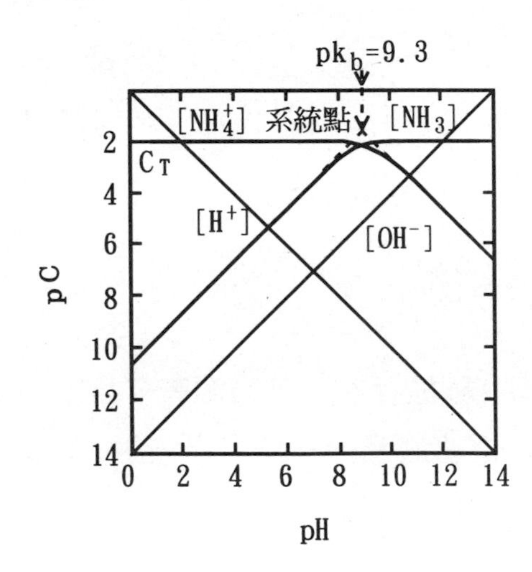

【例題3–9】

若有 10^{-2} M 氨水溶液，溫度 25℃，試計算其平衡時之pH 值。

【解】

先繪出 $NH_3 - H_2O$ 系統之質子條件示意圖:

獲得質子之平衡態:	+1	NH_4^+ ↑	H^+ ↑
初態物種:		NH_3	H_2O ↓
失去質子之平衡態:	−1		OH^-

其質子平衡式爲

$$[NH_4^+] + [H^+] = [OH^-]$$

NH_3 爲一弱鹼，故在 $[NH_4^+] + [H^+]$ 項中之 $[H^+]$ 可予不計，得知

$$[NH_4^+] \doteqdot [OH^-]$$

圖 3–3 中，顯示出 $[NH_4^+]$ 線與 $[OH^-]$ 線交於 pH = 10.6 處，故平衡時之 pH 值爲 10.6。

3–4–4　碳酸平衡

天然水域中均有碳酸存在，其來源有:

(1)水對空氣中 CO_2 之溶液及對石灰岩之浸蝕。

(2)水生生物之新陳代謝及呼吸產物。

(3)由土壤、淤泥及水中有機物經微生物之代謝分解產物等。

構成碳酸系統之化合物包括: 氣態二氧化碳， $CO_{2(g)}$; 液態或溶解性二氧化碳， $CO_{2(aq)}$; 碳酸， H_2CO_3; 碳酸氫根， HCO_3^-; 碳酸根， CO_3^{2-}; 以及含有碳酸根之固體沈澱物。大部分天然水之pH 值，通常皆假設由碳酸系統控制，其應用之反應方程式如下:

$$CO_{2(g)} + H_2O_{(\ell)} \rightleftharpoons H_2CO_{3(aq)} \rightleftharpoons H^+_{(aq)} + HCO^-_{3(aq)} \quad (3\text{–}48)$$

$$HCO^-_{3(aq)} \rightleftharpoons H^+_{(aq)} + CO^{2-}_{3(aq)} \quad (3\text{–}49)$$

$$H_2O_{(\ell)} \rightleftharpoons H^+_{(aq)} + OH^-_{(aq)} \quad (3\text{–}50)$$

碳酸系統之主要反應方程式及其平衡常數值之溫度效應如表 3–5 所示。

表 3–5　碳酸系統主要反應方程式及其平衡常數值

反　應	溫度, ℃ 5	10	15	20	25	40	60
1.$CO_{2(g)} + H_2O \rightleftharpoons CO_{2(aq)}$; pK_H	1.20	1.27	1.34	1.41	1.47	1.64	1.8
2.$H_2CO_3^* \rightleftharpoons HCO_3^- + H^+$; $pK_{a,1}$	6.52	6.46	6.42	6.38	6.35	6.30	6.30
3 $HCO_3^- \rightleftharpoons CO_3^{2-} + H^+$; $pK_{a,2}$	10.56	10.49	10.43	10.38	10.33	10.22	10.14
4.$CaCO_{3(s)} \rightleftharpoons Ca^{2+} + CO_3^{2-}$; pK_{so}	8.09	8.15	8.22	8.28	8.34	8.51	8.74
5.$CaCO_{3(s)} + H^+$; $p\left(\frac{K_{so}}{K_{a,2}}\right)$ $\rightleftharpoons Ca^{2+} + HCO_3^-$	−2.47	−2.34	−2.21	−2.10	−1.99	−1.71	−1.40

游離碳酸定義爲包含水中溶解性 ($CO_{2(aq)}$) 和碳酸 (H_2CO_3) 兩部分，常用 $H_2CO_3^*$ 來表示，以區別純粹之 H_2CO_3。在水溶液中，它們的平衡常數不同，即

$$CO_{2(aq)} + H_2O_{(\ell)} \rightleftharpoons H_2CO_3^* \quad K_m = 2.8 \times 10^{-2} \quad (3\text{–}51)$$

$$CO_{2(aq)} + H_2O_{(\ell)} \rightleftharpoons H_2CO_3 \quad K'_m = 1.6 \times 10^{-3} \quad (3\text{–}52)$$

因爲 $$K'_m = \frac{H_2CO_3}{[CO_{2(aq)}]} = 1.6 \times 10^{-3}$$

得知 $[H_2CO_3]$ 只有 $[CO_{2(aq)}]$ 之 0.16%，而一般之酸鹼分析方法尚難區分 $CO_{2(aq)}$ 與 H_2CO_3，故以假想之 $H_2CO_3^*$ 來代表 H_2CO_3 加上 $CO_{2(aq)}$。

碳酸爲二元弱酸，其平衡方程式爲

$$H_2CO_3^* \rightleftharpoons H^+ + HCO_3^- \quad K_1 = 4.5 \times 10^{-7} \tag{3-53}$$

$$HCO_3^- \rightleftharpoons H^+ + CO_3^{2-} \quad K_2 = 4.7 \times 10^{-11} \tag{3-54}$$

對於二元弱酸系統（或多元弱酸之系統），若採用 pC－pH 之圖解法計算其物種濃度，在應用時更顯得方便。今以碳酸溶液來說明之，圖 3-4 爲 10^{-2}M 碳酸溶液之 pC－pH 圖。

圖 3-4　10^{-2} M 碳酸溶液之 pC－pH 圖

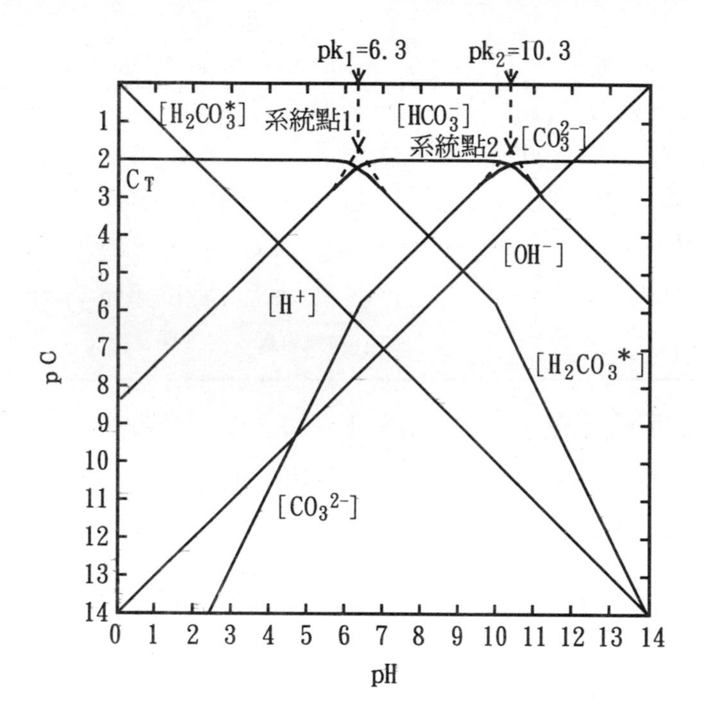

碳酸之質量平衡式和平衡常數式聯立後，可得

$$[H_2CO_3^*] + [HCO_3^-] + [CO_3^{2-}] = C_T \tag{3-55}$$

$$[H_2CO_3^*] = \frac{[H^+]^2 C_T}{[H^+]^2 + K_1[H^+] + K_1K_2} \tag{3-56}$$

$$[HCO_3^-] = \frac{K_1[H^+]C_T}{[H^+]^2 + K_1[H^+] + K_1K_2} \tag{3–57}$$

$$[CO_3^{2-}] = \frac{K_1K_2C_T}{[H^+]^2 + K_1[H^+] + K_1K_2} \tag{3–58}$$

【狀況一】當 $[H^+] \gg K_1$ **時**

則 (3–56) 式至 (3–58) 式分母中以首項爲主，其餘可予不計，因此取得近似值（簡化）可得

$$[H_2CO_3^*] \doteqdot C_T$$

$$[HCO_3^-] \doteqdot \frac{C_T}{[H^+]/K_1}$$

$$[CO_3^{2-}] \doteqdot \frac{C_T}{[H^+]^2/K_1K_2}$$

或

$$\log[H_2CO_3^*] = \log C_T \tag{3–59a}$$

$$\log[HCO_3^-] = \log C_T + \log K_1 - \log[H^+] \tag{3–59b}$$

$$\log[CO_3^{2-}] = \log C_T + \log K_1 + \log K_2 - 2\log[H^+] \tag{3–59c}$$

這種狀況下，$[H_2CO_3^*]$ 線之斜率爲 0，$[HCO_3^-]$ 線之斜率爲 +1，而 $[CO_3^{2-}]$ 線之斜率爲 +2。

【狀況二】當 $[H^+] \ll K_2$ **時，經簡化處理得**

$$\log[H_2CO_3^*] = \log C_T - \log K_1 - \log K_2 + 2\log[H^+] \tag{3–60a}$$

$$\log[HCO_3^-] = \log C_T - \log K_2 + \log[H^+] \tag{3–60b}$$

$$\log[CO_3^{2-}] = \log C_T \tag{3–60c}$$

這種狀況下，$[H_2CO_3^*]$ 線之斜率爲 −2，$[HCO_3^-]$ 線之斜率爲 −1，而 $[CO_3^{2-}]$ 線之斜率爲 0。

【狀況三】當 $K_1 \ll [H^+] \ll K_2$ **時，經簡化處理得**

$$\log[H_2CO_3^*] = \log C_T - \log K_1 + \log[H^+] \tag{3-61}$$

$$\log[HCO_3^-] = \log C_T \tag{3-62}$$

$$\log[CO_3^{2-}] = \log C_T + \log K_2 - \log[H^+] \tag{3-63}$$

這種狀況下，$[H_2CO_3^*]$ 線之斜率為 -1，$[HCO_3^-]$ 線之斜率為 0，而 $[CO_3^{2-}]$ 線之斜率為 $+1$。

對於三質子酸或多質子鹼，其 pC – pH 圖之繪製方法亦大致上相同。水中三質子酸之平衡，可以磷酸為代表來說明，假設磷酸溶液中各物種之總濃度為 C_T，則磷酸之質量平衡式和平衡常數式聯立後，即可得

$$[H_3PO_4] + [H_2PO_4^-] + [HPO_4^{2-}] + [PO_4^{3-}] = C_T \tag{3-64}$$

$$[H_3PO_4] = \frac{C_T[H^+]^3}{[H^+]^3 + K_1[H^+]^2 + K_1K_2[H^+] + K_1K_2K_3} \tag{3-65}$$

$$[H_2PO_4^-] = \frac{C_TK_1[H^+]^2}{[H^+]^3 + K_1[H^+]^2 + K_1K_2[H^+] + K_1K_2K_3} \tag{3-66}$$

$$[HPO_4^{2-}] = \frac{C_TK_1K_2[H^+]}{[H^+]^3 + K_1[H^+]^2 + K_1K_2[H^+] + K_1K_2K_3} \tag{3-67}$$

$$[PO_4^{3-}] = \frac{C_TK_1K_2K_3}{[H^+]^3 + K_1[H^+]^2 + K_1K_2[H^+] + K_1K_2K_3} \tag{3-68}$$

圖 3–5 係由 (3–64) 式至 (3–68) 式聯立所繪製之 10^{-3} M 磷酸溶液之pC – pH 圖。

從圖 3–5 中可知，只有在很強之酸性下，H_3PO_4 才是穩定的；在很強之鹼性下，PO_4^{3-} 才大量存在；而在 pH 值介於 2∼ 12 很寬之範圍內，主要是以 $H_2PO_4^-$ 及 HPO_4^{2-} 之形式存在的。由於大部分之金屬正磷酸鹽在水中之溶解度很小，而磷酸氫鹽和磷酸二氫鹽則溶解度較大，故水中磷酸之各物種分布對於金屬離子之遷移，以及生物處理法中微生物攝取磷素（主要是磷酸氫鹽和磷酸二氫鹽）作為營養物，均有相當密切之關係。

圖 3-5 10^{-3}M 磷酸溶液之 pC－pH 圖

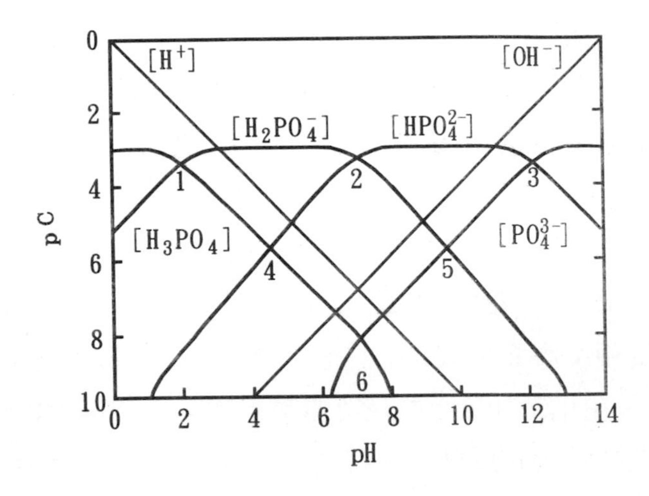

3-5 酸鹼混合

當酸與鹼適量混合時，酸中之 H^+ **和鹼中之** OH^- **形成鹽類及水之反應，** 稱爲**中和**（neutralization）。在化學分析上，利用滴定法進行酸鹼之中和反應是相當普遍的，滴定法之操作非常簡單而且迅速，常用已知濃度之標準酸液（或標準鹼液）來滴定未知濃度之鹼液（或酸液），在滴定過程中可使用指示劑之變色來指示滴定終點，其他的方式例如溫度變化、導電度之變化或沈澱物之消失等，亦能清楚地表示中和反應之過程。

3-5-1 酸和鹼之當量

在計算中和問題時，僅考慮 H^+ 和 OH^- 較爲便捷，**當量**（equivalent）之觀念，就是爲此方便而提出的。在化學計量上，若以相等當量之強酸與強鹼液相作用，此混合液不再是酸性或鹼性，若該混合液與石蕊指示劑相遇時，既不變紅亦不變藍，其所呈之性質爲**中性**（neutral）。

酸鹼中和時，必須有相同莫耳數之 H^+ 與 OH^- 作用生成水，因此，其**當量基準係以 1 莫耳H^+ 之反應量，定爲 1 克當量**（one gram equivalent）。易言之，酸之 1 克當量，是在反應中能供應 1 莫耳H^+ 所需酸的重量（克）；鹼之 1 克當量是在反應中能供應 1 莫耳 OH^- 或能接受 1 莫耳 H^+ 所需鹼的重量（克）；任何酸之 1 克當量恰與任何鹼之 1 克當量相反應而生成1 克當量之鹽和水。**中和當量點**（equivalent point）便是在化學計量上酸之克當量數與鹼之克當量數恰相等時。

雖然在酸鹼中和反應，須有同一莫耳數之 H^+ 和 OH^- 耗去，但就酸或鹼本身之莫耳數而言，並不一定盡同。例如，1 莫耳之 HCl 與 1 莫耳 NaOH 恰能中和；但與 $\frac{1}{2}$ 莫耳 $Ca(OH)_2$ 就能中和。其反應式如下：

$$HCl + NaOH \longrightarrow NaCl + H_2O \qquad \textbf{(3–69)}$$

$$HCl + \frac{1}{2}Ca(OH)_2 \longrightarrow \frac{1}{2}CaCl_2 + H_2O \qquad \textbf{(3–70)}$$

又如，1 莫耳之 H_2SO_4 能與 1 莫耳 $Ca(OH)_2$ 恰中和；但欲與 1 莫耳 NaOH 完成中和反應，則僅需 $\frac{1}{2}$ 莫耳便足矣！

$$H_2SO_4 + Ca(OH)_2 \longrightarrow CaSO_4 + H_2O \qquad \textbf{(3–71)}$$

$$\frac{1}{2}H_2SO_4 + NaOH \longrightarrow \frac{1}{2}Na_2SO_4 + H_2O \qquad \textbf{(3–72)}$$

酸和鹼相混和之後，溶液中 $[H^+]$ 及 $[OH^-]$ 兩者之離子濃度乘積仍必須滿足 $K_w = 10^{-14}$ 之關係，因而絕大多數 H^+ 和 OH^- 相化合形成水，直到其離子濃度乘積減至 10^{-14} 爲止，始可達成平衡。所幸酸鹼中和反應相當快速，如 3–2 節所述，在混合接觸之瞬間，中和反應即完成。

在酸鹼中和反應時，質子由酸傳遞給鹼，其所轉移質子之莫耳數可應用於酸及鹼之克當量計算。例如前面所提到的反應式

$$HCl + NaOH \longrightarrow NaCl + H_2O \quad \textbf{(3–73)}$$

HCl之1克當量相當於1莫耳之HCl（亦即1 equiv.HCl = 1 mole HCl）；同理NaOH之1克當量相當於1莫耳之NaOH（亦即1 equiv.NaOH = 1 mole NaOH）。
然而

$$H_2SO_4 + 2NaOH \longrightarrow Na_2SO_4 + H_2O \quad \textbf{(3–74)}$$

H_2SO_4 之1克當量則相當於 $\frac{1}{2}$ 莫耳之 H_2SO_4。

【例題 3–10】

將0.01莫耳NaOH加入0.1 M HCl之100 mL中，酸鹼兩者的量恰爲等當量時，試問pH值爲多少？（25℃時）

【解】

初時　$[H^+] = 0.1\ M$

$$[OH^-] = \frac{0.01\ \text{mole}}{0.1\ \text{L}} = 0.1\ M$$

因初時　$[H^+][OH^-] = 0.01 \gg K_w = 1.0 \times 10^{-14}$

故反應之方向爲使 H^+ 和 OH^- 濃度減少而向形成水之一方移動

$$H^+ + OH^- \longrightarrow H_2O$$

因 H^+ 之克當量數與 OH^- 之克當量數恰相等，於是平衡成立時，$[H^+]$ 和 $[OH^-]$ 濃度仍相等。
所以

$$[H^+] = [OH^-] = \sqrt{K_w} = 1.0 \times 10^{-7}$$

$pH = 7$（水溶液呈中性）

【例題3–11】

濃鹽酸 17 mL 加水稀釋至約 1 L 時，其濃度大約爲 0.2 M HCl。若滴定上述稀釋後之塩酸 48.5mL 需耗用純化乾燥後之 Na_2CO_3 試料 0.5015g，試問達到滴定終點時，HCl 溶液之濃度爲何？
已知下列反應式:

$$Na_2CO_3 + 2HCl \longrightarrow 2NaCl + CO_2 + H_2O$$

【解】

Na_2CO_3 之克當量數 = HCl 之克當量數

$$\frac{0.5015}{106}\ \text{mole} \times \frac{2\ \text{equi.}}{1\ \text{mole}} = x\ \text{mole/L} \times \frac{48.5}{1000}\ \text{L} \times \frac{1\ \text{equi.}}{1\ \text{mole}}$$

$x = 0.1951$ N

或 $x = 0.1951$ M (HCl)

3–5–2 指示劑

酸鹼指示劑（acid/base indicator），乃一種物質本身爲弱有機酸或弱有機鹼之分子，有特殊之顏色；少數此種物質混入酸溶液或鹼溶液中，因酸中之 H^+ 或鹼中之 OH^- 與該物質發生共同離子效應，致使該物質之陽（陰）離子濃度發生變化，使溶液產生不同之顏色，藉以決定鹼或酸之強度。

一般以 HIn 表示指示劑之酸分子，In^- 離子表示共軛鹼，兩者各呈不同的顏色，在水溶液中具有下列之平衡:

$$HIn \rightleftharpoons H^+ + In^- \qquad \textbf{(3–75)}$$

$$KIn = \frac{[H^+][In^-]}{[HIn]} \qquad (3\text{–}76)$$

溶液中$[H^+]$ 決定了 $[HIn]$ 和 $[In^-]$ 之比值。現以石蕊試劑說明如下：假設紅色石蕊分子爲 HIn，在鹼性溶液中，其 $[H^+]$ 降低，平衡移向右方，指示劑幾全部轉變爲 $[In^-]$（石蕊便呈藍色）；在酸性溶液中，其 $[H^+]$ 增大，反應利於移向左方，石蕊呈紅色。而人類眼睛的靈敏度有限，一般在指示劑物種之濃度相差十倍以上時，吾人才能察覺到顏色之變化，例如：

$\frac{[HIn]}{[In^-]} \geq 10$，指示劑顏色變化趨向 HIn 之顏色。

$\frac{[HIn]}{[In^-]} \leq 0.1$，指示劑顏色變化趨向 In^- 之顏色。

$\frac{[HIn]}{[In^-]} = 1$，兩物種以等量存在時，指示劑呈現中間色。

目前已知之指示劑有數百種之多，每一種指示劑會在某特定的 pH 範圍內變色，常見的雙色指示劑變色範圍（如表 3–6 所示），其指示劑的 pH 變色範圍約兩個 pH 單位。

表 3–6　常見酸鹼中和指示劑之 pH 變色範圍

指示劑	酸顏色	顏色變化之 pH 範圍	鹼顏色
瑞香草藍 (thymole blue)	紅	1.2～2.8	黃
甲基橙 (methyl orange)	紅	3.1～4.4	黃橙
甲基紅 (methyl red)	紅	4.2～6.3	黃
石蕊 (litmus)	紅	5.0～8.0	藍
溴瑞香草藍 (bromthymole blue)	黃	6.0～7.6	藍
酚酞 (phenolphthalein)	無	8.2～10.0	紅
茜素黃 (alizarin yellow)	黃	10.0～12.1	薄紫

指示劑之選擇必須是顏色爲易於察覺者，變色範圍要涵蓋當量點，因此選用指示劑之原則如下：

1.強酸 ⟷ 強鹼

強酸—強鹼滴定當量點的 pH 值是 7，而且在當量點附近 pH 改變非常快速，而且 pH 變化區間甚大（約有8個 pH 單位），故 pH 變色範圍落在 pH = 3 ～ 11 間之任何指示劑（表 3-6）大致皆可適用。

2.強鹼 ⟷ 弱酸

強鹼與弱酸滴定達當量點時，因所生成之鹽類起水解作用而呈鹼性，故須用酚酞、茜素黃為指示劑。

3.強酸 ⟷ 弱鹼

強酸與弱鹼滴定達當量點時，因所生成之鹽類起水解作用而呈酸性，故須用甲基橙或甲基紅為指示劑。

3–5–3 滴定曲線

在 50 mL 之0.10 M HCl 中滴入 0.10 M NaOH 溶液，觀察滴定過程中，溶液之 pH 值與所加入 NaOH 溶液體積 (v mL) 之關係如表 3–7 所示。根據表 3–7 描繪 NaOH 之加入量對 pH 變化情形而得 HCl – NaOH 之**滴定曲線**（**titration curve**），如圖 3–6 所示。

由圖 3–6 滴定曲線知，滴定初時 pH 上昇緩慢，在曲線之中間區域 pH 急速上昇 (pH=4 ～ 10)，然後又緩慢稍增。任何強酸與強鹼反應之滴定曲線均如圖 3–6 之模式。請留意在達到酸鹼中和附近，只要加入微量（1 ～ 2 滴）NaOH，也足夠引起 pH 劇增，於是在滴定曲線中 pH 急速變化之垂直段中點（反曲點），就是該中和反應之當量點，此當量點顯示該溶液中所存在之酸和鹼正好達到等當量，亦即中和反應之完成階段。本反應之當量點之 pH 值恰為 7.0，表示此時溶液呈中性。

再者，以強鹼中和弱酸之滴定曲線雖比前述以強鹼滴定強酸者稍複雜，但仍遵從同一基本原理。圖 3–7 所示為採用 NaOH 分別滴定相同莫耳濃度之醋酸、碳酸、硼酸之滴定曲線。

表 3–7 0.10 M NaOH 加入 50 mL 0.10 M HCl 之滴定試驗

	v (mL)	$\frac{50-v}{50+v}$	$\frac{v-50}{50+v}$	$[H^+]$M	$[OH^-]$M	pH 值
(中和前)	0	1.00	—	0.100	$K_W/0.100$	1.00
	20	$\frac{3}{7}$	—	0.043	$K_W/0.043$	1.37
	40	$\frac{1}{9}$	—	0.011	$K_W/0.011$	1.95
	49	$\frac{1}{99}$	—	0.001	$K_W/0.001$	3.00
	49.9	$\frac{1}{999}$	—	0.0001	$K_W/0.0001$	4.00
(中和時)	50			10^{-7}	10^{-7}	7.00
(中和後)	50.1	—	$\frac{1}{1001}$	$K_W/0.0001$	0.0001	10.00
	51	—	$\frac{1}{100}$	$K_W/0.001$	0.001	11.00
	60	—	$\frac{10}{110}$	$K_W/0.0091$	0.0091	11.96
	80	—	$\frac{30}{130}$	$K_W/0.023$	0.023	12.86
	100	—	$\frac{50}{150}$	$K_W/0.033$	0.033	13.52

【中和前】

起初: $N_{HCl} = 50 \times 0.10 = 5.0$ m mole

加入: $N_{NaOH} = v \times 0.10$ m mole

酸淨量: $N_{HCl} = 5.0 - 0.10$ v m mole

總體積: $V = 50 + v$ mL

$$[H^+] = \frac{5.0 - 0.1v}{50 + v} = \frac{50 - v}{50 + v}(0.10) \text{ M}$$

【中和後】

鹼淨量: $N_{NaOH} = 0.10v - 5.0$ m mole

總體積: $V = 50 + v$ mL

$$[OH^-] = \frac{0.10v - 5.0}{50 + v} = \frac{v - 50}{50 + v}(0.10) \text{ M}$$

註 1: V: 加入之 0.10M NaOH 體積 (mL)

註 2: 由於達當量點所需之 NaOH 體積為 50mL，故於中和前直接以 $\frac{50-v}{50+v}(0.10)$ 計算 $[H^+]$，而於中和後則直接以 $\frac{v-50}{50+v}(0.10)$ 計算 $[OH^-]$ 較為簡捷。

圖 3-6　0.10 M NaOH 加入 0.10 M HCl(50 mL) 之滴定曲線

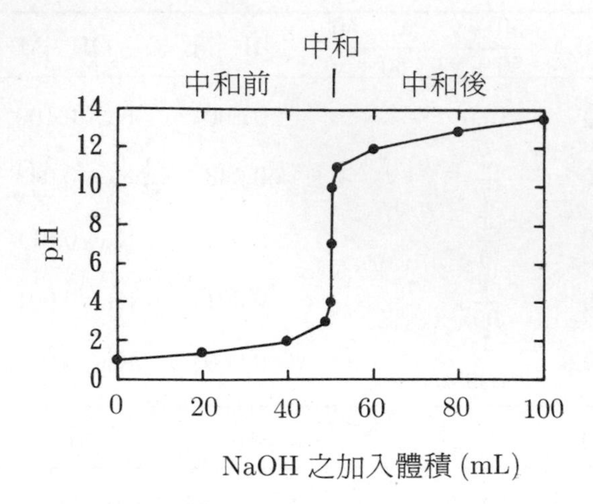

圖 3-7　強鹼—弱酸之滴定曲線

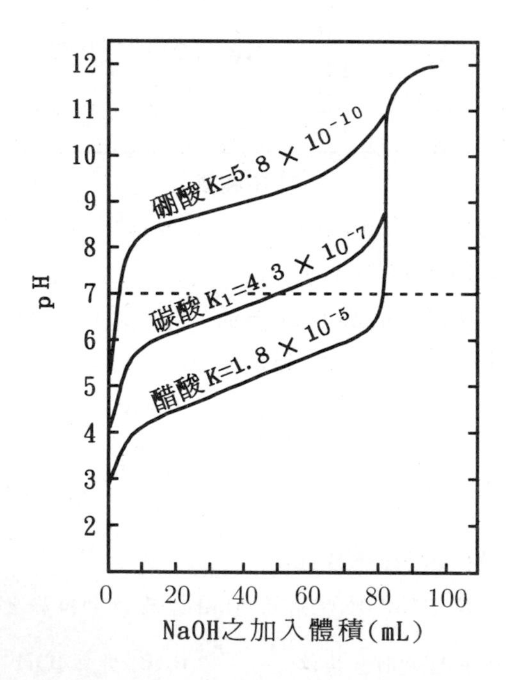

比較圖 3–6 和圖 3–7 二滴定曲線，可得知幾點重要之差異如下：(1)弱酸的滴定曲線，其起初之 pH 值較高；(2)弱酸的滴定曲線到達當量點前所加入 NaOH 之體積比強酸的滴定曲線者多，此乃由於溶液中弱酸解離，釋放較少量之 H^+ 給溶液，且所生成之 CH_3COO^- 與剩餘 CH_3COOH 構成緩衝溶液；(3)弱酸之滴定曲線，其垂直段較短而且偏向鹼性，故當量點之 pH 也較高些。

然而，經過當量點後之滴定曲線變化情形便大致相同，此乃由於酸完全被中和後，不管原來酸之強度如何，對溶液 OH^- 濃度已失去進一步有效之影響，亦即溶液之pH 值僅由過量之 OH^- 濃度來決定。

3–6　緩衝溶液及緩衝強度

3–6–1　緩衝溶液

在溶液中加入適量的酸或鹼時，能自行調整其氫離子濃度，使 pH 值幾乎沒有顯著的變化，此種作用稱為**緩衝作用**（buffer action），可阻止 pH 值改變的物質稱為 **緩衝劑**（buffer）。**緩衝溶液**（buffer solution）通常是弱酸及其鹽類（共軛鹼）或弱鹼及其鹽類（共軛酸）之混合液。

茲以溶液中含有弱酸 (HA) 及共軛鹼 (NaA) 來說明緩衝溶液之平衡關係式（忽略其離子強度）如下：

質量平衡式

HA之濃度為C_{HA}

NaA之濃度為C_{NaA}

若　　$NaA \rightleftharpoons Na^+ + A^-$完全解離，

則　　$C_{T,Na} = [Na^+] = C_{NaA}$ **(3–77)**

$C_{T,A} = C_{HA} + C_{NaA} = [HA] + [A^-]$ **(3–78)**

平衡常數式

$$K_a = \frac{[H^+][A^-]}{[HA]} \quad \textbf{(3–79)}$$

$$K_w = [H^+][OH^-] \quad \textbf{(3–80)}$$

電荷平衡式

$$[Na^+] + [H^+] = [A^-] + [OH^-] \quad \textbf{(3–81)}$$

合併 (3–77) 式及 (3–81) 式，消去 $[Na^+]$，得

$$[A^-] = [H^+] - [OH^-] + C_{NaA} \quad \textbf{(3–82)}$$

又合併 (3–78) 式及 (3–82) 式，可得

$$[HA] = C_{HA} + [OH^-] - [H^+] \quad \textbf{(3–83)}$$

(3–82) 式及 (3–83) 式代入 (3–79) 式，得到pH 值之一般式，

$$[H^+] = K_a \frac{(C_{HA} + [OH^-] - [H^+])}{(C_{NaA} - [OH^-] + [H^+])} \quad \textbf{(3–84)}$$

對於絕大部分之緩衝劑濃度而言，均應存在著 $C_{HA} \gg ([OH^-] - [H^+])$ 以及 $C_{NaA} \gg ([H^+] - [OH^-])$ 之關係，因此 (3–84) 式可改寫成

$$[H^+] = K_a \frac{C_{HA}}{C_{NaA}} \quad \textbf{(3–85)}$$

則

$$pH = pK_a + \log \frac{C_{NaA}}{C_{HA}} \quad \textbf{(3–86)}$$

或

$$pH = pK_a + \log \frac{[鹽]}{[酸]} \quad \textbf{(3–87)}$$

(3–86) 式說明，緩衝溶液的 pH 值與鹽對酸的濃度比有關。但由緩衝能力的觀點，鹽與酸的濃度愈大，則加入定量酸或鹼對 pH 值的影響就較

大，故具較大緩衝作用。

【例題3–12】

試求 0.001M 醋酸及 0.01M 醋酸鈉所組成緩衝溶液之 pH 值。當加入 0.001M 的 HCl 溶液後， pH 值成爲多少?

【解】

由式 (3–87)

$$pH = pK_a + \log\frac{[\text{塩}]}{[\text{酸}]}$$

$$= 4.7 + \log\frac{0.01}{0.001}$$

$$= 5.7$$

當加入 HCl，假設完全解離，由式 (3–87) 可得

$$pH = 4.7 + \log\frac{(0.01 - 0.001)}{(0.001 + 0.001)}$$

$$= 4.7 + 0.7 = 5.4$$

3–6–2　緩衝強度

緩衝強度（buffer intensity，β）或 **緩衝能力**（buffer capacity），**定義爲導致 1 個 pH 單位變化所加入的鹼或酸的莫耳數**。即，

$$\beta = \frac{dC_B}{dpH} = -\frac{dC_A}{dpH} \tag{3–88}$$

一般而言，當 $pH = pK_a$（亦即$[HA] = [A^-]$）時溶液之緩衝強度比其隣近 pH 者明顯大很多。此外，在 pH 4 以下及 11 以上水溶液之緩衝強度亦非常大，譬如表面處理之**酸洗廢液**（pickling liquor） 及製紙漿之**浸鹼廢液**（pulping liquor）均爲典型的例子。

3–7 碳酸根系統

水中 $H_2CO_3^*$、HCO_3^- 及 CO_3^{2-} 三者之濃度，與水中 H^+ 濃度有著密切關係。若令 α_0、α_1、α_2 分別代表 $H_2CO_3^*$、HCO_3^-、CO_3^{2-} 在總莫耳濃度 C_T 中所占之百分率，則得

$$[H_2CO_3^*] = \alpha_0 C_T \tag{3–89}$$

$$[HCO_3^-] = \alpha_1 C_T \tag{3–90}$$

$$[CO_3^{2-}] = \alpha_2 C_T \tag{3–91}$$

因此，從碳酸之解離平衡可以導出

$$\alpha_0 = \frac{[H^+]^2}{[H^+]^2 + K_1[H^+] + K_1K_2} \tag{3–92}$$

$$\alpha_1 = \frac{K_1[H^+]}{[H^+]^2 + K_1[H^+] + K_1K_2} \tag{3–93}$$

$$\alpha_2 = \frac{K_1K_2}{[H^+]^2 + K_1[H^+] + K_1K_2} \tag{3–94}$$

從以上公式極易計算在不同 pH 值時，水中三種不同型態碳酸化合物之含量。圖 3–8 所示爲 25℃及常壓下純水中碳酸之三種型態隨 pH 變化之分布情形，例如，當 pH = 8.0 時，$\alpha_0 = 2.19\%$; $\alpha_1 = 97.27\%$; $\alpha_2 = 0.54\%$，其中 α_1 顯然隨 pH 之變化有一最大值。

天然水（natural water）之 pH 值一般均在 6 至 9 之間，可知天然水中之碳酸系統實際上主要是以 HCO_3^- 之型態存在的，此乃因 HCO_3^- 在水中的出現主要是由於碳酸鹽礦物的溶解，主要化學反應式如下:

$$CaCO_{3(s)} + CO_2 + H_2O \rightleftharpoons Ca^{2+} + 2HCO_3^- \tag{3–95}$$

$$CaMg(CO_3)_{2(s)} + 2CO_2 + 2H_2O \rightleftharpoons Ca^{2+} + Mg^{2+} + 4HCO_3^- \tag{3–96}$$

圖 3–8 碳酸系統三物種百分率與 pH 之關係

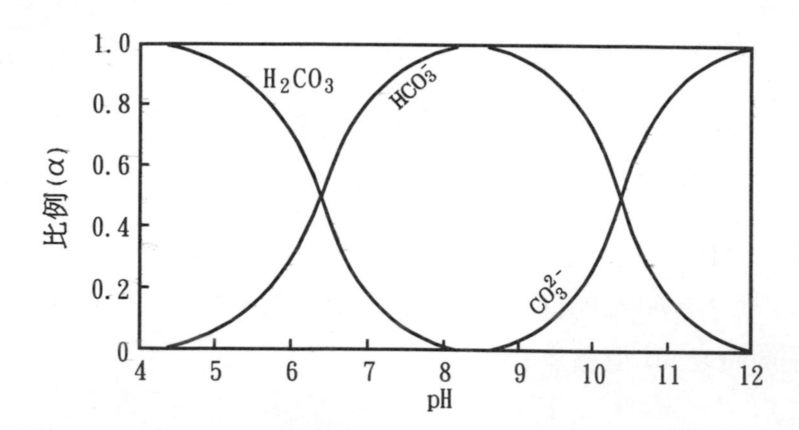

上述反應是**可逆的**（reversible），只有當水中溶入 CO_2 時，反應才向右進行。溶入後，水中 $H_2CO_3^*$ 與 HCO_3^- 便存在著一定的數量關係。

$H_2CO_3^*$ 按下式解離:

$$H_2CO_3^* \rightleftharpoons H^+ + HCO_3^- \qquad K_1 = 4.5 \times 10^{-7} \tag{3–97}$$

$$[HCO_3^-] = \frac{4.5 \times 10^{-7}}{[H^+]}[H_2CO_3^*] \tag{3–98}$$

從 (3–98) 式可以看出，當 $[H^+] = 4.5\times10^{-7}M$，即 $pH = 6.35$ 時，$[HCO_3^-] = [H_2CO_3^*]$；當 $pH > 6.35$ 時，$[HCO_3^-] > [H_2CO_3^*]$；而當 $pH < 6.35$, $[HCO_3^-] < [H_2CO_3^*]$。

在 (3–95) 式中，如果水中的 CO_2 含量大於平衡 CO_2 含量時，則多餘的 CO_2 將繼續溶解 $CaCO_3$；相反地，當水中的 CO_2 含量低於平衡 CO_2 含量時，則反應向左移動。這種平衡關係在日常生活中常可以看到，例如水中含有大量 HCO_3^- 與 Ca^{2+} 時，於加熱後 CO_2 自水中逸出，即會生成許多 $CaCO_3$ 沈澱物（水垢）蓄積在容器底部周圍或管路中。

在一般河水與湖水中 HCO_3^- 含量常不超過 250 mg/L（以 $CaCO_3$ 計），較普遍的濃度範圍是 50～400 mg/L，僅少數情況下可達 800 mg/L。

HCO_3^- 進一步解離生成 CO_3^{2-} 之反應式如下:

$$HCO_3^- \rightleftharpoons H^+ + CO_3^{2-} \qquad K_2 = 4.7 \times 10^{-11}$$

但當水中常有許多 Ca^{2+} 存在，極易生成難溶的 $CaCO_3$ 沈澱，所以大部分水中 CO_3^{2-} 含量極低。

【例題3–13】

25°C 下，加入 Na_2CO_3 至水溶液濃度爲 0.01M，不考慮活性校正時，平衡時之 pH 值爲多少?

【解】

此題的 pC–pH 圖如圖 3–4。於此例題中，以質子條件求出問題的答案。質子條件爲:

$$[H^+] + 2[H_2CO_3^*] + [HCO_3^-] = [OH^-]$$

由 $[HCO_3^-] = [OH^-]$ 之交點，pH = 11.1，可符合上述質子條件，故平衡時之 pH 值爲 11.1。

參考資料

1. Manahan, S. E., *Fundamentals of Environmental Chemistry,* Lewis Publishers, Michigan, 1993.
2. Piszkiewicz, D., *Kinetics of Chemical and Enzyme-Catalyzed Reactions,* Oxford University Press, New York, 1977.
3. Sawyer, C. N. and McCarty, P. L., *Chemistry for Environmental Engineering,* 3rd ed., McGraw-Hill, Inc., New York, 1978.
4. Snoeyink, V. L. and Jenkins, D., *Water Chemistry,* John Wiley and Sons, Inc., New York, 1980.
5. Stumm, W., *Aquatic Chemical Kinetics,* John Wiley and Sons, Inc., New York, 1990.
6. Stumm, W. and Morgan, J. J., *Aquatic Chemistry,* Wiley-Interscience, New York, 1981.

習 題

1. 試將下列(a)～(d)各組化合物按酸性強弱依次序排列:
   (a) $HCOOH$, CH_3COOH, C_2H_5COOH
   (b) HI, HCl, HBr, HF
   (c) $HClO_4$, $HClO_2$, $HClO_3$, $HClO$
   (d) CCl_3COOH, $CHCl_2COOH$, $CH_2ClCOOH$
2. 試寫出下列五種氧化物加入水中之水解反應式；並請指出那一種化合物之水溶液鹼性最強?
   (a) 五氧化二磷 (P_2O_5)
   (b) 二氧化氮 (NO_2)
   (c) 氧化鈣 (CaO)
   (d) 二氧化硫 (SO_2)
   (e) 氧化鐵 (Fe_2O_3)
3. 下列物質中，試問何者爲酸性? 何者爲鹼性? 並請分別以適當之水解反應式解釋之。
   (a) Pb^{2+} (b) HNO_3 (c) NO_2^-
   (d) H_2S (e) HPO_4^{2-}
4. 若在水樣中加入下列物質後，試問會增加、減少或不會改變水樣之總鹼度?
   (a) HCl (b) NH_3 (c) NH_4Cl
   (d) H_3PO_4 (e) CO_2 (f) $FeCl_3$

5. 何謂緩衝容量（buffer capacity）？試求80mL之0.025M醋酸與20mL之0.015M醋酸鈉混合後之pH值（已知：醋酸之$K_a = 10^{-4.7}$）。
6. 當NaOCl加入水中時，試寫出電荷平衡（charge balance）式及質子條件（proton condition）式。
7. 1升溶液中含有40mg NaOH，試計算
   (1)此溶液之pH值。
   (2)若再加入5mL之1N HCl後，其pH值爲若干？
8. 水溫爲25℃，於1升蒸餾水中加入10^{-7}莫耳之硝酸，試求此時蒸餾水之pH值（忽略離子強度效應）。
9. 含有10^{-2}M HAc ($K_a = 10^{-4.7}$) 之水溶液，水溫爲25℃，忽略離子強度效應，
   (1)以精確解法計算平衡時之pH值、HAc及Ac^-之濃度。
   (2)以圖解法估算平衡時之pH值、HAc及Ac^-之濃度。
10. 含有10^{-3}M H_2A之水溶液，試估算其平衡時之pH值。忽略離子強度效應，水溫25℃。已知：
   $H_2A \rightleftharpoons H^+ + HA^-$;　$pK_1 = 6.3$
   $HA^- \rightleftharpoons H^+ + A^{2-}$;　$pK_2 = 10.3$
11. 某一水溶液之pH=7.5，總碳酸濃度$C_T = 10^{-3}$M時，試求
   (1)各碳酸根物種之濃度（$C_T = [H_2CO_3^*]+[HCO_3^-]+[CO_3^{2-}]$）爲何？
   (2)該水溶液之鹼度（Alkanility）爲若干？
12. 若酸雨定義爲pH = 5.67以下之降雨，請依下列條件，推算自然降雨之pH值爲5.67。
   (1)CO_2所占之空氣體積比爲0.314%，其亨利常數(K_H)爲$10^{-1.5}$mole/L − atm。
   (2)$H_2CO_3^* \rightleftharpoons H^+ + HCO_3^-$;　$pK_1 = 10^{-6.3}$
   (3)$HCO_3^- \rightleftharpoons H^+ + CO_3^{2-}$;　$pK_2 = 10^{-10.3}$

第四章　複合化學

在水環境中金屬離子之存在形式，是以複合化合物（如水合離子）形式最爲普遍。除了 H_2O 之外，水環境中有很多無機配位基和有機配位基，就重金屬而言，只要有一般濃度之有機或無機配位基存在，往往即足以取代水之配位基，而形成相對應之複合化合物。金屬離子（包括 H^+）均有一個低能量之外層空軌道，這些空軌道可形成配位鍵；配位基之分子或離子能與金屬離子結合形成複合化合物，是因爲它們其中至少有一個原子具有一對或一對以上之未共用電子，或分子中有 π 電子。

由於電子計算機能有效地計算相當複雜之平衡體系，使得複合化學之研究大有進展，只要根據相關之金屬濃度、配位基濃度及其有關之熱力學基本資料，便可計算出微量金屬在固相和水相間的存在型態及其濃度分布情形。

4–1　命名與定義

複合化合物或稱爲錯鹽，是由一個或數個離子（或原子）爲中心，其周圍連結著許多**配位基**（ligand）所組成。複合化合物之帶電性，乃決定於中心離子及配位基電荷之總和，**中心離子所能連結配位基之最大總數**，稱為**配位數**（coordination number）。假設某複合化合物中心離子之原子價為V，配位基之離子數為 R，複合化合物之原子價為W，則 W = V − R 。例如鈷之各種錯鹽之原子價可算出如下:

錯　　鹽	V − R = W
I $[Co(NH_3)_6]^{3+}$	3 − 0 = 3
II $[Co(NH_3)_5Cl]^{2+}$	3 − 1 = 2
III $[Co(NH_3)_4Cl_2]^{+}$	3 − 2 = 1
IV $[Co(NH_3)_3Cl_3]$	3 − 3 = 0
V $[Co(NH_3)_2(NO_3)_4]^{-}$	3 − 4 = −1
VI $[Co(NH_3)(NO_3)_5]^{2-}$	3 − 5 = −2
VII $[Co(NO_3)_6]^{3-}$	3 − 6 = −3

4-1-1　錯鹽分類

水中存在著許多無機配位基及有機配位基。主要之無機配位基有 H_2O、OH^-、CN^-、 NH_3、HCO_3^-、CO_3^{2-}、SO_4^{2-}、$H_2PO_4^-$ 等；主要之有機配位基有腐植酸、含羥基之糖類、含羧基之酸類、含胺基之胺基酸類、烯醇基 (—O⁻)、偶氮基 (—N＝N—)、環氮基 (N⋚)、醚基 (—O—) 與羰基 (—C＝O) 等官能基之有機物，以及吡啶類化合物等。舉例說明如下:

1.**水合錯離子**（hydrated complex）

水分子之極矩甚大，極易與陽離子或陰離子結合成錯離子，此類錯離子不太穩定。如 H_3O^+、$[SO_4(H_2O)]^{2-}$、$[Zn(H_2O)_4]^{2+}$、$[Al(H_2O)_6]^{3+}$ 等。

2.**氨合錯離子**（ammonated complex）

金屬離子在含氨溶液中易形成氨合錯離子，而在酸性溶液中易分解。例如 $[Ag(NH_3)_2^+]$、 $[Zn(NH_3)_4^{2+}]$、 $[Cr(NH_3)_6^{3+}]$、 $[Sn(NH_3)_6^{4+}]$ 等。

3.**鹵基錯離子**（halide complex）

例如 $[AgI_3^{2-}]$、 $[HgCl_4^{2-}]$、 $[SbCl_6^-]$、 $[AlF_6^{3-}]$ 等。

4.**氰基錯離子**（cyanate complex）

氰基錯離子有若干解離度甚小者，例如 $[Ag(CN)_2]$、 $[Cu(CN)_4^{2-}]$。

5.**硫基錯離子**（sulfide complex）

例如 $[HgS_2^{2-}]$、$[AsS_2^-]$、$[AsS_3^{2-}]$、$[AsS_4^{3-}]$ 等。

6.**羥基錯離子**（hydroxyl complex）

例如 $[Al(OH)_4^-]$、$[Cr(OH)_4^-]$、$[Zn(OH)_3^-]$、$[Zn(OH)_4^{2-}]$、$[Zn(OH)]^+$ 等。

7.**硫氰酸基錯離子**（thiocyanate complex）

例如硫氰酸鐵之錯離子 $[Fe(SCN)_6^{3-}]$。

8.**有機錯離子**（organic complex）

有機物如草酸、酒石酸、檸檬酸、乳酸及其他含有氫氧之有機物，常會與若干金屬結合而生成錯離子。例如草酸鐵離子 $[Fe(C_2O_4)_3^{3-}]$、檸檬酸鐵離子 $[Fe_2(C_6H_5O_7)_3^{3-}]$ 等。

4-1-2 錯鹽命名

通常錯鹽包括二部分，一爲**簡單離子**（simple ion），一爲**巨大錯離子**（macrocomplex），後者常以括號 [ ] 表之。一般錯離子所含之核心原子爲單一者稱爲**單核**（single nuclear），所含之核心原子爲二個以上者稱爲**多核**（poly-nuclear）。關於錯鹽英文命名之基本原則說明如下:

1.錯離子之核心原子價數附於語尾。

2.字頭之 “mono、 di、 tri、 tetra、 penta、 hexa” 等數詞，是表示配位基之數目爲 1、2、3、4、5、6。

3.陰離子錯鹽之字尾用 “-ate”，陽離子及中性錯鹽則無特別之字尾。

4.常見之簡稱如 H_2O-aquo， OH-hydroxo， CN-cyano， NH_3-ammino 等。

5.中心金屬離子之氧化狀態，在錯鹽名稱之後以括號 (I)、(II)、(III) 等表示。

例如:

$[Mg(H_2O)_6]Cl_2$（即 $MgCl_2 \cdot 6H_2O$）： hexaaquomagnesium (II) chloride，六水基氯化鎂。

$[CrCl(H_2O)_2(NH_3)_3]SO_4$： triamminediaquochlorochromium (III) sulfate，一氯二水三氨基硫酸鉻。

$[Fe(CN)_6^{4-}]$： hexacyanoferrate (II) ion，六氰基亞鐵 (II) 離子。

4-1-3 錯鹽配位體

金屬離子之配位數因離子而異。例如 Ni(II) 在與 (CO) 形成錯鹽時，配位數爲 4， $[Ni(CO)_4^{2+}]$；但 Ni(II) 與 1, 10- 二氮菲形成錯鹽時，配位數爲 6。又如 Fe (III) 之水合錯鹽之配位數爲 6， $[Fe(H_2O)_6^{3+}]$； Fe (III) 之氰基錯鹽之配位數也是 6， $[Fe(CN)_6^{3-}]$；但 Fe (III) 之氯基錯鹽之配位數則爲 4， $[Fe(Cl)_4^{-}]$。金屬離子之配位數之改變與錯鹽之結構很有關係。

1.單核六配位體之錯鹽

此類型錯鹽通常形成正八面體，典型者爲 $[A_2^{+}(BX_6)^{2-}]$，如 K_2SiF_6，K_2PtCl_6 等（圖 4-1）。

2.單核四配位體之錯鹽

(1)平面型之四配位體

（圖 4-2 (1)）： 例如 K_2PtCl_4， $[Pd(NH_3)_4]Cl_2 \cdot H_2O$， $Na_2[Ni(CN)_4] \cdot 3H_2O$ 等。

(2)四面體型之四配位體

（圖 4-2 (2)）： 例如 $BeSO_4 \cdot 4H_2O$，$Zn(NH_3)_2 \cdot Cl_2$，$K_3[Cu(NH_3)_4]$ 等。

圖 4-1　單核六配位體錯鹽之典型構造

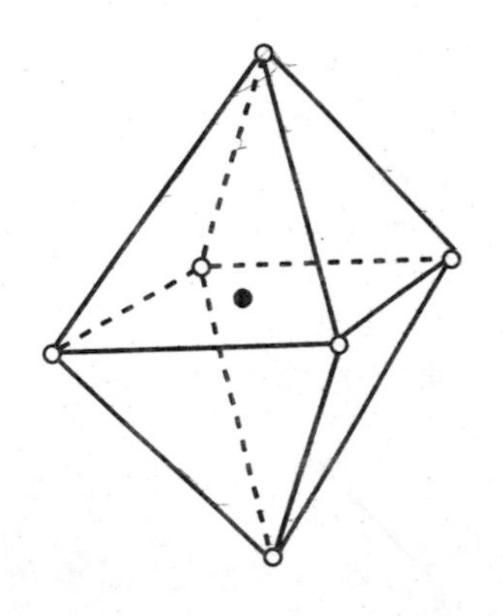

圖 4-2　單核四配位體錯鹽之構造

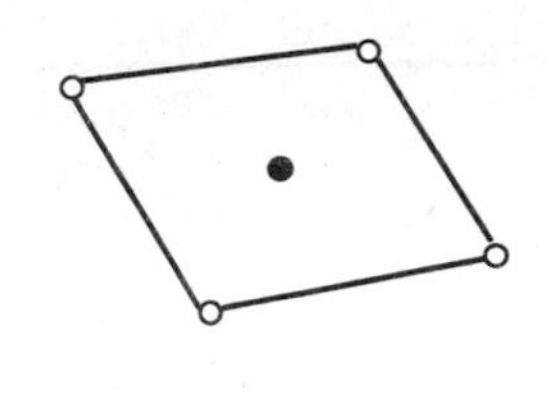

(1)平面型

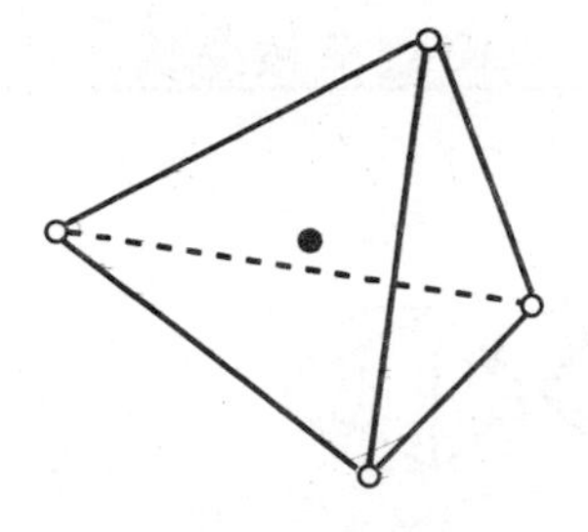

(2)四面體型

3.單核四與六以外配位體之錯鹽（圖 4-3）

(1)配位數為二（直線型或折線型）

(2)配位數為三（平面三角型或三角錐型）

(3)配位數為五（正方錐型或三方兩錐型）

(4)其他更多配位數者。

4.多核錯鹽

錯鹽之中心離子或原子為二個或二個以上，其配位體互相連接而形成者，一般依連結型式可分為三種（圖 4-4）。

圖 4-3　單核四及六以外配位體錯鹽之構造

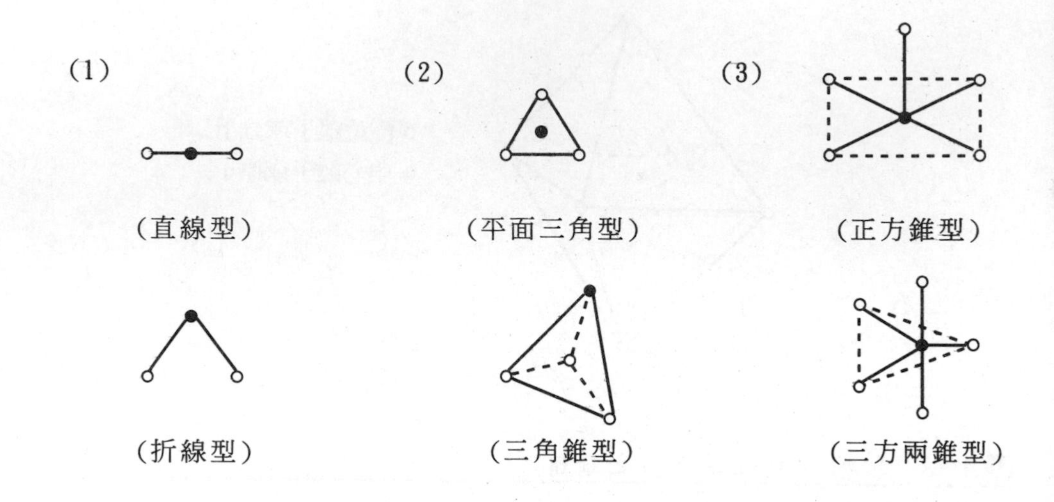

圖 4-4　八面體多核錯鹽之連結方式

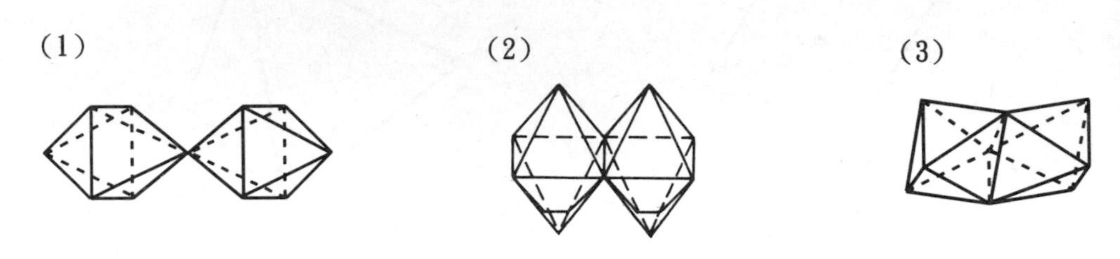

⑴複核，一端橋型連結之錯鹽，例如:

$$[(NH_3)_5Cr—O—Cr(NH_3)_5]^{4+}$$

⑵複核，二端橋型連結之錯鹽，例如:

$$\left[(NH_3)_4Co\left\langle\begin{matrix} OH \\ OH \end{matrix}\right\rangle Co(NH_3)_4\right]^{4+}$$

⑶複核，三端橋型連結之錯鹽，例如:

$$\left[(NH_3)_3(OH)_3\left\langle\begin{matrix} Co \\ Co \\ Co \end{matrix}\right\rangle(OH)_3(NH_3)_3\right]^{3+}$$

4-2　反應速率

中心離子與配位基之複合反應速率通式如下:

$$\underset{\text{中心離子}}{M} + \underset{\text{配位基}}{nL} \longrightarrow \underset{\text{錯鹽}}{MLn} \qquad (4\text{–}1)$$

現考慮一弱單質子酸爲配位基之反應式如下:

$$\underset{\text{弱單質子酸}}{HA} + \underset{\text{反應物}}{B} \longrightarrow \underset{\text{生成物}}{P} \qquad (4\text{–}2)$$

其反應速率式爲

$$-\frac{dC_B}{dt} = R_{HA}[HA]C_B \qquad (4\text{–}3)$$

式中 R_{HA} 代表一弱質子酸爲配位基之複合反應速率常數。

雖然在複合反應式中並無氫離子濃度項，但若配位基爲 pH 之變化函數，

$$HA \rightleftharpoons H^+ + A^- \qquad (4\text{–}4)$$

(4–4) 式之平衡常數式（在理想情況下）爲:

$$K_a = \frac{[H^+][A^-]}{[HA]} \qquad (4\text{–}5)$$

A^- 之質量平衡式可寫爲

$$C_T = [HA] + [A^-] \qquad (4\text{–}6)$$

解出 (4–5) 式之 $[A^-]$，代入(4–6) 式，可得:

$$C_T = [HA]\left(\frac{K_a + [H^+]}{[H^+]}\right) \qquad (4\text{–}7)$$

或 $$[HA] = C_T\left(\frac{[H^+]}{K_a + [H^+]}\right) \tag{4-8}$$

將 (4–8) 式之 [HA] 項代入 (4–3) 式，可得：

$$-\frac{dC_B}{dt} = R_{HA}C_BC_T\left(\frac{[H^+]}{K_a + [H^+]}\right) \tag{4-9}$$

若在反應時，pH 爲常數，則可定義一**觀察速率常數**（observed rate constant, K_{obs}）如下：

$$K_{obs} = R_{HA}C_T\left(\frac{[H^+]}{K_a + [H^+]}\right) \tag{4-10}$$

式中 R_{HA} 表 HA 之反應速率常數。此時可將反應速率式 (4–9) 式改寫爲

$$-\frac{dC_B}{dt} = K_{obs}C_B \tag{4-11}$$

由於配位基濃度隨著 pH 變化而改變，另由 (4–10) 式可知，觀察速率常數隨著不同 C_T 和不同 pH 而改變。由此，若繪製 K_{obs} 與 C_T 之對應圖，可得一直線，其斜率爲 $R_{HA}\left(\frac{[H^+]}{Ka + [H^+]}\right)$。

整理 (4–10) 式爲

$$\frac{K_{obs}}{C_T} = R_{HA}\left(\frac{[H^+]}{K_a + [H^+]}\right) \tag{4-12}$$

將 (4–12) 式兩邊各取對數，可得(4–13) 式或 (4–14) 式：

$$\log\left(\frac{K_{obs}}{C_T}\right) = \log R_{HA} + \log[H^+] - \log(K_a + [H^+]) \tag{4-13}$$

或 $$\log\left(\frac{K_{obs}}{C_T}\right) = \log R_{HA} - pH - \log(K_a + [H^+]) \tag{4-14}$$

繪製 $\log\left(\frac{K_{obs}}{C_T}\right)$ 與 pH 之對應圖，則(4–14) 式有以下兩種極端情況：

(1)**當 $[H^+] \gg K_a$ 或 $pK_a > pH$ 時**

此時 K_a 可以不計，故 (4–14) 式可改寫成

$$\log\left(\frac{K_{obs}}{C_T}\right) = \log R_{HA} \tag{4-15}$$

(2)**當** $[H^+] \ll K_a$ **或** $pH > pK_a$ **時**

則 (4–12) 式可改寫成

$$\log\left(\frac{K_{obs}}{C_T}\right) = \log R_{HA} + pK_a - pH \tag{4-16}$$

因此，若將反應速率實驗數據，繪出 $\log\left(\frac{K_{obs}}{C_T}\right)$ 與 pH 之對應圖，可如圖 4–5 所示。(4–15) 式及 (4–16) 式兩極端情況繪出二直線，在交點作一垂直線，則可交於橫軸之 pK_a 點；而縱軸之最大值亦即反應速率常數 R_{HA} 之對數值。

圖 4–5　複合反應速率常數與 pH 關係圖

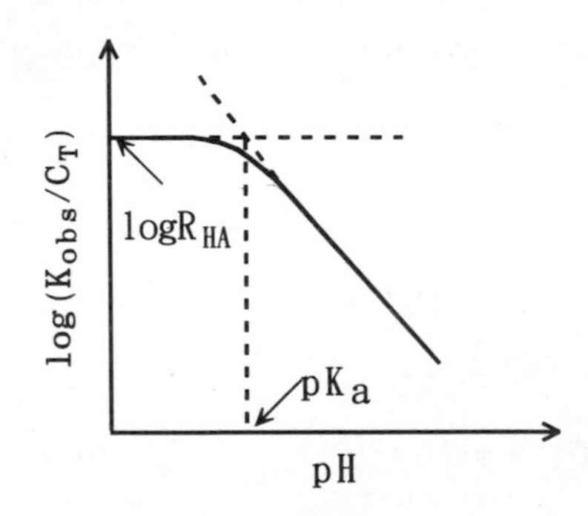

4–3　錯鹽穩定性及平衡計算

錯鹽之**穩定常數**（stability constant）亦稱**形成常數**（formation constant），其表示方法有以下兩種，即**分段形成平衡常數**（step-wise formation constant）**和總形成平衡常數**（overall formation constant）：

$$M \xrightarrow[K_1]{L} ML \xrightarrow[K_2]{L} ML_2 \xrightarrow[K_3]{L} ML_3 \xrightarrow[K_4]{L} ML_4 \cdots \xrightarrow[K_n]{L} ML_n \quad (4\text{–}17)$$

（圖中以箭號標示：β_1：M→ML；β_2：M→ML_2；β_3：M→ML_3；β_4：M→ML_4；β_n：M→ML_n）

式中K_1、K_2、$K_3\cdots$爲錯鹽之分段形成平衡常數；β_1、β_2、$\beta_3\cdots$爲相對應之總形成平衡常數，其中

$$\beta_1 = K_1$$
$$\beta_2 = K_1K_2$$
$$\vdots$$
$$\beta_n = K_1K_2K_3\cdots K_n$$

註：在錯鹽形成反應中，平衡常數為**形成常數**（formation constant），而非**解離常數**（dissociation constant）。

今以氯基汞（II）錯鹽之形成爲例，說明這兩種表達型式，分段形成反應式爲

$$Hg^{2+} + Cl^- \rightleftharpoons HgCl^+ \qquad K_1 = 5.6\times10^6 \quad (4\text{–}18)$$

$$HgCl^+ + Cl^- \rightleftharpoons HgCl_2 \qquad K_2 = 3\times10^6 \quad (4\text{–}19)$$

$$HgCl_2 + Cl^- \rightleftharpoons HgCl_3^- \qquad K_3 = 10 \quad (4\text{–}20)$$

$$HgCl_3 + Cl^- \rightleftharpoons HgCl_4^{2-} \qquad K_4 = 9.3 \quad (4\text{–}21)$$

而總形成反應式爲

$$Hg^{2+} + Cl^- \rightleftharpoons HgCl^+ \qquad \beta_1 = K_1 \quad (4\text{–}22)$$

$$Hg^{2+} + 2Cl^- \rightleftharpoons HgCl_2 \qquad \beta_2 = K_1K_2 \quad (4\text{–}23)$$

$$Hg^{2+} + 3Cl^- \rightleftharpoons HgCl_3^- \qquad \beta_3 = K_1K_2K_3 \quad (4\text{–}24)$$

$$Hg^{2+} + 4Cl^- \rightleftharpoons HgCl_4^{2-} \qquad \beta_4 = K_1K_2K_3K_4 \quad (4\text{–}25)$$

表 4–1 所示爲不同配位基之重金屬錯鹽之分段形成平衡常數。

表 4−1　不同配位基之金屬錯鹽分段形成平衡常數

配位基	金屬離子	log K_1	log K_2	log K_3	log K_4
Cl^-	Ag^+	3.45	2.22	0.33	0.04
	Cd^{2+}	2.00	0.60	0.10	0.30
	Fe^{2+}	0.36	0.04		
	Fe^{3+}	1.48	0.65	−1.40	−1.92
	Zn^{2+}	−0.50	−0.50	−0.25	−1.0
	Hg^{2+}	6.75	6.48	1.00	0.97
	Sn^{2+}	1.51	0.73	−0.21	−0.55
	Pb^{2+}	1.60	0.18	−0.1	−0.3
F^-	Al^{3+}	6.13	5.02	3.85	2.74
	Be^{2+}	5.89	4.94	3.56	1.99
	Cd^{2+}	0.3	0.2	0.7	
NH_3	Ag^+	3.32	3.92		
	Cd^{2+}	2.51	1.96	1.30	0.79
	Cu^{2+}	3.99	3.34	2.73	1.97
	Hg^{2+}	8.8	8.7	1.0	0.78
	Ni^{2+}	2.67	2.12	1.61	1.07
	Co^{2+}	1.99	1.51	0.93	0.64
	Zn^{2+}	2.18	2.25	2.31	1.96
SO_4^{2-}	Ag^+	1.30			
	Al^{3+}	3.73			
	Zn^{2+}	2.8			
	Cd^{2+}	2.17	1.37		
	Fe^{3+}	4.04	1.30		
	UO_2^{2+}	1.75	0.90	0.86	
OH^-	Ag^+	2.30	1.90	1.22	
	Ca^{2+}	1.51			
	Cd^{2+}	6.08	2.62	−0.32	0.04
	Cu^{2+}	6.0	7.18	1.24	0.14
	Fe^{3+}	11.5	9.3		
	Hg^{2+}	11.51	11.15		
	Mg^{2+}	2.60			
	Mn^{2+}	3.40			
	Pb^{2+}	7.82	3.06	3.06	
	Zn^{2+}	4.15	6.00	4.11	1.26
HS^-	Ag^+	13.6	4.1		
	Cd^{2+}	7.55	7.06	1.88	2.36

【例題 4–1】

若某一水源中 Cl^- 濃度為 10^{-3} M，$HgCl_2$ 之含量為 10^{-8} M（飲用水可接受之濃度），試求該水源中其他氯基汞（II）錯鹽之濃度（參考表 4–1）。

【解】

從 (4–19) 式得

$$[HgCl^+] = \frac{[HgCl_2]}{K_2[Cl^-]} = \frac{10^{-8}}{10^{6.48} \times 10^{-3}} = 10^{-11.48}\ M$$

從 (4–18) 式得

$$[Hg^{2+}] = \frac{[HgCl^+]}{K_1[Cl^-]} = \frac{10^{-11.48}}{10^{6.75} \times 10^{-3}} = 10^{-15.23}\ M$$

從 (4–20) 式得

$$[HgCl_3^-] = K_3[HgCl_2][Cl^-] = 10 \times 10^{-8} \times 10^{-3} = 10^{-12}\ M$$

再從 (4–21) 式得

$$[HgCl_4^{2-}] = K_4[HgCl_3^-][Cl^-] = 10^{0.97} \times 10^{-12} \times 10^{-3} = 10^{-14.03}\ M$$

本題計算結果說明，該水源中汞之主要存在型態為 $HgCl_2$ 分子，其他錯鹽型態相對含量則甚微。

再以氯基汞（II）為例，說明分段形成之錯鹽隨著 Cl^- 濃度改變時之分布情形。

若溶液中 $[Hg^{2+}] = 10^{-8}$ M，先將 (4–18) 式之平衡常數式兩端取對數為

$$\log[HgCl^+] = \log[Hg^{2+}] + \log[Cl^-] + \log K_1$$

因為 $\log K_1 = 6.75,\ \log[Hg^{2+}] = -8$

所以 $\log[HgCl^+] = -1.25 + \log[Cl^-]$ **(4–26)**

(4–26) 式顯示 $\log[HgCl^+]$ 與 $\log[Cl^-]$ 爲線性關係，直線之斜率爲1，直線在縱軸上的截距爲 −1.25。用類似的方法得知 (4–19) 式至 (4–21) 式之相對應方程式如下:

$$\log[HgCl_2] = 5.23 + 2\log[Cl^-] \tag{4–27}$$

$$\log[HgCl_3^-] = 6.23 + 3\log[Cl^-] \tag{4–28}$$

$$\log[HgCl_4^{2-}] = 7.2 + 4\log[Cl^-] \tag{4–29}$$

將 (4–26) 式至 (4–29) 式繪製如圖 4–6 所示。

圖 4–6 氯鹽濃度與氯基汞(II)錯鹽之關係圖

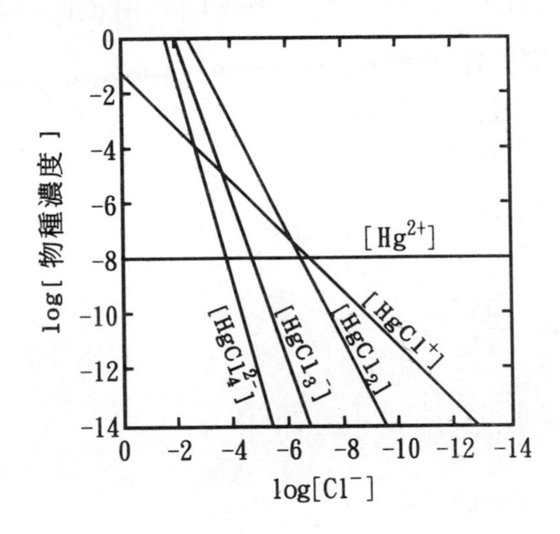

從圖 4–6 可清楚地看出，在含有 Cl^- 溶液中，氯基汞 (II) 錯鹽之各種型態受 Cl^- 濃度之影響甚鉅。當 Cl^- 濃度爲 10^{-4} M 時，可由圖上判讀出 $[HgCl^+] = 10^{-5.2}$ M，$[HgCl_2] = 10^{-2.8}$ M，$[HgCl_3^-] = 10^{-5.8}$ M，$[HgCl_4^{2-}] = 10^{-8.8}$ M。

氯基汞 (II) 錯鹽各種型態之相對百分比含量，則可用圖 4–7 來說明其分布情況，其計算如下:

圖 4–7 氯基汞(II)錯鹽各種型態之分布圖

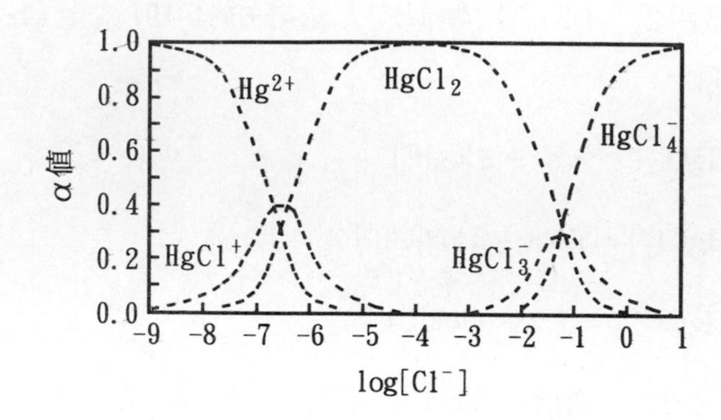

假設汞離子錯鹽之總莫耳濃度爲 C_T，則

$$C_T = [Hg^{2+}] + [HgCl^{+}] + [HgCl_2] + [HgCl_3^{-}] + [HgCl_4^{2-}] \quad \textbf{(4–30)}$$

各種型態之比例，分別用 α_0、α_1、α_2、α_3、α_4 表示，可得

$$\alpha_0 = \frac{[Hg^{2+}]}{C_T} = \frac{1}{A} \quad \textbf{(4–31)}$$

$$\alpha_1 = \frac{[HgCl^{+}]}{C_T} = \frac{1}{A}\beta_1[Cl^-] \quad \textbf{(4–32)}$$

$$\alpha_2 = \frac{[HgCl_2]}{C_T} = \frac{1}{A}\beta_2[Cl^-]^2 \quad \textbf{(4–33)}$$

$$\alpha_3 = \frac{[HgCl_3^{-}]}{C_T} = \frac{1}{A}\beta_3[Cl^-]^3 \quad \textbf{(4–34)}$$

$$\alpha_4 = \frac{[HgCl_4^{2-}]}{C_T} = \frac{1}{A}\beta_4[Cl^-]^4 \quad \textbf{(4–35)}$$

式中

$$A = 1 + \beta_1[Cl^-] + \beta_2[Cl^-]^2 + \beta_3[Cl^-]^3 + \beta_4[Cl^-]^4 \quad \textbf{(4–36)}$$

而 β_1、β_2、β_3、β_4 可以從 K_1、K_2、K_3、K_4 中求得。當 $[Cl^-]$ 之濃度已知時，將 (4–36) 式分別代入 (4–31) 式至 (4–35) 式，即可求出各種型態之比例。

圖4-7 中，當 Cl^- 濃度很低（小於 10^{-7} M），主要以 Hg^{2+} 存在；Cl^- 濃度大於 10^{-1} M，則主要以 $HgCl_4^{2-}$ 存在；而 $HgCl^+$ 及 $HgCl_3^-$ 只有在某些很窄之 Cl^- 濃度範圍下，才占有一個很少的比例；至於 $HgCl_2$ 則在較寬之濃度範圍 (10^{-7}～10^{-1} M) 下，均占有較大之比例。

以上僅討論單一配位基之錯鹽，但在天然水及廢水中，常會遇到有兩種以上配位基同時存在之情況。它們可能會發生配位基間之競爭或交換作用，而形成混合配位基之錯鹽，例如:

$$[M(H_2O)_6]^{n+} + L \rightleftharpoons [M(H_2O)_5L]^{n+} + H_2O \quad (4\text{–}37)$$

$$[M(H_2O)_5L]^{n+} + L \rightleftharpoons [M(H_2O)_4L_2]^{n+} + H_2O \quad (4\text{–}38)$$

$$M^n + aA + bB + \cdots \rightleftharpoons [MA_aB_b\cdots]^{n+} \quad (4\text{–}39)$$

處理這類問題之計算並不複雜，需考慮每一配位基與中心離子形成之每一階段的平衡，按照前述討論之類似方法，求出各錯鹽之濃度，稱之爲**優勢面積圖**（predominance area diagram），如圖 4–8 所示爲水

圖 4–8　不同 pH 與 Cl^- 濃度下汞錯鹽優勢面積圖

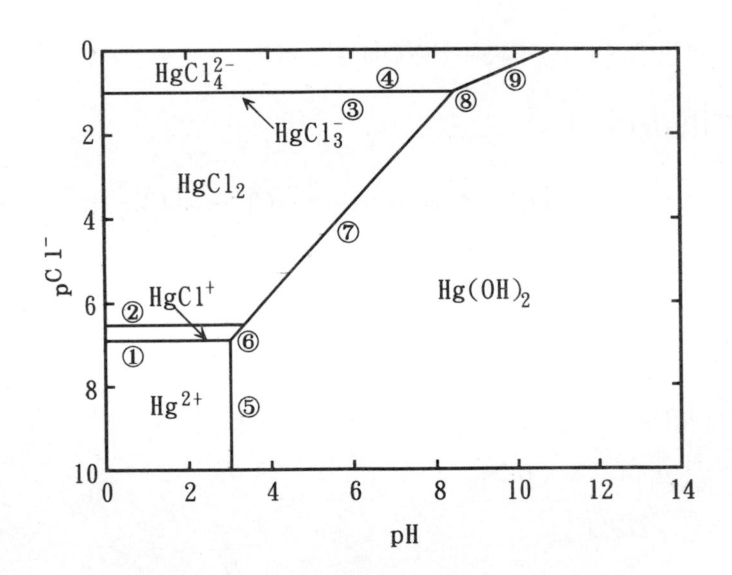

中同時含有 Cl^- 及 OH^- 時，與 Hg^{2+} 形成各種型態之錯鹽優勢面積圖。

各物種之關係式如下:

Hg^{2+} 及 $HgCl^+$ $\quad Hg^{2+} + Cl^- \rightleftharpoons HgCl^+ \quad K_1=10^{6.75}$ **(4–40)**

$HgCl^+$ 及 $HgCl_2$ $\quad HgCl^+ + Cl^- \rightleftharpoons HgCl_2 \quad K_2=10^{6.48}$ **(4–41)**

$HgCl_2$ 及 $HgCl_3^-$ $\quad HgCl_2 + Cl^- \rightleftharpoons HgCl_3^- \quad K_3=10$ **(4–42)**

$HgCl_3^-$ 及 $HgCl_4^{2-}$ $\quad HgCl_3^- + Cl^- \rightleftharpoons HgCl_4^{2-} \quad K_4=10^{0.97}$ **(4–43)**

$Hg(OH)_2$ 及 Hg^{2+} $\quad Hg^{2+} + 2OH^- \rightleftharpoons Hg(OH)_2 \quad K_1'=10^{22.66}$ **(4–44)**

$Hg(OH)_2$ 及 $HgCl^+$

$$HgCl^+ + 2OH^- \rightleftharpoons Hg(OH)_2 + Cl^- \qquad K_2'=10^{15.91} \tag{4–45}$$

$Hg(OH)_2$ 及 $HgCl_2$

$$HgCl_2 + 2OH^- \rightleftharpoons Hg(OH)_2 + 2Cl^- \qquad K_3'=10^{16.18} \tag{4–46}$$

$Hg(OH)_2$ 及 $HgCl_3^-$

$$HgCl_3^- + 2OH^- \rightleftharpoons Hg(OH)_2 + 3Cl^- \qquad K_4'=10^{21.66} \tag{4–47}$$

$Hg(OH)_3$ 及 $HgCl_4^{2-}$

$$HgCl_4^{2-} + 2OH^- \rightleftharpoons Hg(OH)_2 + 4Cl^- \qquad K_5'=10^{21.69} \tag{4–48}$$

(4–40) 式之關係式

$$10^{6.75} = \frac{[HgCl^+]}{[Hg^{2+}][Cl^-]} \tag{4–49}$$

$[HgCl^+] = [Hg^{2+}]$ 代表兩物種濃度相等，則簡化成

$$\log[Cl^-] = -6.75 \tag{4–50}$$

為圖 4–8 中之線①。

同理 (4–41) 式至 (4–43) 式可以繪出圖 4–8 中之線②、③、④。

(4–44) 式之關係式

$$10^{22.66} = \frac{[Hg(OH)_2]}{[Hg^{2+}][OH^-]^2} \quad \textbf{(4–51)}$$

$[Hg(OH)_2] = [Hg^{2+}]$ 代表兩物種濃度相等，則簡化成

$$10^{22.66} = [OH^-]^2 \quad \textbf{(4–52)}$$

$$11.33 = pOH$$

$$11.33 = 14 - pH$$

$$pH = 3.67 \quad \textbf{(4–53)}$$

爲圖 4–8 中之線⑤。

同理 (4–45) 式至 (4–48) 式可以繪出圖 4–8 中之線⑥、⑦、⑧、⑨。

此例中， Hg 濃度應小於 10^{-4} M，否則高濃度之汞，在高 pH 情況下，將形成 HgO 之沈澱物。在淡水中，正常情況下 $\log[Cl^-]$ 值在 -2 至 -4 範圍內，此時若 pH > 7 時，則主要存在型態爲 $Hg(OH)_2$；若 pH < 7 時，則主要存在型態爲 $HgCl_2$。對於海水而言， $\log[Cl^-]$ 通常在 0 至 -1 之間，在這種情況下，主要是以 $HgCl_4^{2-}$ 型態存在，只有在 pH > 10 時，才能以 $Hg(OH)_2$ 型態存在。圖 4–8 中之交界線就代表著物種型態之間之競爭效應。

對於存在三個以上配位基之錯鹽，情況較爲複雜，需用計算機輔助計算，而且要繪製三維座標來表示其優勢面積圖。不過在自然水域或一般廢水中，需要同時考慮三個或三個以上配位基互相競爭之情況較少。

然而，要特別指出的是，水中形成金屬多核錯鹽之情況頗多，鐵和鋁是最容易形成多核錯鹽之兩種金屬。其反應式如下:

$$2FeOH^{2+} \rightleftharpoons Fe_2(OH)_2^{4+} \quad （鐵鹽） \quad \textbf{(4–54)}$$

$$2AlOH^{2+} \rightleftharpoons Al_2(OH)_2^{4+} \quad （鋁鹽） \quad \textbf{(4–55)}$$

其他金屬（以 Cu 爲例）之反應式如下:

$$2CuOH^+ \rightleftharpoons Cu_2(OH)_2^{2+} \tag{4–56}$$

這種多核金屬錯鹽之形成，在利用鐵鹽或鋁鹽爲混凝劑處理含重金屬廢水時常會產生。

4–4 金屬離子之水解作用

所謂**水解作用**（hydrolysis）係指物質加入水中後，搶走水分子之氫或氫氧離子而使水分子分解之意。

多數金屬離子在水溶液中之行爲似酸。例如硝酸鋁中之 Al^{3+} 離子與水反應形成鋁水合離子 $Al(H_2O)_6^{3+}$，其反應式如下:

$$Al(NO_3)_{3(s)} + 6H_2O_{(aq)} \rightleftharpoons Al(H_2O)_{6(aq)}^{3+} + 3NO^-_{3(aq)} \tag{4–57}$$

式中 $Al(H_2O)_6^{3+}$ 可視爲一種酸，因其可將質子讓予水分子，使水溶液呈酸性，其反應式如下:

$$\underset{酸_1}{Al(H_2O)_6^{3+}} + \underset{鹼_2}{H_2O} \rightleftharpoons \underset{鹼_1}{[Al(OH)(H_2O)_5]^{2+}} + \underset{酸_2}{H_3O^+} \tag{4–58}$$

於是，過量鋞離子 (H_3O^+) 產生在溶液中。

合併 (4–57) 式和 (4–58) 式，則

$$Al(NO_3)_{3(s)} + 7H_2O \rightleftharpoons [Al(OH)(H_2O)_5]^{2+} + H_3O^+ \tag{4–59}$$

此等反應包括鹽類 [在此情形爲 $Al(NO_3)_{3(s)}$] 與水之反應，亦稱爲水解反應。

鋁之水合離子正如多質子酸一樣，其分段解離如下:

$$Al(H_2O)_6^{3+} + H_2O \rightleftharpoons [Al(OH)(H_2O)_5]^{2+} + H_3O^+ \tag{4–60}$$

$$[Al(OH)(H_2O)_5]^{2+} + H_2O \rightleftharpoons [Al(OH)_2(H_2O)_4]^+ + H_3O^+ \tag{4–61}$$

$$[Al(OH)_2(H_2O)_4]^+ + H_2O \rightleftharpoons Al(OH)_3(H_2O)_3 + H_3O^+ \tag{4–62}$$

(4–60) 式至 (4–62) 式如同磷酸之分段解離一般，以第一段解離影響較大，超過第一段後之解離程度則不大。

【例題 4–2】

試問 0.1 M 氯化鋁水溶液之 pH 值爲何?

【解】

$$AlCl_{3(s)} + 6H_2O \rightleftharpoons Al(H_2O)_6^{3+} + 3Cl^-$$

僅考慮 $Al(H_2O)_6^{3+}$之第一段解離即可

$$Al(H_2O)_6^{3+} + H_2O \rightleftharpoons [Al(OH)(H_2O)_5]^{2+} + H_3O^+ \quad K = 1.4 \times 10^{-5}$$

由於 $$\frac{[Al(OH)(H_2O)_5^{2+}][H_3O^+]}{[Al(H_2O)_6^{3+}]} = 1.4 \times 10^{-5}$$

設　x = 水合離子水解之濃度，則

$$\frac{x^2}{0.1 - x} = 1.4 \times 10^{-5}$$

$0.1 \gg x$（因爲水解常數極小）

$$\frac{x^2}{0.1} = 1.4 \times 10^{-5}$$

$$x = 1.2 \times 10^{-3}\ M = [H^+]$$

所以 $pH = -\log[H^+] = 2.9$

金屬離子的水解作用，從原子之間的關係來看，可視爲各種金屬離子對質子 (H^+) 和羥基 (OH^-) 的競爭效應。一般而言，離子電位小的金屬 (如 K^+、Na^+、Ca^{2+}、Sr^{2+} 等)，它們是離子半徑較大，電價較低之金屬離子，這類金屬離子甚難產生水解作用，或者說，是在很高的 pH 值下才能水解，它們往往以簡單的水合離子型式存在於水中。相對地，離子電位高 (半徑小，電價大) 的金屬離子，在水溶液中存在的型式取決於溶液之 pH ，因爲這些離子對 H^+ 和 OH^- 之引力互爲勁敵，如 pH 較低，則 H^+ 取代 OH^- 之位置，使金屬呈現簡單的離子型式；如 pH 較高，則 OH^- 取代 H^+ 之位置，形成羥基錯鹽。所以，此類金屬離子之水解作用，實際上即爲羥基對金屬離子之複合作用。

金屬離子在較低 pH 下水解，其水解之通式如下：

$$Me(H_2O)_m^{n+} + H_2O \rightleftharpoons Me(H_2O)_{m-1}OH^{(n-1)+} + H_3O^+ \quad \textbf{(4–63)}$$

或者簡化如下式：

$$Me^{n+} + H_2O \rightleftharpoons MeOH^{(n-1)+} + H^+ \quad \textbf{(4–64)}$$

或

$$Me^{n+} + OH^- \rightleftharpoons MeOH^{(n-1)+} \quad \textbf{(4–65)}$$

其水解平衡常數爲

$$^*K_1 = \frac{[MeOH^{(n-1)+}][H^+]}{[Me^{n+}]} \quad \textbf{(4–66)}$$

改爲對數表示式：

$$p^*K_1 = -\log\frac{[MeOH^{(n-1)+}]}{[Me^{n+}]} + pH \quad \textbf{(4–67)}$$

當 $p^*K_1 = pH$ 時，

$$\log\frac{[MeOH^{(n-1)+}]}{[Me^{n+}]} = 0 \quad \textbf{(4–68)}$$

$$[MnOH^{(n-1)+}] = [Me^{n+}] \quad \textbf{(4–69)}$$

因此在討論水合金屬溶液時，(4–69) 式是一個有用的參數，代表兩物種濃度相等，在繪製錯鹽之優勢面積圖（圖 4–8）時，爲一重要之參數。

有關金屬離子之水解過程及其平衡常數表示方法，可分爲分段水解平衡常數和總水解平衡常數。

以 Me^{2+} 金屬離子爲例

$$Me^{2+} + OH^- \rightleftharpoons MeOH^+ \qquad ^*K_1 \quad \textbf{(4–70)}$$

$$MeOH^+ + OH^- \rightleftharpoons Me(OH)_2 \qquad ^*K_2 \quad \textbf{(4–71)}$$

$$Me(OH)_2 + OH^- \rightleftharpoons Me(OH)_3^- \qquad ^*K_3 \quad \textbf{(4–72)}$$

$$Me(OH)_3^- + OH^- \rightleftharpoons Me(OH)_4^{2-} \qquad ^*K_4 \quad \textbf{(4–73)}$$

式中 $^*K_1$、$^*K_2$、$^*K_3$、$^*K_4$ 爲分段水解平衡常數，若以水解之總反應替代分段反應:

$$Me^{2+} + OH^- \rightleftharpoons MeOH^+ \qquad {}^*\beta_1 \qquad \textbf{(4–74)}$$

$$Me^{2+} + 2OH^- \rightleftharpoons Me(OH)_2 \qquad {}^*\beta_2 = {}^*K_1{}^*K_2 \qquad \textbf{(4–75)}$$

$$Me^{2+} + 3OH^- \rightleftharpoons Me(OH)_3^- \qquad {}^*\beta_3 = {}^*K_1{}^*K_2{}^*K_3 \qquad \textbf{(4–76)}$$

$$Me^{2+} + 4OH^- \rightleftharpoons Me(OH)_4^{2-} \qquad {}^*\beta_4 = {}^*K_1{}^*K_2{}^*K_3{}^*K_4 \qquad \textbf{(4–77)}$$

如果水溶液中只存在某一種金屬離子，那麼各級水解產物占該離子總量之百分比例僅僅是平衡常數與 pH 之函數，可以下列質量平衡式與代數式表示之。

$$[Me]_T = [Me^{2+}] + [MeOH^+] + [Me(OH)_2] + [Me(OH_3)^-] + [Me(OH)_4^{2-}] \qquad \textbf{(4–78)}$$

各種型態之比例分別以 α_0、α_1、α_2、α_3、α_4 表示，可得

$$\alpha_0 = \frac{[Me^{2+}]}{[Me]_T} = \frac{1}{B} \qquad \textbf{(4–79)}$$

$$\alpha_1 = \frac{[MeOH^+]}{[Me]_T} = \frac{1}{B}{}^*\beta_1[OH^-] \qquad \textbf{(4–80)}$$

$$\alpha_2 = \frac{[Me(OH)_2]}{[Me]_T} = \frac{1}{B}{}^*\beta_2[OH^-]^2 \qquad \textbf{(4–81)}$$

$$\alpha_3 = \frac{[Me(OH)_3^-]}{[Me]_T} = \frac{1}{B}{}^*\beta_3[OH^-]^3 \qquad \textbf{(4–82)}$$

$$\alpha_4 = \frac{[Me(OH)_4^{2-}]}{[Me]_T} = \frac{1}{B}{}^*\beta_4[OH^-]^4 \qquad \textbf{(4–83)}$$

式中

$$B = 1 + {}^*\beta_1[OH^-] + {}^*\beta_2[OH^-]^2 + {}^*\beta_3[OH^-]^3 + {}^*\beta_4[OH^-]^4 \textbf{(4–84)}$$

現分別對 Hg^{2+}、 Cd^{2+}、 Pb^{2+}、 Zn^{2+} 的水解作用繪製在不同 pH 下各物種之分布曲線，如圖 4–9 至圖 4–12 所示，並獲知下列之結果:

圖 4−9 Hg 之羥基錯鹽在不同 pH 下之分布情形

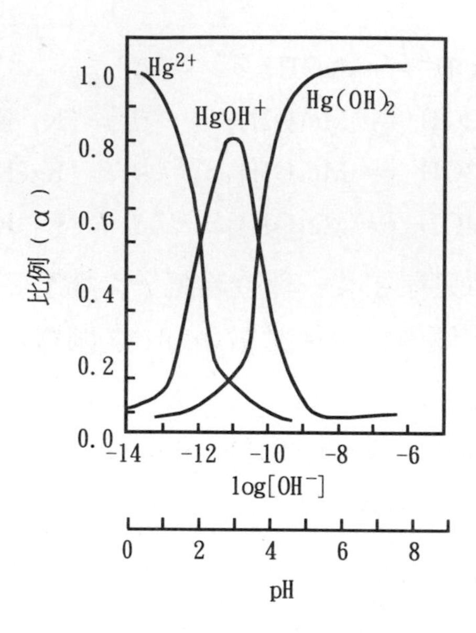

圖 4−10 Cd 之羥基錯鹽在不同 pH 下之分布情形

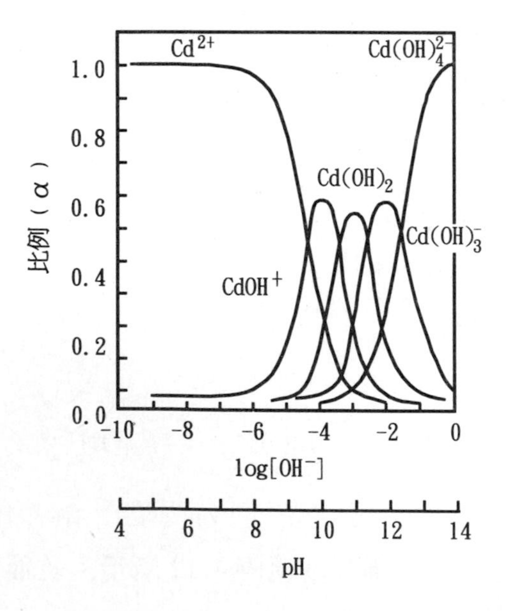

圖 4－11　Pb 之羥基錯鹽在不同 pH 下之分布情形

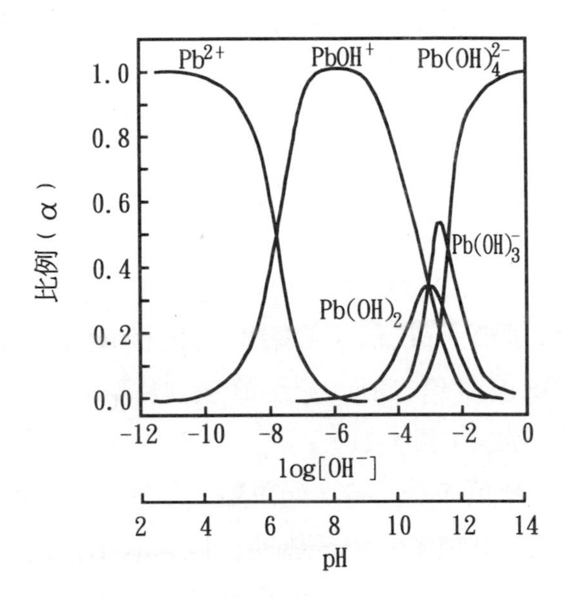

圖 4－12　Zn 之羥基錯鹽在不同 pH 下之分布情形

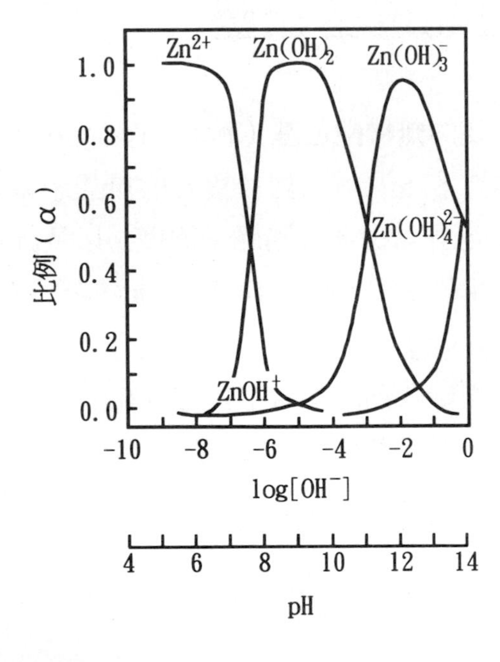

(1)Hg^{2+}：Hg^{2+} 在 pH2～6 之範圍內會發生水解作用；在 pH 值爲 2.2～3.8時，$HgOH^{+}$ 爲優勢產物，至 pH 值大於 6 以上時，始生成 $Hg(OH)_2$（圖 4–9）。

(2)Cd^{2+}：Cd^{2+} 在 pH 值小於 8 時爲簡單離子型態；pH 值爲 10、11、12 時，分別爲 $CdOH^{+}$、$Cd(OH)_2$ 和 $Cd(OH)_3^-$ 之尖峰值，及至 pH 值大於 13.5 時，僅有 $Cd(OH)_4^{2-}$ 存在（圖 4–10）。

(3)Pb^{2+}：Pb^{2+} 在 pH 值小於 6 時爲簡單離子型態；在 pH 值 6～10 範圍時以 $PbOH^{+}$ 占優勢；pH 值 9 開始生成 $Pb(OH)_2$，pH 值爲 11、12 時分別爲 $Pb(OH)_2$ 和 $Pb(OH)_3^-$ 之尖峰值，及至 pH 值大於 13.5 時，僅有 $Pb(OH)_4^{2-}$ 存在（圖 4–11）。

(4)Zn^{2+}：Zn^{2+} 在 pH 值小於 6 時爲簡單離子型態；pH 值爲 7 時有微量 $ZnOH^{+}$ 生成；在 pH 值 8～10 範圍時，以 $Zn(OH)_2$ 占優勢，至pH 值大於 13 時，僅有 $Zn(OH)_3^-$ 和 $Zn(OH)_4^{2-}$ 存在（圖 4–12）。

4–5 無機配位基錯鹽

天然水體中重要的**無機配位基**（inorganic ligand）有 OH^-、Cl^-、CO_3^{2-}、HCO_3^-、F^- 和 S^{2-} 等。對於複雜的自然水系統，必須使用電子計算機才能精確地計算出各種陽離子濃度，以及計算各個配位基之複合程度。本節則藉著飽和碳酸鈣溶液，分析 Ca^{2+} 濃度，來說明無機配位基之平衡計算。

假設所有會影響碳酸鈣之配合基物種皆在圖 4–13 中。

圖中各物種之平衡反應如下（假設爲理想溶液）：

① $$CaCO_{3(s)} \rightleftharpoons Ca^{2+}{}_{(aq)} + CO_3^{2-}{}_{(aq)} \qquad \textbf{(4–85)}$$

$$K_1 = K_{CaCO_3} = 8.7 \times 10^{-9} = [Ca^{2+}][CO_3^{2-}] \qquad \textbf{(4–86)}$$

圖 4–13　影響碳酸鈣濃度之配位基物種

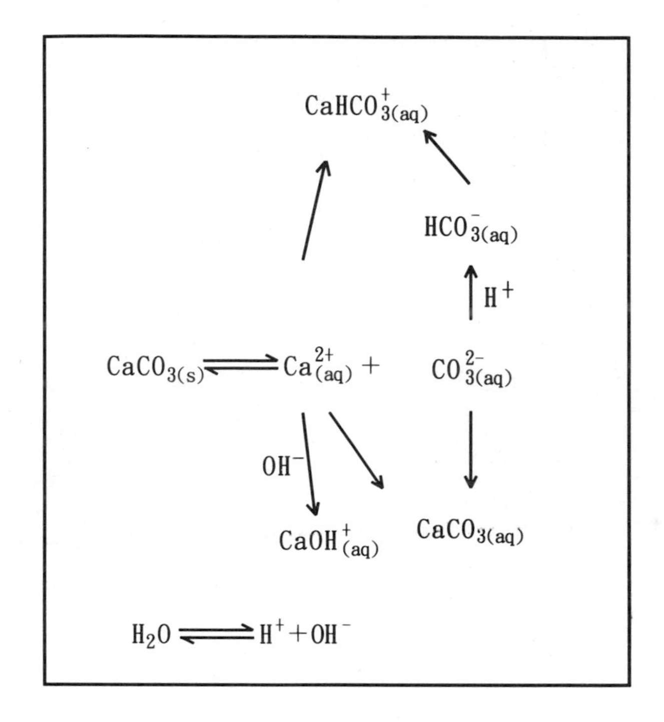

② $$Ca^{2+}{}_{(aq)} + OH^{-}{}_{(aq)} \rightleftharpoons CaOH^{+}{}_{(aq)} \tag{4–87}$$

$$K_2 = K_{CaOH^+} = 10^{1.3} = \frac{[CaOH^+]}{[Ca^{2+}][OH^-]} \tag{4–88}$$

③ $$Ca^{2+}{}_{(aq)} + HCO_3^-{}_{(aq)} = CaHCO_3^+{}_{(aq)} \tag{4–89}$$

$$K_3 = K_{CaHCO_3^+} = 10^{1.01} = \frac{[CaHCO_3^+]}{[Ca^{2+}][HCO_3^-]} \tag{4–90}$$

④ $$Ca^{2+}{}_{(aq)} + CO_3^{2-}{}_{(aq)} \rightleftharpoons CaCO_{3(aq)} \tag{4–91}$$

$$K_4 = K_{CaCO_3} = 10^{3.15} = \frac{[CaCO_3]}{[Ca^{2+}][CO_3^{2-}]} \tag{4–92}$$

從圖 4–14 所示之平衡系統，總可溶性鈣濃度 $[Ca]_T$ 可以用下列質量平

圖 4–14 溶解性金屬（鈣）與 pH 之關係圖

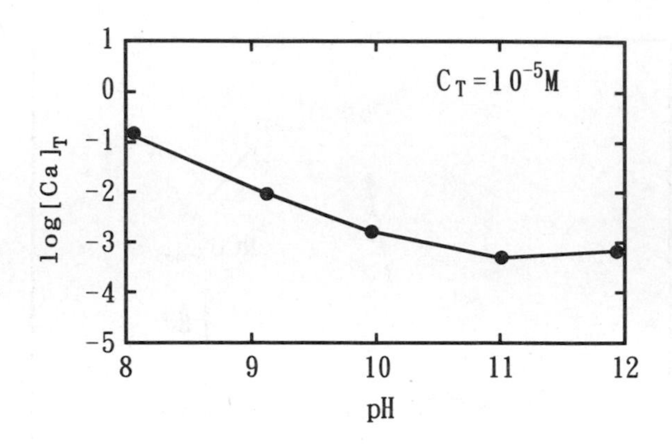

衡式表示:

$$[Ca]_T = [Ca^{2+}] + [CaOH^+] + [CaHCO_3^+] + [CaCO_3] \qquad \textbf{(4–93)}$$

將 (4–88) 式、(4–90) 式、(4–92) 式之錯鹽濃度代入 (4–93) 式可得

$$[Ca]_T = [Ca^{2+}]\left\{1 + K_2[OH^-] + K_3[HCO_3^-] + K_4[CO_3^{2-}]\right\} \qquad \textbf{(4–94)}$$

溶液平衡時，有下列關係式存在

$$[Ca^{2+}] = \frac{K_1}{[CO_3^{2-}]}$$

$$[OH^-] = \frac{K_W}{[H^+]}$$

$$[HCO_3^-] = \alpha_1 C_T$$

$$[CO_3^{2-}] = \alpha_2 C_T$$

式中 C_T 表示總碳酸物種之濃度，將各值代入 (4–94) 式，可改寫爲:

$$[Ca]_T = \frac{K_1}{\alpha_2 C_T}\left\{1 + \frac{K_W K_2}{[H^+]} + K_3\alpha_1 C_T + K_4\alpha_2 C_T\right\} \qquad \textbf{(4–95)}$$

圖 4–14 可以看出 $[Ca]_T$ 與 pH 之關係（爲方便計，乃假設溫度爲 25℃之

理想溶液）。由此圖可知 $[Ca]_T$ 有最小濃度時之 pH 值，易言之，當 C_T 之濃度固定時，某一 pH 值之最小溶解性 $[Ca]_T$ 濃度即為已知。

在廢水處理工程上，欲使用化學沈降法去除廢水中之重金屬（如將本例之 Ca 取代為 Zn、Ni、Cu 等）時，工程師須先瞭解相關之化學計量式，並利用以上方法估算之。至於其詳細之計算法或圖解法，將於第五章沈澱與溶解繼續討論。

與金屬離子結合成錯鹽的無機配位基能改變自然水中金屬離子之特性。例如就水中硬度對於重金屬毒性之影響而言，硬水中重金屬對於魚類的毒性小於軟水者，其原因為硬度高的自然水通常鹼度也較高，而鹼度離子 (HCO_3^- 及 CO_3^{2-}) 可與重金屬形成錯鹽並降低毒性。此外，錯鹽之形成也會影響配位基物種的濃度及其效應，例如氰化物對魚類的毒性，主要來自未解離的氰酸 (HCN)。若氰化物溶液加入可形成錯鹽之金屬離子後，將結合成氰基錯鹽，並降低氰化物溶液之毒性。

【例題4-3】

在 pH 為 7.5 時，濃度為 4×10^{-5}M 之氰化物溶液，其未解離之氰酸 (HCN) 濃度為何？若加入10^{-5}M 鎳後，HCN 濃度為何？假設無單、雙及三氰基鎳（II）存在。

【解】

系統之化學方程式為

$$HCN \rightleftharpoons H^+ + CN^-$$

$$K_a = 6.17 \times 10^{-10}$$

$$Ni^{2+} + 4CN^- \rightleftharpoons Ni(CN)_4^{2-}$$

$$\beta_4 = 10^{30}$$

(1)溶液為 4×10^{-5}M 氰化物

$$[HCN] = [CN]_T \times \frac{[H^+]}{[H^+] + K_a}$$

$$= 4 \times 10^{-5} \times \frac{10^{-7.5}}{10^{-7.5} + 6.17 \times 10^{-10}}$$

$$= 3.92 \times 10^{-5}M$$

(2)溶液含 $4 \times 10^{-5}M$ 總氰化物及 $10^{-5}M$ 之鎳(II)

(a) $$\frac{[CN^-][H^+]}{[HCN]} = K_a = 6.17 \times 10^{-10}$$

(b) $$\frac{[Ni(CN)_4^{2-}]}{[Ni^{2+}][CN^-]^4} = \beta_4 = 10^{30}$$

(c) $$[CN]_T = [HCN] + [CN^-] + 4[Ni(CN)_4^{2-}]$$

$$= 4 \times 10^{-5}M$$

(d) $$[Ni]_T = [Ni^{2+}] + [Ni(CN)_4^{2-}]$$

$$= 10^{-5}M$$

將(b)式代入(d)式得

(e) $$[Ni(CN)_4^{2-}] = \frac{10^{-5}}{\frac{1}{\beta_4[CN^-]^4} + 1}$$

將(a)及(e)式代入(c)式得

$$[HCN] + \frac{K_a[HCN]}{[H^+]} + \frac{4 \times 10^{-5}}{\frac{[H^+]^4}{\beta_4(K_a[HCN])^4} + 1} = 4 \times 10^{-5}M$$

將 $K_a = 6.17 \times 10^{-10}$, $\beta_4 = 10^{30}$, $[H^+] = 10^{-7.5}$ 代入上式可求得 $[HCN] = 3 \times 10^{-6}M$,因此加入 Ni^{2+} 離子可降低 HCN 濃度,並減低對魚類之毒性。

4-6　有機配位基錯鹽

4-6-1　有機配位基之性質

水及廢水中的**有機配位基**（organic ligand）包括動物組織之**天然降解產物**（natural degradation product），如氨基酸（amino acid）、醣（saccharide）、腐植酸（humic acid）、洗滌劑（detergent）、NTA、EDTA、農藥（pesticide）和大分子環狀化合物（ring compound）等。

大多數的有機物（如氨基酸、醣、脂肪酸、尿素、芳香烴、維生素、腐植酸等）都含有**未共用電子對**（unpair electron），是典型的電子供應者，極易與某些金屬離子形成穩定之錯鹽。有機配位基易提供電子給金屬離子配位的**官能基**（functional group）如下:

脂肪氨基 $R-NH_2$，芳香氨基 $\gtrdot N:$，

羧基 $-COO^-$，烯醇基 $>C=C<-O^-$，

烷氧基 $R-O^-$，羰基 $>C=O$，

硫醇基 $R-S^-$，磷酸基 $-O-P(=O)(-O^-)(-O^-)$，

膦酸基 $-CH_2-P(=O)(-O^-)(-O^-)$，

此外，強度較弱但可生成輔助配位的官能基尚有酯基、醚基、醯氨基、硫醚基、烷烴基等。由於帶有一個以上官能基之有機物就可能成爲金屬離子之錯合配位基，其種類之廣泛可見一斑。不過，能夠在水體中達到一定濃度，以及與金屬離子達到相當程度之錯合作用的主

要還是**腐植質**（humic substance）和一些生物降解產物。腐植質被認爲是水環境中最重要之有機配位基，它幾乎存在於一般天然水中。

4-6-2 腐植質之特性

腐植質（humic substance）是一結構複雜、種類繁多、不易被微生物分解的有機物總稱。其可能的形成機制是因微生物將動、植物殘體組織中的複雜有機物分解成較簡單之物質，如蛋白質、碳水化合物、單寧、木質素、多元酚和醌等，這些簡單之物質再重新縮合成酸性腐植質，如圖 4-15 所示。

圖 4-15　腐植質形成的可能機制

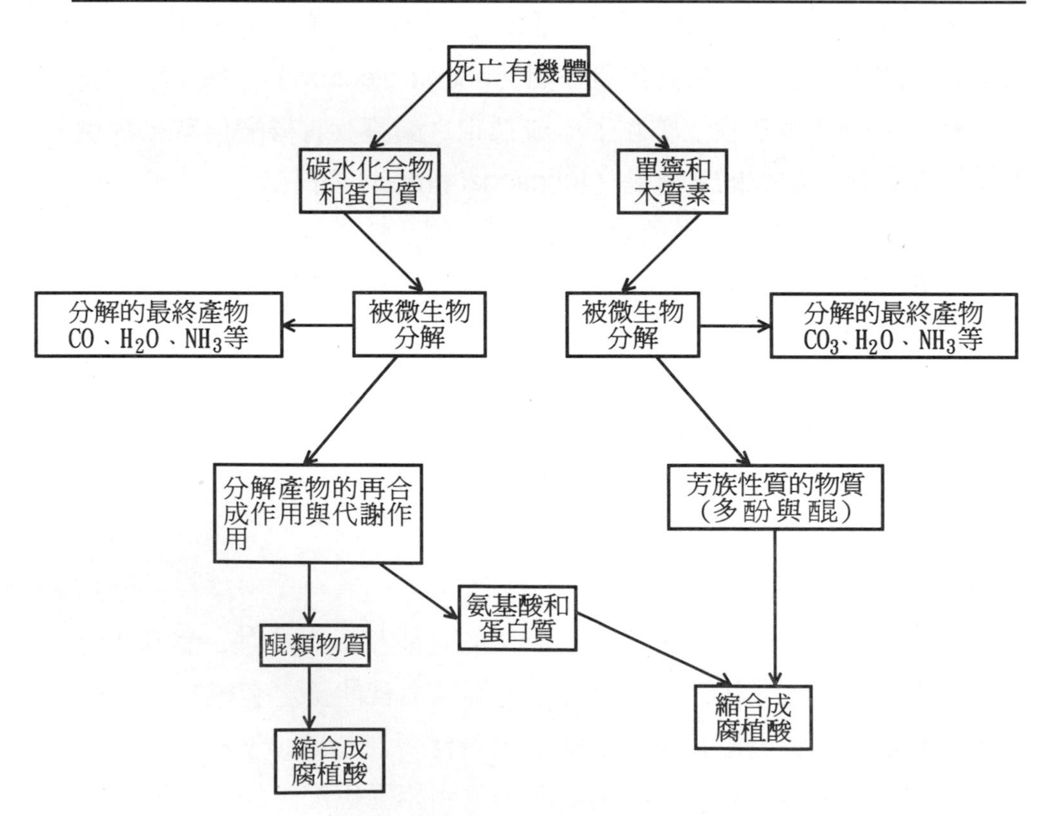

腐植質在稀酸和稀鹼中溶解程度不同，可分成三類，即可溶於稀酸 (pH = 1) 及稀鹼者，是爲**黃酸**（fulvic acid）；可溶於稀鹼但不溶於稀酸者，是爲**腐植酸**（humic acid）；不溶於稀酸也不溶解於稀鹼者，是爲**腐黑物**（humin）。有關水體中腐植酸和黃酸之基本物化特性如表 4–2 所示。雖然目前對腐植質之化學結構尚未十分明瞭，但可確定其主要官能基之性質（如羧基、酚基、醇基、酮基、甲氧基等）。圖 4–16 所示之化學結構爲黃酸之某一部分，可說明其官能基與鄰近苯環化合物之氫鍵連結在一起。

表 4–2　腐植酸和黃酸之基本物化特性

性　　質	腐　植　酸	黃　　酸
元素組成（重量百分比）		
C	50～60	40～50
H	4～6	4～6
O	30～35	44～50
N	2～4	< 1～3
S	1～2	0～2
在強酸中 (pH = 1) 之溶解性	不　溶　解	溶　　解
分子量分布範圍	數百至數十萬	數百至數萬
官能基（以氧原子爲計算百分比）		
carboxyl	14～45	58～65
phenol	10～38	9～19
alcohol	13～15	11～16
carbonyl	4～23	4～11
methoxyl	1～5	1～2

圖 4－16　黃酸化學結構之主要部分

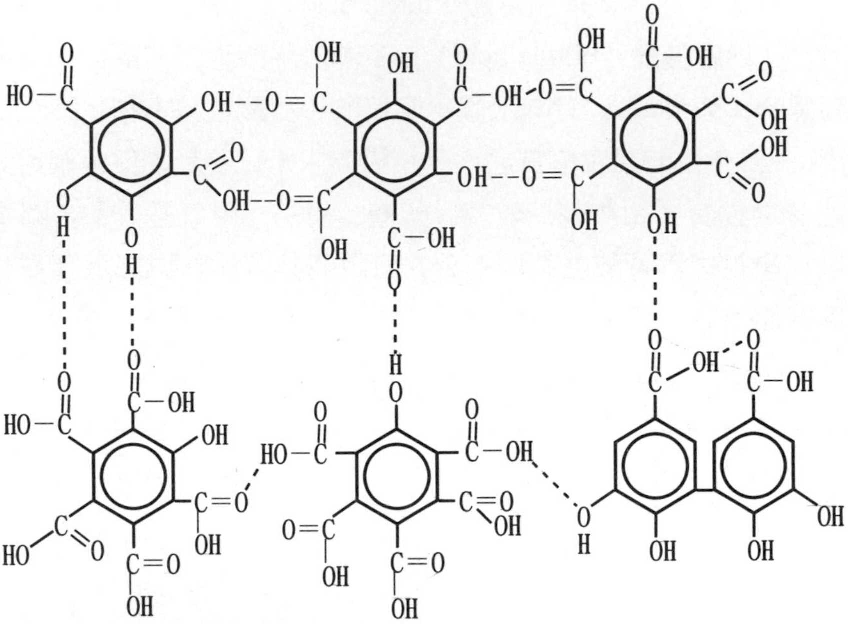

4-6-3　腐植質與金屬離子之複合作用

一般認爲，在腐植酸或黃酸所含的官能基中，有三種官能基影響複合能力最大，即酚羧基、第一類羧基（即鄰位於酚羧基之羧基），以及一些與酚羧基間位之羧基。

現考慮 Cu 和水楊酸及苯二酸形成錯鹽之反應機制予以說明。

由圖 4-17 看出，腐植酸與銅形成之錯鹽包含兩種價鍵，即羧基和金屬形成之**電價鍵**（electrovalence bond）以及酚羥基的氧原子和金屬形成之**配位共價鍵**（coordinate covalent bond）。在天然水中之重金屬與腐植質濃度均很低，不可能寫出金屬離子與腐植質間準確完全之反應式。

圖 4－17

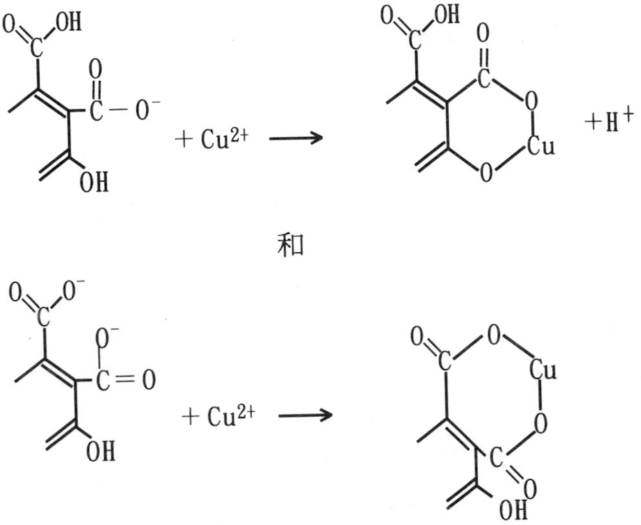

$$\text{(HOOC)C(CH}_3\text{)=C(COO}^-\text{)(C(=CH}_2\text{)OH)} + Cu^{2+} \longrightarrow \text{Cu chelate} + H^+$$

和

$$\text{(}^-\text{OOC)C(CH}_3\text{)=C(COO}^-\text{)(C(=CH}_2\text{)OH)} + Cu^{2+} \longrightarrow \text{Cu chelate}$$

一般咸信腐植質與金屬離子之結合能力很強，其形成之穩定度決定於腐植質與金屬之濃度。高濃度金屬（超過金屬氫氧化物溶解度界限）或金屬對腐植質之比值愈大，愈有利於形成穩定粒子更甚於可溶性錯鹽；反之，金屬對腐植質之比值愈小，則易於形成錯鹽。

天然水之腐植質金屬錯鹽相當重要。例如，假設湖中藻類生長限制因子是 Fe(III)，如果考慮湖水沒有腐植質，Fe(III) 的濃度完全受制於 $Fe(OH)_3 - H_2O$ 間之平衡。當藻類生長消耗大量 Fe(III) 時，系統中僅藉 $Fe(OH)_{3(s)}$ 之溶解來補充 Fe(III) 之消耗，若溶解速率遠小於消耗速率，則使藻類之生長受到極大限制。現在，考慮天然水體中有腐植質可與 Fe(III) 結合成錯鹽之形態，溶解 Fe(III) 總量必將大於前述無腐植質之情況。因為此系統中除了 $Fe(OH)_3 - H_2O$ 提供 Fe(III) 之外，還有 Fe(III)—腐植質錯鹽。事實上 Fe(III)—腐植質錯鹽之解離反應速率係屬**活性** (labile)，即很快地分解釋出 Fe(III)，而不致使 Fe(III) 成為限制因子。

另外，一些人工合成之有機配位基所形成之錯鹽，在水質分析或工業用途上也占有相當重要之地位。例如，分析硬度時，使用 EDTA 與 Ca^{2+} 及 Mg^{2+} 形成錯鹽；分析 COD 時，使用指示劑 1.10– 二氮菲與亞鐵離子形成錯鹽。

【例題4–4】

水樣 50mL 含 0.01M Ca^{2+}，若以0.01M EDTA 試劑滴定，試求當量點時， Ca^{2+} 之濃度為何?

【解】

系統化學方程式

$$Ca^{2+} + EDTA^{4-} \rightleftharpoons CaEDTA^{2-} \qquad K_1 = 10^{10.6}$$

總鈣物種濃度為

$$[Ca]_T = [Ca^{2+}] + [CaEDTA^{2-}]$$

$$= \frac{0.01 \times 50}{50 + 50} = 0.005M$$

當量點時 $[CaEDTA^{2-}] \gg [Ca^{2+}]$ 且 $[Ca^{2+}] \doteqdot [EDTA^{4-}]$

所以 $[CaEDTA^{2-}] \doteqdot 0.005M$

$$\frac{[CaEDTA^{2-}]}{[Ca^{2+}][EDTA^{4-}]} = 10^{10.6}$$

$$\frac{0.005}{[Ca^{2+}]^2} = 10^{10.6}$$

$$[Ca^{2+}] = 3.54 \times 10^{-7}M$$

【例題4–5】

溶液含 $2 \times 10^{-3}M$ 之 Ca^{2+} 及 $3 \times 10^{-4}M$ 之 Mg^{2+}。已知 $CaEDTA^{2-}$ 及 $MgEDTA^{2-}$ 的穩定常數為 $10^{10.6}$ 及 $10^{8.7}$。試計算

(a)水樣添加 1.5×10^{-3}M EDTA 後之 $MgEDTA^{2-}$ 濃度。
(b)水樣添加 2×10^{-3}M EDTA 後之 $MgEDTA^{2-}$ 濃度。

【解】

系統方程式

(1) $$[Ca^{2+}] + [CaEDTA^{2-}] = 2 \times 10^{-3}\text{M}$$

(2) $$[Mg^{2+}] + [MgEDTA^{2-}] = 3 \times 10^{-4}\text{M}$$

(3) $$[EDTA^{4-}] + [CaEDTA^{2-}] + [MgEDTA^{2-}] = [EDTA]_T$$

(4) $$\frac{[CaEDTA^{2-}]}{[Ca^{2+}][EDTA^{4-}]} = 10^{10.6}$$

(5) $$\frac{[MgEDTA^{2-}]}{[Mg^{2+}][EDTA^{4-}]} = 10^{8.7}$$

(a) $CaEDTA^{2-}$ 較 $MgEDTA^{2-}$ 穩定（$\because 10^{10.6} > 10^{8.7}$）所以

$$[CaEDTA^{2-}] \doteqdot 1.5 \times 10^{-3}\text{M};\quad [Mg^{2+}] = 3 \times 10^{-4}\text{M}$$

由(1)式

$$[Ca^{2+}] = 2 \times 10^{-3} - 1.5 \times 10^{-3}$$
$$= 0.5 \times 10^{-3}\text{M}$$

由(4)式

$$[EDTA^{4-}] = \frac{1.5 \times 10^{-3}}{0.5 \times 10^{-3} \times 10^{10.6}}$$
$$= 7.53 \times 10^{-11}\text{M}$$

由(5)式

$$[MgEDTA^{2-}] = 10^{8.7} \times 3 \times 10^{-4} \times 7.53 \times 10^{-11}$$
$$= 1.1 \times 10^{-5}\text{M}$$

(b)由(1)式

(6) $$[Ca^{2+}] = 2 \times 10^{-3} - [CaEDTA^{2-}]$$

由(2)式

(7) $$[Mg^{2+}] = 3 \times 10^{-4} - [MgEDTA^{2-}]$$

由(3)式

$$[CaEDTA^{2-}] = 2 \times 10^{-3} - [MgEDTA^{2-}] - [EDTA^{4-}]$$

因 $[EDTA^{4-}] \ll [MgEDTA^{2-}]$

所以

(8) $$[CaEDTA^{2-}] = 2 \times 10^{-3} - [MgEDTA^{2-}]$$

將(4)式除以(5)式得

(9) $$\frac{[CaEDTA^{2-}][Mg^{2+}]}{[MgEDTA^{2-}][Ca^{2+}]} = 10^{1.9}$$

將(6)、(7)、(8)式代入(9)式得

$$\frac{(2 \times 10^{-3} - [MgEDTA^{2-}])(3 \times 10^{-4} - [MgEDTA^{2-}])}{[MgEDTA^{2-}]^2} = 10^{1.9}$$

解上式得

$$[MgEDTA^{2-}] = 7.4 \times 10^{-5}M$$

$$[CaEDTA^{2-}] = 2 \times 10^{-3} - 7.4 \times 10^{-5}$$

$$= 1.93 \times 10^{-3}M$$

由此結果可知，在 Ca（II）當量點時， Ca^{2+} 與 Mg^{2+} 相互競爭與 EDTA 結合，此時約有 5%之鈣不能形成錯鹽。

參考資料

1. Gjessing, E. T., *Physical and Chemical Characteristics of Aquatic Humans*, Ann Arbor Science, Michigan, 1976.
2 Manahan, S. E., *Fundamental of Environmental Chemistry*, Lewis Publishers, Michigan, 1993.
3. Sawyer, C. N. & McCarty, P. L., *Chemistry for Environmental Engineering*, 3rd ed., McGraw-Hill, Inc., New York, 1978.
4. Schnitzer, M. and Khan, S. U., *Humic Substances in the Environment*, Dekker, New York, 1972.
5. Snoeyink, V. L. and Jenkins, D., *Water Chemistry*, John Wiley and Sons, Inc., New York, 1980.
6. Stumm, W. and Morgan, J. J., *Aquatic Chemistry*, Wiley-Interscience, New York, 1981.
7. Suffert, I. H. and MacCarthy, P., *Aquatic Humic Substances*, Influence on Fate and Treatment of Pollutants, American Chemical Society, Washington, DC, 1989.

習　題

1. 試寫出下列各鹽的名稱:

(a) $Cu(NO_3)_2$　　(f) $Cr(NH_3)_4Cl_3$

(b) $Mg(OH)Cl$　　(g) $KClO$

(c) NaH_2PO_3　　(h) $KClO_2$

(d) $K_3Fe(CN)_6$　　(i) $KClO_3$

(e) $Ca(H_2PO_4)_2$　　(j) $KClO_4$

2. 試問自然水中主要與陽離子產生複合反應之無機性及有機性配位基（ligand）有那些?（請分別列舉 5 種以上）

3. 複合反應中有所謂的分段形成常數（stepwise formation constant）和總形成常數（overall formation constant），試以氨基鋅 (II) 錯鹽爲例說明之。

4. 某金屬廢水中僅考慮氫氧基鎘 (II) 錯塩之形式存在，且其反應式如下:

$$Cd(OH)_{2(s)} \rightleftharpoons Cd^{2+} + 2OH^-; \qquad K_{S0} = 10^{-13.65}$$

$$Cd(OH)_{2(s)} \rightleftharpoons Cd(OH)^+ + OH^-; \qquad K_{S1} = 10^{-9.49}$$

$$Cd(OH)_{2(s)} \rightleftharpoons Cd(OH)^0_{2(aq)}; \qquad K_{S2} = 10^{-9.42}$$

$$Cd(OH)_{2(s)} + OH^- \rightleftharpoons HCdO_2^- + H_2O; \qquad K_{S3} = 10^{-12.9}$$

$$Cd(OH)_{2(s)} + 2OH^- \rightleftharpoons CdO_2^{2-} + 2H_2O; \qquad K_{S4} = 10^{-13.97}$$

若該金屬廢水依規定放流水之 pH 限值爲 9.0，則放流水之 Cd 濃度爲若干?

5. 接第四題，現在假設除 OH^-，尚有 Cl^- 存在，若 Cl^- 濃度爲10^{-2}M，並考慮下列反應式:

$$Cd^{2+} + Cl^- \rightleftharpoons CdCl^+; \quad K_1 = 10^{1.32}$$

$$CdCl^+ + Cl^- \rightleftharpoons CdCl_2^0; \quad K_2 = 10^{0.9}$$

$$CdCl_2^0 + Cl^- \rightleftharpoons CdCl_3^-; \quad K_3 = 10^{0.09}$$

$$CdCl_3^- + Cl^- \rightleftharpoons CdCl_4^{2-}; \quad K_4 = 10^{-0.45}$$

試問此一情況下，放流水之Cd 濃度爲若干?

6. 在 $Fe(OH)_3 - H_2O$ 系統中，考慮下列反應式:

$$Fe(OH)_{3(s)} \rightleftharpoons Fe^{3+} + 3OH^- \quad K_{a1} = 10^{-3.75}$$

$$Fe^{3+} + H_2O \rightleftharpoons FeOH^{2+} + H^+ \quad K_{a2} = 10^{-3.0}$$

$$Fe^{3+} + 2H_2O \rightleftharpoons Fe(OH)_2^+ + 2H^+ \quad K_{a3} = 10^{-6.4}$$

$$Fe^{3+} + 3H_2O \rightleftharpoons Fe(OH)_3^0 + 3H^+ \quad K_{a4} = 10^{-13.5}$$

$$Fe^{3+} + 4H_2O \rightleftharpoons Fe(OH)_4^- + 4H^+ \quad K_{a5} = 10^{-22.5}$$

試繪出該$Fe(OH)_3 - H_2O$ 系統之 pC–pH 圖。

7. 下列各化合物中，試問中心金屬離子的配位數爲多少?

(a) $K_3Fe(CN)_6$　　(b) $[Co(NH_3)_6]SO_4$

(c) $K_3[Cr(C_2O_4)_3]$　　(d) Na[Co(EDTA)]

8. 欲測定溶液中之硬度，乃於 100mL 水樣中加入少量 EBT 指示劑。加入 10mL 0.01M EDTA 之後，溶液顏色由紅變爲藍。試問硬度濃度爲何? （以 mole/L 及 mg/L as $CaCO_3$ 表示濃度）

9. pH 5.5 的水添加 100mg/L 明礬 $(Al_2(SO_4)_3 \cdot 14H_2O)$，$C_{T,CO_3} = 1 \times 10^{-4}$M。試問

(a)須添加多少苛性鈉 NaOH，才能使膠凝時 pH 不改變。

(b)須添加多少苛性鈉才能使膠凝後的水 pH 爲7.5。

第五章　沈澱與溶解

自然水及廢水中很少發生均相化學反應，通常水體所進行之自淨作用及廢水處理技術都會伴隨溶解性物質與其他相之交互作用，如含高濃度磷酸之廢水流入高硬度水質之水體，則會發生下列反應，產生**水合磷灰石** (hydroxyapatite)沈澱物，如下式所示:

$$5Ca^{2+} + OH^{-} + 3PO_4^{3-} \longrightarrow Ca_5OH(PO_4)_{3(s)} \tag{5-1}$$

碳酸鈣沈澱物會因光合作用致使 pH 提高而產生，如下式所示:

$$Ca^{2+} + 2HCO_3^{-} + h\nu \longrightarrow \{CH_2O\} + CaCO_{3(s)} + O_2 \tag{5-2}$$

還原性物質會因氧化後而產生不溶解性化合物，如地下水被抽取後，其亞鐵離子會被氧化成鐵離子並形成不溶解性物種，如下式所示:

$$4Fe^{2+} + 10H_2O + O_2 \longrightarrow 4Fe(OH)_{3(s)} + 8H^{+} \tag{5-3}$$

電鍍廢水中重金屬離子可用沈澱法加以去除，因大部分重金屬之氫氧化物、碳酸鹽及硫化物之溶解度均甚低，故常以化學沈澱法處理。例如將廢水之 pH 值提高至 8.5 到 11，大部分之重金屬可以氫氧化物固體物之形態沈澱下來；加入蘇打灰可使重金屬以碳酸鹽固體物之形態沈澱下來；加入無機硫化物或硫化氫氣體可使重金屬以硫化物固體物之形態沈澱下來，如 (5–4) 式至 (5–6) 式所示:

$$M^{2+} + 2OH^{-} \longrightarrow M(OH)_{2(s)} \tag{5-4}$$

$$M^{2+} + CO_3^{2-} \longrightarrow MCO_{3(s)} \quad (5\text{–}5)$$

$$M^{2+} + S^{2-} \longrightarrow MS_{(s)} \quad (5\text{–}6)$$

至於何種沈澱物能以最低成本達到所需之處理效果，即爲處理方法之選擇。理論溶解平衡之計算，常可用以選擇及控制沈澱法之操作條件。

理論上固液平衡系統的平衡計算，可提供處理系統之最佳操控條件（如 pH 值）及最低溶解度。但實際上，處理水中沈澱物之真正溶解度及最佳pH 值與計算所得者很少一致。其理由說明如下:

⑴一些異相平衡進行之速度緩慢。

⑵沈澱反應形成之固相並不是熱力學預測已知情況的穩定固相。

⑶溶解度大小決定於固體結晶性及粒徑大小。

⑷發生過飽和現象，亦即溶液濃度超過平衡計算值。

⑸溶液中固體溶解產生的離子，可能會進行其他反應。

⑹文獻中的異相平衡常數常因來源不同而有很大差異。

由以上理由可知，水處理工程規劃設計需作個別試驗研究以評估可行之處理方案。欲瞭解異相系統的動力及平衡計算，可依一定之法則，使試驗步驟及替代方案減至最少。

5–1 沈澱與溶解之動力學

多數物質於溶劑中有一定之溶解限度。超過此限度則沈澱物析出，若溶解與沈澱兩速率相同則達到平衡:

$$\text{溶液} \rightleftharpoons \text{固體} \quad (5\text{–}7)$$

此時溶液濃度固定不變。**溶液與過剩溶質平衡存在時稱爲飽和溶液 (saturated solution)**。**物質之溶解度 (solubility) 即其於某溫度時，飽和溶液之濃度**。 在水處理工程中沈澱物被分離的難易，與固相中粒子的大小有關。粒子的大小會直接影響過濾及沈澱單元之處理效果。粒子的大小不僅與沈澱物的化學組成有關，也與其形成沈澱的條件有關。所觀測到粒子的大小在化學沈澱過程中有很大的變化。有一種極端情形，稱爲**膠態懸浮** (colloidal suspension)，其粒徑很小（直徑約 1～100 nm），使用一般高倍率顯微鏡亦無法看見。這些粒子不易從溶液中沈澱下來，也不易用一般過濾介質來分離去除。另一種極端情況，其粒徑大於十分之毫米以上，這些粒子在液相中一時的分散，稱爲**晶體懸浮** (crystalline suspension)，易於自然地沈澱下來，並且容易過濾去除。

5-1-1　相對過飽和度與粒徑大小

沈澱現象在很久以前就被廣泛地研究，但沈澱過程的機構仍然不完全清楚。然而，沈澱物的粒徑受到實驗上一些變數（譬如沈澱物在液相中的溶解度、溫度、反應物濃度及反應物混合的速率等因數）的影響是可以確定的。這些變數的效應，至少在定性上可由此系統關連之**「過飽和度」** (supersaturation)或**「相對過飽和度」** (relative supersaturation)加以說明，其定義如下:

$$\text{相對過飽和度} = \frac{Q - S}{S} \tag{5–8}$$

上式中，Q 爲溶質之濃度，S 爲平衡溶解度。

典型溶質的溶解度與溫度的關係曲線如圖 5–1 所示，實線 AB 是描寫固體在溶液中的平衡溶解度。實線 AB 與虛線 CD 間是半穩定範圍，其中溶質濃度超過它的平衡溶解度，但除非溶液中含有固體，否則在有限時間內是不會產生固體物沈澱的。虛線 CD 之上是不穩定範圍，即使溶液中沒有固體物，也很快的會產生固體沈澱物，而解除其過飽和現象。

當實驗中慢慢地加入沈澱劑時，溶質的濃度(Q) 漸漸地沿著圖5–1

圖 5－1 溶液狀態與溫度之關係

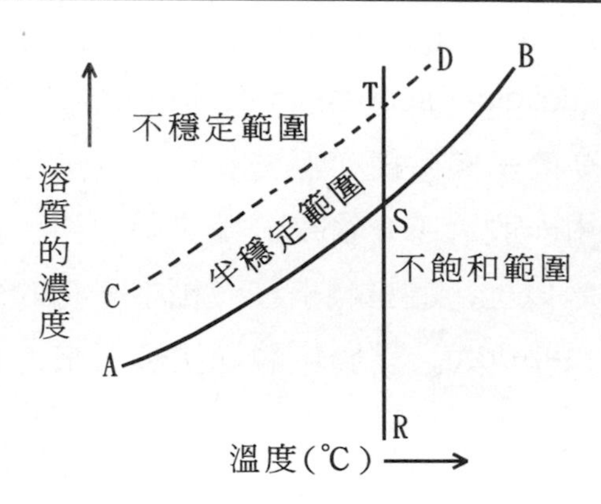

之 RST 線昇高。一直到 Q = S 時，溶液是未飽和，即在任何情況下都不會生成固體物。當 Q 變成大於 S 但小於 T 時，通常是不產生沈澱（然而我們可加入結晶種子使沈澱發生，產生固體物且使得 Q 減少到 S）。如沒有固體物時，若增加 Q 使溶質濃度達到高於 T 的不穩定範圍，到這一點時就可產生自發的沈澱而使 Q 減少到溶質的平衡濃度(S)。

相對過飽和度對於粒徑大小的效應，可由兩個沈澱形成機構來解釋：**核心形成** (nucleation)及**粒子成長** (particle growth)。新形成沈澱物之粒徑大小，可由此二機構中何者較快速來決定。

核心形成過程爲一些極小數目離子或分子（可能只有四個或五個）組合而形成穩定固體。這些核心也常常形成在污染之懸浮固體上（譬如灰塵粒子）。進一步的沈澱，會涉及再增加核心形成或已經存在核心的成長（粒子成長）競爭。若核心形成較顯著，則沈澱由大量的小粒子組成（膠體懸浮）。若粒子成長較顯著，則沈澱含有較大量的大粒子。

均質核心形成的速率被確信是隨相對過飽和度增加而快速增加，但對非均質核心形成（在污染之懸浮固體上聚合成）速率無關；相反地，高相對過飽和度只稍增加粒子成長速率。如圖 5-2 所示，當相對過飽和度高時，核心形成是主要的沈澱機構，有大量的小粒子形成。在低的相對過飽和度時，粒子成長速度較顯著，固體在已經存在的核心上沈積而排除進一步的核心形成，結果產生較大量大粒子的晶體懸浮。

圖 5-2　相對過飽和度之粒子成長及核心形成速率

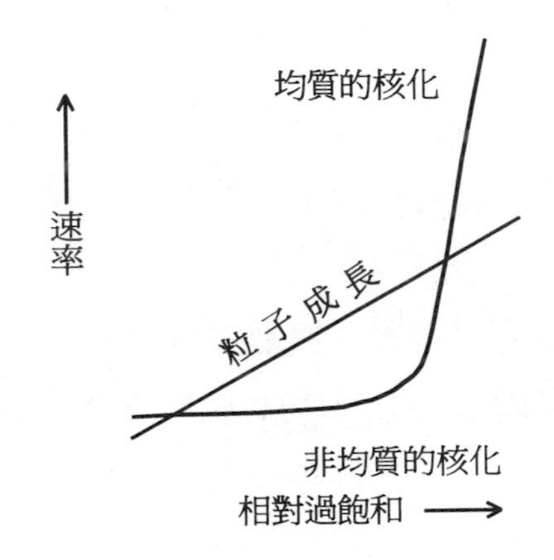

5-1-2　粒徑大小之控制

在化學處理程序中欲達到減少因過飽和度而產生太多晶體懸浮量之目的，其方法包括提高溫度以增加沈澱的平衡溶解度（(5-8) 式的 S），稀釋溶液（以減少Q），及緩慢加入沈澱劑並充分攪拌以避免產生局部之過飽和度。

控制 pH 也會得到較大之粒子，如重金屬離子加鹼以氫氧化物固體物之形態去除時，可分段加鹼逐漸調整 pH，首先調整溶液爲微鹼，氫氧化物在此環境中適度可溶，可避免太高之過飽和度，亦即形成適量之核心，然後再逐漸加鹼至最低溶解度之 pH 爲止，如此粒子成長機構可超過核心形成，而得到容易過濾及沈澱之氫氧化物固體物。

然而，許多沈澱在反應中無法形成晶體懸浮。當沈澱的溶解度很小時，（5–8）式之分子中的 S 相對於 Q 可忽略不計，其通常會形成膠體懸浮。如重金屬之硫化物，因其溶解度很低，容易形成膠體懸浮，需藉由添加**聚電解質** (polyelectrolytes)，使膠體粒子**去穩定化** (destabilization)而凝聚成大粒徑之沈澱物。

5–1–3 沈澱及溶解之速率

由於水處理程序中沈澱與溶解所需之反應平衡時間經常大於處理單元之水力停留時間，故處理程序之動力 (kinetics) 非常重要。固相的沈澱及溶解可分為三個步驟:

⑴溶質經固體表面邊界層之**擴散作用** (diffusion)。

⑵固體表面之**吸附** (adsorption)及**脫附作用** (desorption)。

⑶固體表面分子或離子之移動 (migration)。

當步驟⑴為速率限制步驟時，沈澱及溶解之動力為**擴散作用控制** (diffusion control)，其速率式可表示如下:

$$\frac{dQ}{dt} = K_1(S - Q) \qquad \textbf{(5–9)}$$

上式中，Q 為溶質之濃度，S 為平衡溶解度，K_1 為交換係數。K_1 與固體之表面積及水力狀況有關。當攪拌強度增加時，K_1 變大，使得沈澱及溶解之速率加快。

當步驟⑵或⑶為速率限制步驟時，沈澱及溶解之動力為**表面反應控制** (surface reaction control)，其速率式可表示如下:

$$\frac{dQ}{dt} = -K_2(Q - S)^n \qquad \textbf{(5–10)}$$

上式中，Q 及 S 與 (5–9) 式相同，K_2 為速率常數，n 為反應階次。若固體是由兩種物質形成，(5–10) 式之 Q 可用較少之溶質表示，如碳酸鈣沈澱反應在碳酸根過多時，其速率式如下:

$$\frac{d[Ca^{2+}]}{dt} = -K_2([Ca^{2+}] - [Ca^{2+}]_s)^2 \tag{5-11}$$

若 n 值爲 1 時，表面反應控制速率 (5–10) 式與擴散作用控制速率 (5–9) 式相似，但實驗中改變攪拌強度，則可判斷沈澱及溶解爲擴散作用控制或表面反應控制，因後者之速率不受攪拌強度影響。

5–2 平衡計算

當一可溶化合物 AB 溶解成爲 A 與 B 時，AB 的濃度會影響 A 與 B 的濃度，若 AB 的濃度愈高，則 A 與 B 的濃度即愈高。然而，溶液中若存在 AB 沈澱物時，溶液中 A 與 B 的濃度即與 AB 的沈澱量無關。因此平衡計算僅適用於存在固相沈澱物的情形。若沒有沈澱物時，則利用平衡計算預測溶液之組成並不準確，僅能用來檢測是否達到飽和溶解度。

5–2–1 溶解度積

溶解度積 (solubility product)爲沈澱物溶於水中，於達到平衡反應時系統之平衡常數。

$$A_xB_{y(s)} \rightleftharpoons xA^{y+} + yB^{x-} \tag{5-12}$$

其平衡常數 K_{so} 爲

$$K_{so} = \frac{\{A^{y+}\}^x\{B^{x-}\}^y}{\{A_xB_{y(s)}\}} \tag{5-13}$$

固相**活性度** (activity)可取爲 1。溶解度積 $^cK_{so}$，除了以溶液中物種濃度代替活性度外，其形式與平衡常數完全一樣。因此

$$^{c}K_{so} = [A^{y+}]^x[B^{x-}]^y = \frac{K_{so}}{(\gamma_{A^{y+}})^x(\gamma_{B^{x-}})^y} \quad \textbf{(5–14)}$$

若溶液之**離子強度** (ionic strength)很小，且**活性係數** (activity coefficient) 為 1，則 $^{c}K_{so} = K_{so}$，如果活性係數不為 1，則 $^{c}K_{so} \neq K_{so}$ 且 $^{c}K_{so}$ 為離子強度之函數。表 5–1 為常見固體物之 K_{so} 值。

表 5–1 常見固體物於 25℃時之溶解度積

固　　體	pK_{so}	固　　體	pK_{so}
$Fe(OH)_3$（無定形）	38	$BaSO_4$	10
$FePO_4$	17.9	$Cu(OH)_2$	19.3
$Fe_3(PO_4)_2$	33	$PbCl_2$	4.8
$Fe(OH)_2$	14.5	$Pb(OH)_2$	14.3
FeS	17.3	$PbSO_4$	7.8
Fe_2S_3	88	PbS	27.0
$Al(OH)_3$（無定形）	33	$MgNH_4PO_4$	12.6
$AlPO_4$	21.0	$MgCO_3$	5.0
$CaCO_3$（方解石）	8.34	$Mg(OH)_2$	10.7
$CaCO_3$（文石）	8.22	$Mg(OH)_2$	12.8
$CaMg(CO_3)_2$（白雲石）	16.7	$AgCl$	10.0
CaF_2	10.3	Ag_2CrO_4	11.6
$Ca(OH)_2$	5.3	Ag_2SO_4	4.8
$Ca_3(PO_4)_2$	26.0	$Zn(OH)_2$	17.2
$CaSO_4$	4.59	ZnS	21.5
SiO_2（方解石）	2.7		

【例題 5–1】

已知氯化銀在 25℃時，$K_{so} = 1 \times 10^{-10}$，若忽略離子強度效應，試計算氯化銀在 25℃時水中之飽和溶解度。

【解】

氯化銀溶於水的平衡方程式與溶解度積分別如下:

$$AgCl_{(s)} \rightleftharpoons Ag^+ + Cl^-$$

$$K_{so} = [Ag^+][Cl^-]$$

由方程式可知，每 1 莫耳 AgCl 溶解時，可生成 1 莫耳的 Ag^+ 與 1 莫耳的 Cl^-。亦即 AgCl 的溶解度 $S = [Ag^+] = [Cl^-]$，將其代入溶解度積式後可得

$$1 \times 10^{-10} = S^2$$

因 AgCl 分子量爲 143 g/mole

故　$S = 1 \times 10^{-5}$ mole/L

$\quad = 1.43 \times 10^{-3}$ g/L

【例題 5-2】

在 25℃時，CaF_2 在水中之溶解度積 (K_{so}) 爲 5×10^{-11}。若忽略離子強度效應，試求出 CaF_2 飽和溶液中 Ca^{2+} 之平衡濃度。

【解】

CaF_2 溶於水的平衡方程式與溶解度積分別如下:

$$CaF_{2(s)} \rightleftharpoons Ca^{2+} + 2F^-$$

$$K_{so} = [Ca^{2+}][F^-]^2$$

由方程式可知，每 1 莫耳 CaF_2 溶解時，可生成 1 莫耳的 Ca^{2+} 與 2 莫耳的 F^-。亦即 CaF_2 的溶解度 $S = [Ca^{2+}] = \frac{1}{2}[F^-]$，將其代入溶解度積式後可得

$$5 \times 10^{-11} = (S)(2S)^2$$

$$S = 2.32 \times 10^{-4} \text{ mole/L}$$

$$[Ca^{2+}] = S = 2.32 \times 10^{-4} \text{ mole/L}$$

$$= 9.28 \text{ mg/L}$$

5-2-2　溶解度之溫度效應

溫度不但會影響溶解速率而且也會影響沈澱反應之平衡狀態，一

般而言，溫度提高會增加溶解速率。若溶解爲吸熱反應時，則溫度提高會增加溶解度。反之，若溶解爲放熱反應時，則溫度提高會降低溶解度，如第二章之 (2–45) 式 van't Hoff 方程式。溫度與溶解平衡常數之關係式如下:

$$\frac{d\ln K_{so}}{dT} = \frac{\Delta H^\circ}{RT^2} \tag{5–15}$$

由上式可以看出，對放熱反應而言，溫度若升高，平衡常數會變小，對吸熱反應而言則相反。在一定溫度範圍內，反應熱 (ΔH°) 常爲定值，(5–15) 式可積分爲

$$\ln\frac{K_{so1}}{K_{so2}} = \frac{\Delta H^\circ}{R}\left[\frac{1}{T_2} - \frac{1}{T_1}\right] \tag{5–16}$$

因此，若某溫度下的平衡常數爲已知，則另一溫度下的平衡常數通常可由反應物與生成物的標準焓計算得之反應熱 ΔH° 後再求得。

【例題 5–3】

假設磷酸鐵在 25℃下之溶解平衡常數 (K_{so}) 爲 1.26×10^{-18}，試求 50℃時 $FePO_{4(s)}$ 之 K_{so} 值。

$$FePO_{4(s)} \rightleftharpoons Fe^{3+} + PO_4^{3-}$$

$$\Delta H^\circ = -18.7 \text{ kcal}$$

【解】

令 $K_{so1} = K_{so,50^\circ C}$ 及 $K_{so2} = K_{so,\ 25^\circ C}$

則 $T_1 = 323K$ 及 $T_2 = 298K$

$$\ln\frac{K_{so1}}{1.26 \times 10^{-18}} = \frac{-18.7}{1.987 \times 10^{-3}}\left[\frac{1}{298} - \frac{1}{323}\right]$$

$$K_{so,\ 50^\circ C} = 1.09 \times 10^{-19}$$

故 $FePO_{4(s)}$ 溶解度隨溫度增加而降低。

5-2-3　共同離子效應

溶液中含有與溶解固體相同的離子時，固體溶解度將會降低，此一溶解度的改變稱爲**共同離子效應**（common ion effect）。茲以 (5-17) 式之沈澱物溶解平衡反應加以說明:

$$AB_{(s)} \rightleftharpoons A^+ + B^- \quad \text{(5-17)}$$
（更多A^+或B^-時）

根據 Le Chätelier's 原理，當含有 A^+ 或 B^- 離子之電解質加入溶液中時，將會促使平衡位置向左移（趨向固體形態），而導致沈澱物之溶解度降低。

【例題 5-4】

已知鉻酸銀之溶解度積爲 2.5×10^{-12}，試問溶解度爲何？在 0.01 M 之 Na_2CrO_4 溶液中，試問鉻酸銀之溶解度爲何？

$$Ag_2CrO_{4(s)} \rightleftharpoons 2Ag^+ + CrO_4^{2-}$$

【解】

由方程式可知，每 1 莫耳 Ag_2CrO_4 溶解時，將生成 2 莫耳的 Ag^+ 與 1 莫耳的 CrO_4^{2-}，亦即 Ag_2CrO_4 的溶解度 $S = \frac{1}{2}[Ag^+] = [CrO_4^{2-}]$，將其代入溶解度積，則

$$K_{so} = [Ag^+]^2[CrO_4^{2-}]$$

$$2.5 \times 10^{-12} = (2S)^2S$$

故　Ag_2CrO_4 之溶解度

$$S = 8.5 \times 10^{-5} \text{ mole/L}$$

當加入 0.01 M 之 Na_2CrO_4 時，則

$$[Ag^+] = 2S'$$

$[CrO_4^{2-}] = 0.01 + S'$

假設 $S' \ll 0.01$ M，則 $[CrO_4^{2-}] \doteqdot 0.01$ M，將其代入溶解度積，

則 $2.5 \times 10^{-12} = (2S')^2(0.01)$

$S' = 7.9 \times 10^{-6}$ mole/L

驗算假設: $7.9 \times 10^{-6} \ll 0.01$，可見假設正確。

由此例可見，加入 0.01 M 之 Na_2CrO_4 後，將使 Ag_2CrO_4 之溶解度從 8.5×10^{-5} mole/L 減少為 7.9×10^{-6} mole/L。

5–2–4 非相關電解質效應

在沈澱與溶解反應中，溶液中電解質之存在會使沈澱物之溶解度增加。雖然這些電解質之離子在溶解平衡反應中並不直接參與反應，但卻影響沈澱物之溶解度，此一現象稱為**非相關電解質效應** (indifferent electrolyte effect)。欲瞭解其影響，可由下列各式之討論得知。

$$AB_{(s)} \rightleftharpoons A^+ + B^- \quad \textbf{(5–18)}$$

此反應之平衡常數式為

$$K_{so} = \{A\}\{B\}$$

$$= \gamma_A[A]\gamma_B[B] \quad \textbf{(5–19)}$$

所以 $${}^cK_{so}(\text{at constant ionic medium}) = \frac{K_{so}}{\gamma_A\gamma_B} \quad \textbf{(5–20)}$$

非相關電解質濃度愈高時，溶液之離子強度將愈大，而活性係數則愈小。環境化學中之 γ 值通常小於 1，故 γ 值愈小時，${}^cK_{so}$ 將愈大，亦即固體之溶解度會增加。因此，溶液中非相關電解質濃度增加時，對於解離的離子有屏遮作用，可增加沈澱物之溶解度。

【例題 5–5】

已知在離子強度為 0 時 $AgCl_{(s)}$ 之溶解度為 1×10^{-5} mole/L，試求在離子強度為 0.1 時，$AgCl_{(s)}$ 之溶解度。

【解】

AgCl 之溶解度積 $K_{so} = (1 \times 10^{-5})^2 = 1 \times 10^{-10}$

當離子強度 $(\mu) = 0.1$ 時，活性係數可以 Debye-Hückel 方程式計算

$$\log \gamma_i = \frac{-0.51 Z_i^2 \sqrt{\mu}}{1 + \sqrt{\mu}}$$

由上式可得 $\gamma_{Ag^+} = \gamma_{Cl^-} = 0.75$

$$^{c}K_{so} = \frac{1 \times 10^{-10}}{(0.75)(0.75)} = 1.8 \times 10^{-10} = [Ag^+][Cl^-] = S^2$$

$$S = 1.3 \times 10^5 \text{ mole/L}$$

此一溶解度值比在離子強度爲零時之溶解度值大 30%。

5–2–5　狀態溶解度積

在水處理工程中，許多分析測定所得的是物種總濃度而不是單僅游離離子濃度。因此在工程應用上，經常以物種總濃度計算其溶解度積，並稱爲**狀態溶解度積 (conditional solubility product)**，而非平衡常數。尤須指出者，狀態溶解度積不是常數值，而是隨著溶液狀態而改變。

狀態溶解度積之形式如下：

$$P_s = (C_{TA})(C_{TB}) \qquad \textbf{(5–21)}$$

上式中：P_s = 狀態溶解度積

C_{TA} = 所有游離與錯鹽型態陽離子 A 之總濃度

C_{TB} = 所有游離與錯鹽型態陰離子 B 之總濃度

P_s 值的變化是溶液性質如 pH 值及錯鹽型態物種濃度的函數，其也與溶解度積 (K_{so}) 有關係。若 α_A = 游離金屬離子占 C_{TA} 之百分率，則 $[A^+] = \alpha_A C_{TA}$；α_B = 游離陰離子占 C_{TB} 之百分率。因

$$^{c}K_{so} = [A^{+}][B^{-}] \tag{5-22}$$

或 $$^{c}K_{so} = \alpha_A \alpha_B C_{TA} C_{TB} \tag{5-23}$$

故 $$^{c}K_{so} = \alpha_A \alpha_B P_s \tag{5-24}$$

【例題 5-6】

在 pH9.1 之溶液中含 $C_{TCa} = 10^{-3}$ M, $C_{TCO_3} = 10^{-2}$ M 時，試問 $CaCO_{3(s)}$ 是否會沈澱？已知 pH 9.1 之 P_s 爲 $10^{-6.7}$。

【解】

$$(C_{TCa})(C_{TCO_3}) = 10^{-3} \times 10^{-2} = 10^{-5}$$

由於 $P_s = 10^{-6.7} < 10^{-5}$，故此一溶液爲過飽和狀態，亦即 $CaCO_{3(s)}$ 會沈澱下來。

5-2-6 溶解度之對數濃度圖

圖 5-3 25℃時各金屬碳酸鹽溶解度之對數圖

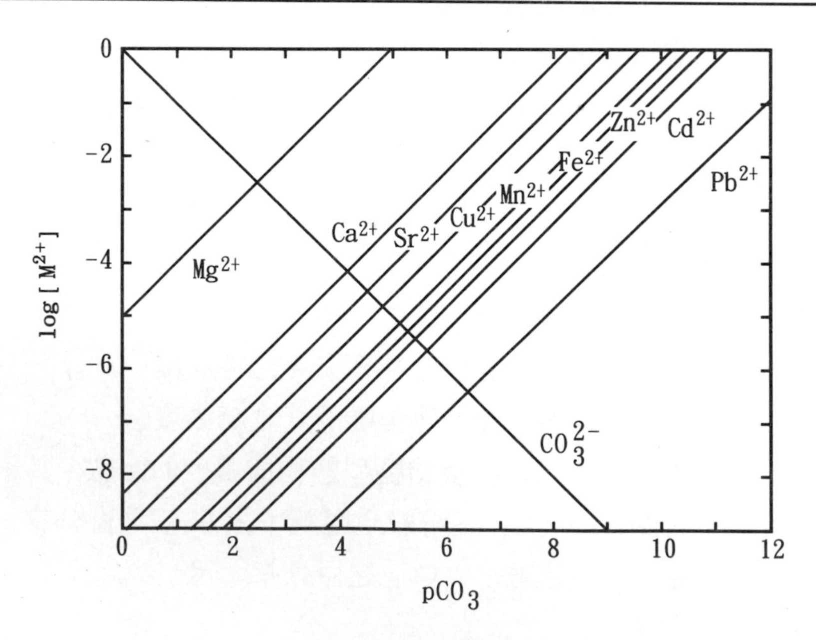

將沈澱平衡表示在**對數濃度圖** (logarithmic diagram)上，則可很容易地求出溶解度。圖 5–3 所示爲由溶解度積導出的碳酸根濃度與各飽和陽離子濃度間的關係。

$$[M^{2+}][CO_3^{-2}] = {}^{c}K_{so} \qquad \textbf{(5–25)}$$

兩邊各取對數值，可得斜率爲 +1 的直線。

$$\log[M^{2+}] = P[CO_3^{2-}] + \log K_{so} \qquad \textbf{(5–26)}$$

在圖 5–3 之陽離子中，Pb^{2+} 爲最難溶，Mg^{2+} 爲最易溶，相當低濃度的碳酸根，即可有效地由溶液中除去大多數二價陽離子。在水處理工程中，亦有藉加入 $NaHCO_3$ 或 Na_2CO_3 沈降劑（即提供 CO_3^{2-}）以去除二價金屬離子。

CO_3^{2-} 與陽離子溶解度積的交點爲該鹽在純水中的溶解度，因

$$[M^{2+}] = [CO_3^{2-}] = \text{溶解度}$$

【例題 5–7】

25℃下，在 10^{-3}M CO_3^{2-} 的水中，試問 Ca^{2+} 之濃度爲何?

【解】

$$pCO_3^{2-} = -\log 10^{-3} = 3$$

由圖 5–3 可知，當 $pCO_3^{2-} = 3$ 時，$\log[Ca^{2+}] = -5.3$，故得

$$[Ca^{2+}] = 10^{-5.3} = 5 \times 10^{-6} \text{ mole/L}$$

若陽、陰離子的電荷不同，則其溶解度將與圖 5–3 所示交點之值稍異。現以 $Ca(OH)_{2(s)}$ 及 $Mg(OH)_{2(s)}$ 爲例說明，兩者之溶解平衡式爲

$$Ca(OH)_{2(s)} \rightleftharpoons Ca^{2+} + 2OH^- \qquad K_{so} = 10^{-5.3}$$

$$Mg(OH)_{2(s)} \rightleftharpoons Mg^{2+} + 2OH^- \qquad K_{so} = 10^{-10.74}$$

假設可忽略活性度效應，亦即活性係數爲 1:

$$-\log[Ca^{2+}] + 2pOH = 5.3 \qquad \textbf{(5–27)}$$

$$-\log[Mg^{2+}] + 2pOH = 10.74 \qquad \textbf{(5–28)}$$

將 (5–27) 式及 (5–28) 式繪成對數濃度圖（圖 5–4）。其溶解度積線的斜率爲 2。

圖 5–4　25℃ 時 $Ca(OH)_2$ 平衡及 $Mg(OH)_2$ 平衡之對數濃度圖

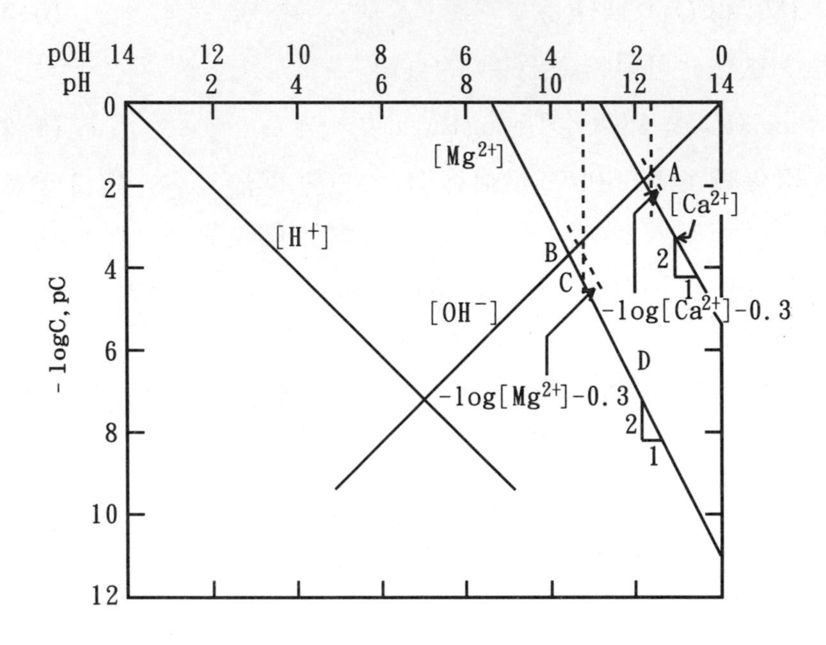

【例題 5–8】

試求蒸餾水中(1) $Ca(OH)_{2(s)}$ 及(2) $Mg(OH)_{2(s)}$ 之溶解度。

【解】

(1) $Ca(OH)_{2(s)}$

由電荷平衡式可得

$$2[Ca^{2+}] + [H^+] = [OH^-]$$

假設　$2[Ca^{2+}] \gg [H^+]$

故　$2[Ca^{2+}] = [OH^-]$

$$0.3 + \log[Ca^{2+}] = \log[OH^-]$$

或　$pOH = -\log[Ca^{2+}] - 0.3$

繪出與 Ca^{2+} 溶解度積線平行且相距 0.3 單位之線，如圖 5–4 中之虛線，其與 OH^- 線相交於 $pOH = 1.7$ 之 A 點。此可滿足 $2[Ca^{2+}] \gg [H^+]$ 之假設。

當 $pOH = 1.7$ 時，由 Ca^{2+} 之溶解度積線得 $-\log[Ca^{2+}] = 2$，因溶解度 $S = [Ca^{2+}]$，故

$$S = 10^{-2} \text{ mole/L}$$

(2)$Mg(OH)_{2(s)}$

同上一小題之解法，在 B 點處，$pOH = 3.5$。由 Mg^{2+} 之溶解度積線得

$$-\log[Mg^{2+}] = 3.8$$

故 $$S = 10^{-3.8} \text{ mole/L}$$

5–3 溶解度

根據 Le Chätelier's 原理，在 (5–12) 式之溶液中任何可與離子物種 A 或 B 反應且減少其濃度之物種，均會增加 A_xB_y 之溶解度。換言之，由 A_xB_y 溶解產生之 A 或 B 離子，因一部分會與其他物種結合，故爲維持一定值之溶解度積（即 $[A^{y+}]^x[B^{x-}]^y$），將會有更多 A_xB_y 溶解出來。

5–3–1 弱酸鹽及弱鹼鹽之溶解度

如果鹽類的陽離子爲弱酸（如 NH_4^+），當 pH 提高時，將會增加鹽類之溶解度。如果鹽類的陰離子爲弱鹼（如 CN^- 或 CO_3^{2-}），當 pH 提高時，將會降低鹽類之溶解度。

例題 5–9 爲氫離子濃度爲已知且固定時溶解度之計算例。

【例題5-9】

試決定密閉系統中 AgCN 溶解度之 pH 函數。

【解】

系統之化學方程式爲

$$AgCN_{(s)} \rightleftharpoons Ag^{+} + CN^{-} \qquad pK_{so} = 13.8$$

$$CN^{-} + H^{+} \rightleftharpoons HCN \qquad pK_{a} = 9.15$$

系統有五個未知項，分別爲 S，$[Ag^{+}]$，$[CN^{-}]$，$[HCN^{-}]$，$[OH^{-}]$，故需有 5 個獨立方程式才能求解（視 $[H^{+}]$ 爲已知）。

(1) $$\frac{[H^{+}][CN^{-}]}{[HCN]} = K_{a}$$

(2) $$[Ag^{+}][CN^{-}] = K_{so}$$

(3) $$S = [Ag^{+}] = C_{T,Ag}$$

(4) $$S = [HCN] + [CN^{-}] = C_{T,CN}$$

(5) $$K_{w} = [H^{+}][OH^{-}]$$

由(4)及(1)得

$$S = [HCN] + [CN^{-}] = \frac{[H^{+}][CN^{-}]}{K_{a}} + [CN^{-}]$$

$$= \frac{[CN^{-}]([H^{+}] + K_{a})}{K_{a}}$$

或 $$S = \frac{[CN^{-}]}{\alpha_{1}}$$

故(6) $$[CN^{-}] = S\alpha_{1}$$

再由(2)及(3)得

$$K_{so} = [Ag^{+}][CN^{-}]$$

$$[CN^{-}] = \frac{K_{so}}{[Ag^{+}]} = \frac{K_{so}}{S}$$

將(6)代入 $[CN^-]$，可得

$$S\alpha_1 = \frac{K_{so}}{S}$$

所以
$$S = \left(\frac{K_{so}}{\alpha_1}\right)^{\frac{1}{2}} = \left[\frac{K_{so}([H^+] + K_a)}{K_a}\right]^{\frac{1}{2}}$$

上式即爲 AgCN 溶解度的 pH 函數，當 $[H^+]$ 增加時， S 亦隨之增加，亦即當 pH 值下降時，含陰離子爲弱鹼之鹽類溶解度亦隨之增加。

例題 5–10 爲氫離子濃度爲未知項時溶解度之計算例。

【例題5–10】

試求密閉系統中 $AgCN_{(s)}$ 於蒸餾水之溶解度。

【解】

系統有六個未知項，分別爲 S，$[Ag^+]$，$[CN^-]$，$[HCN^-]$，$[H^+]$，$[OH^-]$，故需有 6 個獨立方程式才能求解。

(1) $$\frac{[H^+][CN^-]}{[HCN]} = K_a = 10^{-9.15}$$

(2) $$[Ag^+][CN^-] = K_{so} = 10^{-13.8}$$

(3) $$S = [Ag^+] = C_{T,Ag}$$

(4) $$S = [HCN] + [CN^-] = C_{T,CN}$$

(5) $$[H^+] + [Ag^+] = [CN^-] + [OH^-]$$

(6) $$K_w = [H^+][OH^-] = 10^{-14}$$

由(1)及(4)得

$$\alpha_1 = \frac{K_a}{[H^+] + K_a}$$

(7) $$[CN^-] = \alpha_1 S$$

將(3)及(7)代入(2)，可得

$$K_{so} = (S)(\alpha_1 S) = \alpha_1 S^2$$

(8) $$S = \left(\frac{K_{so}}{\alpha_1}\right)^{\frac{1}{2}}$$

由(6)式得

(9) $$[OH^-] = \frac{K_W}{[H^+]}$$

將(7)(8)(9)代入(5)，可得

$$[H^+] + \left(\frac{K_{so}}{\alpha_1}\right)^{\frac{1}{2}} - \alpha_1\left(\frac{K_{so}}{\alpha_1}\right)^{\frac{1}{2}} - \frac{K_W}{[H^+]} = 0$$

上式以試誤法求得 $[H^+] = 10^{-7.78}$

所以溶解度 $S = \left(\frac{K_{so}}{\alpha_1}\right)^{\frac{1}{2}} = 6.1 \times 10^{-7}$ mole/L

5–3–2 水解作用對溶解度之效應

在水溶液中，若鹽類溶解產生之金屬離子與水分子發生水解反應，此反應可使微溶鹽類之溶解度有明顯增加，故在溶解度計算時應予考慮。以 $Fe(OH)_{3(s)} - H_2O$ 系統說明水解反應產生氫氧基錯鹽對溶解度的影響。這些反應式如下:

(1) $Fe(OH)_{3(s)} \rightleftharpoons Fe(OH)^{2+} + 2OH^-$　　$\log K_{s1} = -26.16$

(2) $Fe(OH)_{3(s)} \rightleftharpoons Fe(OH)_2^+ + OH^-$　　$\log K_{s2} = -16.75$

(3) $Fe(OH)_{3(s)} + OH^- \rightleftharpoons Fe(OH)_4^-$　　$\log K_{s4} = -5$

(4) $2Fe(OH)_{3(s)} \rightleftharpoons Fe_2(OH)_2^{4+} + 4OH^-$　　$\log K = -50.8$

(5) $Fe(OH)_{3(s)} \rightleftharpoons Fe^{3+} + 3OH^-$　　$\log K_{so} = -38$

由反應式(1)得

$$[Fe(OH)^{2+}][OH^-]^2 = K_{s1}$$

取對數得

$$\log[Fe(OH)^{2+}] + 2\log[OH^-] = \log K_{s1} = -26.16$$

或

圖 5-5 25℃時 $Fe(OH)_{3(s)}$ 溶解平衡之水解物種對數濃度圖

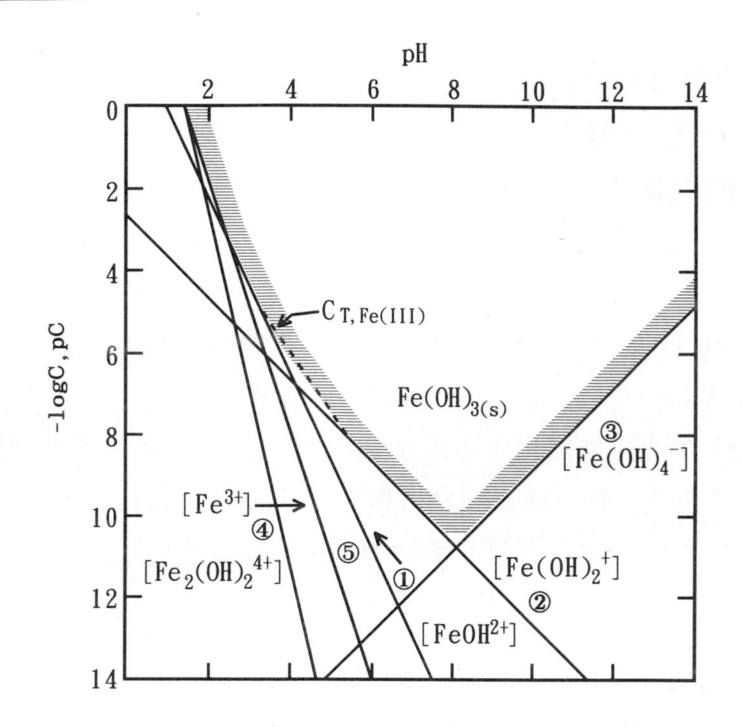

$$\log[Fe(OH)^{2+}] = 2pOH - 26.16$$

因 $pH + pOH = 14$

故 $\log[Fe(OH)^{2+}] = 1.84 - 2pH$（圖 5-5 之線①）

同理，由反應式(2)，得

$\log[Fe(OH)_2^+] = -2.74 - pH$（圖 5-5 之線②）

由反應式(3)，得

$\log[Fe(OH)_4^-] = pH - 19$（圖 5-5 之線③）

由反應式(4)，得

$\log[Fe_2(OH)_2^{4+}] = 5.2 - 4pH$（圖 5-5 之線④）

由反應式(5)，得

$$\log[Fe^{3+}] = 4 - 3pH$$（圖 5–5 之線⑤）

圖 5–5 中顯示某一特定 pH 值時有最大濃度之溶解物種，其濃度幾乎爲鹽類之溶解度。圖中亦顯示金屬氫氧化物之**兩性** (amphoteric)特性，在酸性及鹼性情況下，$Fe(OH)_{3(s)}$ 會增加其溶解度；在 pH 大於 9 時，主要物種爲 $Fe(OH)_4^-$；在 pH 5～7 間，主要物種爲 $Fe(OH)_2^+$；只有在 pH 低於 2.5 時，鐵離子 Fe^{3+} 才控制 $Fe(OH)_{3(s)}$ 溶解度。因此，在典型自然水之 pH 範圍 (7.0～8.5)，$Fe(OH)_{3(s)}$ 存在時，Fe^{3+} 只占鐵類物種的少量而已。

化學沈降法常被用來去除工業廢水中之重金屬，其方法爲廢水中加入石灰或苛性鈉，使達到最小重金屬溶解度之 pH 值，以利產生氫氧化物固體物的沈澱。大部分重金屬在 pH 8.0～11.0 之範圍內，其溶解度最小。

【例題5–11】

廢水之溶解銅（II）濃度爲 100mg/L，pH 爲 6，鹼度爲 200mg/L as $CaCO_3$；假設鹼度只由碳酸系統而來，且只有 $Cu(OH)_{2(s)}$ 沈澱，則將 pH 調至最小 $Cu(OH)_{2(s)}$ 溶解度所需之石灰劑量爲何？處理時溫度爲 25°C。

【解】

系統之化學方程式爲

$$Cu(OH)_{2(s)} \rightleftharpoons Cu^{2+} + 2OH^- \qquad \log K_{so} = -19.3$$

$$Cu^{2+} + OH^- \rightleftharpoons Cu(OH)^+ \qquad \log K_1 = 6$$

$$Cu(OH)^+ + OH^- \rightleftharpoons Cu(OH)_2^0 \qquad \log K_2 = 7.18$$

$$Cu(OH)_2^0 + OH^- \rightleftharpoons Cu(OH)_3^- \qquad \log K_3 = 1.24$$

$$Cu(OH)_3^- + OH^- \rightleftharpoons Cu(OH)_4^{2-} \qquad \log K_4 = 0.14$$

總溶解銅濃度 $[Cu]_T$ 爲:

$$[Cu]_T = [Cu^{2+}] + [Cu(OH)^+] + [Cu(OH)_2^0] + [Cu(OH)_3^-] + [Cu(OH)_4^{2-}]$$

將平衡常數式代入

$$[Cu]_T = K_{so}([OH^-]^{-2} + K_1[OH^-]^{-1} + K_1K_2 + K_1K_2K_3[OH^-] + K_1K_2K_3K_4[OH^-]^2)$$

作 $\log[Cu]_T$ 對 pH 圖，由下圖可知 $Cu(OH)_2$ 最小溶解度之 pH 值爲 9.8，最小銅濃度爲 $10^{-6.12}$mole/L。

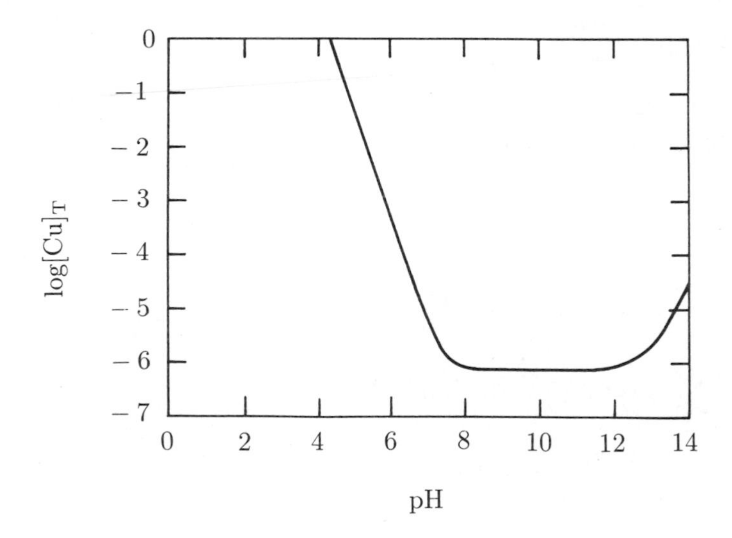

將鹼度 (AlK) 以mole/L 表示:

$$[AlK] = \frac{200 \times 10^{-3}}{100} = 2 \times 10^{-3} \text{mole/L as } CaCO_3$$

因未處理廢水之 pH 爲 6.0，所以碳酸鹼度主要爲 HCO_3^- 鹼度

$$[AlK] \doteqdot \frac{1}{2}[HCO_3^-] = \frac{1}{2}\frac{K_{a1}[H^+]C_T}{[H^+]^2 + K_{a1}[H^+] + K_{a1}K_{a2}}$$

由表 3–5 查得 $K_{a1} = 10^{-6.35}$, $K_{a2} = 10^{-10.33}$

$$2 \times 10^{-3} = \frac{0.5 \times 10^{-6} \times C_T}{(10^{-6})^2 + 10^{-6.35} \times 10^{-6} + 10^{-6.35} \times 10^{-10.33}}$$

所以廢水之總碳酸物種濃度:

$$C_T = 0.013 \text{mole/L}$$

計算到達 pH=9.8 時之鹼度，假設無碳酸鹽沈澱

$$\begin{aligned}[\text{AlK}] &= [CO_3^{2-}] + \frac{1}{2}[HCO_3^-] + \frac{1}{2}[OH^-] - \frac{1}{2}[H^+] \\ &= \alpha_0 C_T + \frac{1}{2}\alpha_1 C_T + \frac{1}{2}[OH^-] - \frac{1}{2}[H^+] \\ &= 7.98 \times 10^{-3} \text{mole/L as } CaCO_3\end{aligned}$$

欲使每分子 $Cu(OH)_2$ 沈澱，將去除兩個OH^- 離子，相當於一分子 $CaCO_3$ 之鹼度，故總石灰劑量等於鹼度增加量及 $Cu(OH)_2$ 去除量

$$\begin{aligned}\text{總石灰劑量} &= \Delta[\text{AlK}] + \Delta[\text{Cu}] \\ &= (7.98 \times 10^{-3} - 2 \times 10^{-3}) + \left(\frac{100 \times 10^{-3}}{63.54} - 10^{-6.12}\right) \\ &= 7.55 \times 10^{-3} \text{mole/L}\end{aligned}$$

若使用 NaOH，則劑量須為石灰之兩倍。

5–3–3 錯合離子形成對溶解度之效應

溶液中若存在會與鹽類中的陽離子或陰離子形成可溶性**錯合離子**(complex)的物種時，則鹽類之溶解度就大大地增加。例如，當有氟離子存在時，縱然氫氧化鋁的溶解度極低，鋁與鹼之沈澱反應仍是不完全。這是因爲鋁會與氟形成極穩定的錯合離子，而減少了溶液中的鋁

離子。其平衡反應式如下:

$$Al(OH)_{3(s)} \rightleftharpoons Al^{3+} + 3OH^-$$

$$Al^{3+} + 6F^- \rightleftharpoons AlF_6^{3-} \quad \textbf{(5–29)}$$

由 (5–29) 式可知，氟離子和氫氧離子彼此會互相競爭鋁離子，當氟離子濃度增加時，將會有更多的 $Al(OH)_{3(s)}$ 溶解，並形成 AlF_6^{3-}。

5–4 競爭性固相平衡

前述各節中所描述的系統只存在一種固相沈澱物。但水處理程序化學中常有兩種或多種沈澱反應可能發生，此種狀況必須應用**離子比方法 (ion-ratio method)**才可預測固體沈澱之次序。就程序控制而言，在某一pH 下，具有最小溶解度之沈澱物種即爲溶解度控制物種。茲以碳酸鋅｜水系統爲例說明如何應用離子比方法決定控制溶解度物種。

此系統之溶解平衡反應式如下:

(1) $ZnCO_{3(s)} \rightleftharpoons Zn^{2+} + CO_3^{2-}$　　$\log K_s = -10.8$

(2) $Zn(OH)_{2(s)} \rightleftharpoons Zn^{2+} + 2OH^-$　　$\log K_{s0} = -16$

(3) $Zn(OH)_{2(s)} \rightleftharpoons Zn(OH)^+ + OH^-$　　$\log K_{s1} = -11.9$

(4) $Zn(OH)_{2(s)} \rightleftharpoons Zn(OH)_{2(aq)}$　　$\log K_{s2} = -5.9$

(5) $Zn(OH)_{2(s)} + OH^- \rightleftharpoons Zn(OH)_3^-$　　$\log K_{s3} = -1.8$

(6) $Zn(OH)_{2(s)} + 2OH^- \rightleftharpoons Zn(OH)_4^{2-}$　　$\log K_{s4} = -0.5$

總溶解鋅濃度爲

$$[Zn]_T = [Zn^{2+}] + [Zn(OH)^+] + [Zn(OH)_{2(aq)}] + [Zn(OH)_3^-] + [Zn(OH)_4^{2-}]$$

以反應式(3)～(6)代入，可得

$$[Zn]_T = [Zn^{2+}] + \frac{K_{s1}}{[OH^-]} + K_{s2} + K_{s3}[OH^-] + K_{s4}[OH^-]^2 \quad \textbf{(5-30)}$$

上式之關鍵為利用反應(1)$\left(\frac{K_s}{[CO_3^{2-}]}\right)$或反應(2)$\left(\frac{K_{so}}{[OH^-]^2}\right)$代入 $[Zn^{2+}]$ 來計算 $[Zn]_T$。為解決此一問題可以利用離子比方法來選擇，此方法為利用 $Zn(OH)_{2(s)}$ 及 $ZnCO_{3(s)}$ 之溶解度積之比值來推導。

$$\frac{[Zn^{2+}][OH^-]^2}{[Zn^{2+}][CO_3^{2-}]} = \frac{K_{so}}{K_s} = \frac{[OH^-]^2}{[CO_3^{2-}]} = R = \frac{10^{-16}}{10^{-10.8}} = 10^{-5.2} \quad \textbf{(5-31)}$$

若液相中 $\frac{[OH^-]^2}{[CO_3^{2-}]}$ 比值大於 $10^{-5.2}$，則固相 $Zn(OH)_2$ 控制 Zn^{2+} 濃度，而需用 $\frac{K_{so}}{[OH^-]^2}$ 代入 (5–30) 式之 $[Zn^{2+}]$ 項。若 $\frac{[OH^-]^2}{[CO_3^{2-}]}$ 比值小於 $10^{-5.2}$，則固相 $ZnCO_3$ 控制 Zn^{2+} 濃度，而需用 $\frac{K_s}{[CO_3^{2-}]}$ 代入 (5–30) 式之 $[Zn^{2+}]$ 項。由此可知，$Zn - CO_3 - H_2O$ 系統之固相邊界乃由兩個不同方程式所描述；離子比方法則可被應用來選擇控制之反應方程式。

圖 5–6 所示為氫氧化鋅及 10^{-3} M 碳酸鋅系統之 $\log[Zn^{2+}]$ 對 pH 圖。圖中顯示 pH 小於 9.4 時，$ZnCO_3$ 具有最低之溶解度，故在 pH 小於 9.4 範圍下 $ZnCO_3$ 控制 Zn^{2+} 濃度。當 pH 在 9.4 以上時，$Zn(OH)_2$ 具有最低之溶解度，故在 pH 大於 9.4 範圍下 $Zn(OH)_2$ 控制 Zn^{2+} 濃度。

由碳酸系統控制 Zn^{2+} 濃度，轉為由氫氧離子系統控制 Zn^{2+} 濃度之 pH 值，可由平衡計算求出。碳酸根濃度為

$$[CO_3^{2-}] = \alpha_2 C_T \quad \textbf{(5-32)}$$

上式中 α_2 為碳酸根分率，C_T 為總碳酸物種濃度。故 (5–31) 式可寫成

$$[OH^-] = [R\alpha_2 C_T]^{\frac{1}{2}}$$

或

$$[H^+] = \frac{K_W}{[R\alpha_2 C_T]^{\frac{1}{2}}} \quad \textbf{(5-33)}$$

圖 5-6　25℃時氫氧化鋅及10^{-3} M 碳酸鋅系統 Zn^{2+} 濃度與pH 關係圖

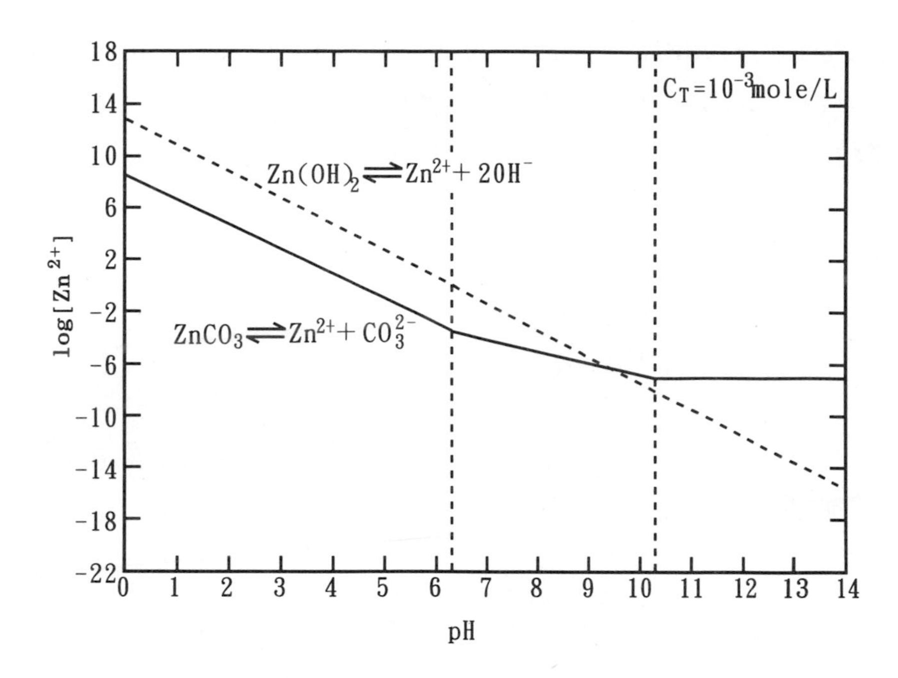

因　　$$\alpha_2 = \frac{K_1K_2}{[H^+]^2 + K_1[H^+] + K_1K_2} \qquad \textbf{(5–34)}$$

(5–34) 式代入 (5–33) 式，可整理爲

$$\frac{[H^+]^2K_1K_2}{[H^+]^2 + K_1[H^+] + K_1K_2} = \frac{K_w^2}{RC_T} \qquad \textbf{(5–35)}$$

令　　$$B = \frac{K_w^2}{RC_T} \qquad \textbf{(5–36)}$$

(5–36) 式代入 (5–35) 式，解方程式得

$$[H^+] = \frac{-BK_1 + [(BK_1)^2 - 4(B - K_1K_2)BK_1K_2]^{\frac{1}{2}}}{2(B - K_1K_2)} \qquad \textbf{(5–37)}$$

【例題5–12】

欲以鋁鹽去除溶液中之磷酸 ($C_{TPO_4} = 10^{-4}$ mole/L)，其 pH 應控制爲何? 已知 $AlPO_4$ 之 $K_{so} = 10^{-21}$，$Al(OH)_3$ 之 $K_{so} = 10^{-33}$；磷酸之 $K_1 = 10^{-2.1}$，$K_2 = 10^{-7.2}$，$K_3 = 10^{-12.3}$。

【解】

由 (5–31) 式離子比爲

$$\frac{[Al^{3+}][OH^-]^3}{[Al^{3+}][PO_4^{3-}]} = \frac{10^{-33}}{10^{-21}} = \frac{[OH^-]^3}{[PO_4^{3-}]} = 10^{-12}$$

$$[PO_4^{3-}] = C_{TPO_4}\alpha_3$$

$$= C_{TPO_4} \cdot \frac{K_1K_2K_3}{[H^+]^3 + K_1[H^+]^2 + K_1K_2[H^+] + K_1K_2K_3}$$

代入離子比

$$\frac{\left(\frac{K_W}{[H^+]}\right)^3}{\frac{C_{TPO_4}K_1K_2K_3}{[H^+]^3 + K_1[H^+]^2 + K_1K_2[H^+] + K_1K_2K_3}} = 10^{-12}$$

以試誤法求解，得

$$[H^+] = 3.5 \times 10^{-7}$$

或

$$pH = 6.45$$

此結果顯示 pH 小於 6.45 時，$AlPO_{4(s)}$ 之溶解度較 $Al(OH)_{3(s)}$ 者爲小，故磷酸鹽系統控制 Al^{3+} 之溶解度。換言之，以化學沈降法去除磷酸鹽時，較適當的操作 pH 值大約是 6，而且必須使用沈澱去除磷酸鹽所需鋁鹽的兩倍，此乃因 $Al(OH)_{3(s)}$ 也會隨著 $AlPO_{4(s)}$ 一起沈澱下來。事實上，$Al(OH)_{3(s)}$ 會有助於去除細小難沈降的 $AlPO_{4(s)}$。

5–5　碳酸鈣溶解度

5–5–1　開放及密閉系統中碳酸鈣溶解度

有關碳酸鈣溶解度平衡計算可分為三種情況加以討論:

⑴**密閉系統** (closed system)純水中 $CaCO_3$ 溶解度（例題 5–12）。

⑵**開放系統** (open system)且 CO_2 分壓為恒壓之純水中 $CaCO_3$ 溶解度（例題 5–13）。

⑶開放系統且 CO_2 分壓為恒壓之純水加入強酸或強鹼後 $CaCO_3$ 溶解度（例題 5–14）。

以下三個計算例分別說明之。

【例題 5–13】（情況 1 ）

$CaCO_{3(s)}$ 與蒸餾水平衡且密封，求 25℃時碳酸鈣之溶解度。

【解】

未知項有 C_{T,CO_3}，S，$[Ca^{2+}]$，$[H_2CO_3^*]$，$[HCO_3^-]$，$[CO_3^{2-}]$，$[H^+]$ 及 $[OH^-]$，故需 8 個方程式來定義此系統。

系統平衡式:

(1)　$$K_w = 10^{-14} = [H^+][OH^-]$$

(2)　$$K_{a1} = 10^{-6.3} = \frac{[H^+][HCO_3^-]}{[H_2CO_3^*]}$$

(3)　$$K_{a2} = 10^{-10.3} = \frac{[H^+][CO_3^{2-}]}{[HCO_3^-]}$$

(4)　$$K_{so} = 10^{-8.3} = [Ca^{2+}][CO_3^{2-}]$$

(5) $$S = [Ca^{2+}]$$

(6) $$S = [H_2CO_3^*] + [HCO_3^-] + [CO_3^{2-}]$$

(7) $$S = C_{T,CO_3}$$

(8) $$2[Ca^{2+}] + [H^+] = [OH^-] + [HCO_3^-] + 2[CO_3^{2-}]$$

碳酸系統物種分率分別爲

$$\alpha_0 = \frac{[H_2CO_3^*]}{C_{T,CO_3}} = \frac{[H^+]^2}{[H^+]^2 + K_1[H^+] + K_1K_2}$$

$$\alpha_1 = \frac{[HCO_3^-]}{C_{T,CO_3}} = \frac{K_1[H^+]}{[H^+]^2 + K_1[H^+] + K_1K_2}$$

$$\alpha_2 = \frac{[CO_3^{2-}]}{C_{T,CO_3}} = \frac{K_1K_2}{[H^+]^2 + K_1[H^+] + K_1K_2}$$

將(1)，(5)式及α 值代入(8)式，得

(9) $$2S + [H^+] = \frac{K_W}{[H^+]} + \alpha_1 C_{T,CO_3} + 2\alpha_2 C_{T,CO_3}$$

由(4)、(5)及(7)式

$$K_{so} = (S)(\alpha_2 S)$$

$$S = \left(\frac{K_{so}}{\alpha_2}\right)^{\frac{1}{2}}$$

由(5)及(7)式

$$[Ca^{2+}] = C_{T,CO_3} = S = \left(\frac{K_{so}}{\alpha_2}\right)^{\frac{1}{2}}$$

代入(9)式，得

$$2\left(\frac{K_{so}}{\alpha_2}\right)^{\frac{1}{2}} + [H^+] = \frac{K_W}{[H^+]} + \alpha_1\left(\frac{K_{so}}{\alpha_2}\right)^{\frac{1}{2}} + 2\alpha_2\left(\frac{K_{so}}{\alpha_2}\right)^{\frac{1}{2}}$$

上式中唯一的未知數爲 $[H^+]$，以試誤法可求得 $[H^+] = 1.12 \times 10^{-10}M$，$pH = 9.95$。碳酸鈣溶解度 $S = 1.27 \times 10^{-4}$ mole/L。

【例題 5–14】（情況 2）

系統開放於大氣，$P_{CO_2} = 10^{-3.5}$ atm，求碳酸鈣於蒸餾水中之溶解度。

【解】

系統平衡式:

(1)～(4)式與例題 5–12 相同，$[H_2CO_3^*]$ 不受 $CaCO_{3(s)}$ 溶解度影響，而是與 P_{CO_2} 成平衡。

(5) $$[H_2CO_3^*] = K_H P_{CO_2} = 10^{-1.5} \times 10^{-3.5} = 10^{-5}M$$

(6) $$S = [Ca^{2+}]$$

(7) $$C_{T,CO_3} = [H_2CO_3^*] + [HCO_3^-] + [CO_3^{2-}]$$

(8) $$2[Ca^{2+}] + [H^+] = [OH^-] + [HCO_3^-] + 2[CO_3^{2-}]$$

解法如例題 5–12 將(8)式中各未知數以 $[H^+]$ 之函數代入。由(5)式，得

$$[H_2CO_3^*] = 10^{-5}M = \alpha_0 C_{T,CO_3}$$

或 $$C_{T,CO_3} = \frac{10^{-5}}{\alpha_0}$$

由(4)式及 α_2，得

$$[Ca^{2+}] = \frac{K_{so}}{[CO_3^{2-}]} = \frac{K_{so}}{\alpha_2 C_{T,CO_3}}$$

或 $$[Ca^{2+}] = \frac{\alpha_0 K_{so}}{\alpha_2 10^{-5}}$$

代入(8)式，得

(9) $$\frac{2\alpha_0 K_{so}}{10^{-5}\alpha_2} + [H^+] = \frac{K_W}{[H^+]} + \alpha_1\left(\frac{10^{-5}}{\alpha_0}\right) + 2\alpha_2\left(\frac{10^{-5}}{\alpha_0}\right)$$

(9)式以試誤法可求得 $[H^+] = 5.0 \times 10^{-9}M$，$pH = 8.3$

由(6)式得 $S = 5 \times 10^{-4}$ mole/L。由本例題計算結果與密閉系統比較可知，大氣中 CO_2 可增加 $CaCO_{3(s)}$ 之溶解度，且溶液 pH 從 9.95 降至 8.3，溶解度由 1.25×10^{-4} M 增至 5×10^{-4} M（幾乎增加了 4 倍）。

【例題 5–15】（情況 3）

除條件與例題 5–13 相同外，並加入強度 10^{-3} mole/L H_2SO_4，求碳酸鈣溶解度。

【解】

系統平衡式:

(1)～(7)式與例題 5–13 相同，另外

(8) $$C_{T,SO_4} = [SO_4^{2-}] = 1 \times 10^{-3}M$$

電荷平衡式爲

(9) $$2[Ca^{2+}] + [H^+] = [OH^-] + [HCO_3^-] + 2[CO_3^{2-}] + 2[SO_4^{2-}]$$

與例題 5–13 方法相同，代入(9)式，得

$$\frac{2\alpha_0 K_{so}}{10^{-5}\alpha_2} + [H^+] = \frac{K_W}{[H^+]} + \frac{10^{-5}\alpha_1}{\alpha_0} + \frac{2 \times 10^{-5}\alpha_2}{\alpha_0} + 2 \times 10^{-5}$$

以試誤法求得，$[H^+] = 10^{-8}M$。

由(6)式得 $S = 2.5 \times 10^{-3}$ mole/L。

5–5–2 藍氏飽和指標

藍氏飽和指標 (Langelier saturation index, Li) 可作爲處理水穩定度之衡量。在給水工程中，穩定水乃指不溶解也不沈積碳酸鈣之水質而言，水質穩定之目的，乃在避免配水管積垢及提供碳酸鈣薄膜以避免腐蝕並達保護管線之目的。

LI 定義爲水質實測 pH 值與 $CaCO_{3(s)}$ 達溶解平衡之 pH 值二者的差。

$$LI = pH - pH_s \qquad \textbf{(5–38)}$$

上式中 pH = 水質實測pH 值

pH_s = 依水質與 $CaCO_{3(s)}$ 達平衡時計算所得之飽和 pH 值。

如果 LI = 0，即指水質與 $CaCO_{3(s)}$ 剛好飽和；如 LI 爲正值，即指水中

之 $CaCO_{3(s)}$ 為過飽和，有沈澱 $CaCO_{3(s)}$ 之傾向；如 LI 為負值，則指水中之 $CaCO_{3(s)}$ 為未飽和，有溶解 $CaCO_{3(s)}$ 之傾向。

pH_s 值可由下列平衡反應式導出計算式求得：

$$CaCO_{3(s)} + H^+ \rightleftharpoons Ca^{2+} + HCO_3^-；K = \frac{K_{so}}{K_{a2}}$$

$$\frac{K_{so}}{K_{a2}} = \frac{\{Ca^{2+}\}\{HCO_3^-\}}{\{H^+\}} = \frac{\gamma_{Ca^{2+}}[Ca^{2+}]\gamma_{HCO_3^-}[HCO_3^-]}{[H^+]}$$

取對數得

$$pH_s = pK_{a2} - pK_{so} + p[Ca^{2+}] + p[HCO_3^-] - \log\gamma_{Ca^{2+}} - \log\gamma_{HCO_3^-} \quad \textbf{(5–39)}$$

【例題5–16】

試依下列水質計算其 Langelier 指標。又問此水為趨於溶解或沈澱 $CaCO_{3(s)}$?

$[Ca^{2+}] = 240$ mg/L as $CaCO_3$

$[AlK] = 190$ mg/L as $CaCO_3$

pH = 6.83

溫度 =25℃

TDS = 500 mg/L

【解】

由 (2–52) 式計算離子強度

$$I = 2.5 \times 10^{-5}\ TDS$$
$$= 2.5 \times 10^{-5} \times 500 = 0.0125\ M$$

由 (2–56) 式 Güntelberg 近似值計算活性係數

$$\log\gamma_{Ca^{2+}} = -0.509 \times 2^2 \left[\frac{(0.0125)^{\frac{1}{2}}}{1 + (0.0125)^{\frac{1}{2}}}\right] = -0.205$$

$$\log \gamma_{HCO_3^-} = -0.509\left[\frac{(0.0125)^{\frac{1}{2}}}{1+(0.0125)^{\frac{1}{2}}}\right] = -0.051$$

轉換 $[Ca^{2+}]$ 濃度，

$$[Ca^{2+}] = \frac{240 \times 10^{-3}}{50} \times \frac{1}{2} = 2.4 \times 10^{-3}\ M$$

轉換 $[HCO_3^-]$ 濃度，因 pH 小於 8.3，所以幾乎所有鹼度物種都爲 HCO_3^- 物種。

$$[HCO_3^-] = \frac{190 \times 10^{-3}}{50} \times \frac{1}{1} = 3.8 \times 10^{-3}\ M$$

由 (5–39) 式，得

$$\begin{aligned} pH_s &= p(10^{-10.3}) - p(10^{-8.3}) + p(2.4 \times 10^{-3}) + p(3.8 \times 10^{-3}) \\ &\quad -(-0.205) - (-0.051) \\ &= 7.30 \end{aligned}$$

由 (5–38) 式決定LI 值

$$LI = 6.83 - 7.30 = -0.47$$

由藍氏飽和指標爲負值可知，此水中之 $CaCO_{3(s)}$ 爲未飽和，有溶解 $CaCO_{3(s)}$ 之趨勢。

5–6 磷酸鹽化學

5–6–1 磷酸根平衡

磷以各種型式的磷酸鹽存在於自然水體中，來自礦物的磷酸鹽主要有 PO_4^{3-}、 HPO_4^{2-}、$H_2PO_4^-$、 $CaH_2PO_4^+$ 及 $Ca_{10}(OH)_2(PO_4)_6$。無機複磷酸鹽由動植物經酶作用而合成，它們也可由正磷酸鹽經脫水及聚合反應生成且常被應用於清潔劑及化學工業。在水體中常被發現的無機性複磷酸鹽包括: $P_2O_7^{4-}$、$CaP_2O_7^{2-}$、$P_3O_{10}^{5-}$、$CaP_3O_{10}^{3-}$、$P_3O_9^{3-}$ 及 $CaP_3O_9^{3-}$。有機磷化合物爲生物生長過程之產物，且存在很多種型式。因爲自然水體中存在很多型式之磷酸物種，通常很難去估算出各物種之平衡濃度。

正磷酸鹽爲三質子酸，其解離常數爲 $pK_{a1} = 2.17$，$pK_{a2} = 7.31$，和 $pK_{a3} = 12.36$。在 pH 值 2.5～7.5 之間即會有二個 H^+ 會解離出來，但第三個 H^+ 則須在鹼性很強的溶液中才能解離出來。直鏈複磷酸被酸鹼滴定時，其滴定曲線在 pH 爲 4.5 及 9.5 附近都會有反曲點，如 $H_5P_3O_{10}$，其最初兩個 pK_a 值很小（強酸），$pK_{a3} = 2.3$，$pK_{a4} = 6.5$ 及 $pK_{a5} = 9.24$。直鏈上每個磷酸根都有一個容易解離的 H^+，末端磷原子聯結兩個 OH 根，其中一個 OH 根容易解離 H^+，另一個則不易解離 H^+。由以上說明可知，$H_5P_3O_{10}$ 在pH 爲 4.5 以下時可解離三個 H^+，而至 pH 9.5 時另二個 H^+ 才可解離。此外，滴定直鏈複磷酸鹽至 pH 值 4.5 亦可獲知其分子含多少個磷原子，而由 pH 值 4.5 滴定至 9.5 則可知末端磷原子數。環狀複磷酸鹽由於沒有末端磷原子之結構，故在滴定曲線上沒有兩個明顯的反曲點。

所有的複磷酸鹽在水中都可水解成簡單的產物，其水解速率受許多因子的影響，如 pH、溫度、酶及最終產物等因子。最簡單的複磷酸鹽水解反應爲:

$$H_4P_2O_7 + H_2O \rightleftharpoons 2H_3PO_4 \tag{5–40}$$

一般而言，藻類及微生物可催化複磷酸鹽之水解反應，即使在沒有生物作用下亦會有相當程度的水解反應。

通常直鏈複磷酸鹽很容易與金屬離子結合成錯合離子；環狀複磷酸鹽形成的錯合離子則較直鏈者爲弱，其原因爲結構上差異所致，如直鏈複磷酸鹽在 pH 4.5 以上時（解離所有的 H^+，末端磷原子除外）會與金屬離子結合成穩定的錯合離子。因此，直鏈複磷酸鹽加入鍋爐水後會形成Ca^{2+} 及 Mg^{2+} 錯合離子，可防止$CaCO_{3(s)}$ 沈澱並避免鍋爐結垢。

5-6-2 磷之去除

高級處理常須去除磷，以降低承受水體之藻類生長。一般而言，藻類在磷酸鹽 (PO_4^{3-}) 濃度低至 0.05 mg/L 仍會生長。因家庭污水含有約 25 mg/L 之PO_4^{3-}，故需有很高之磷去除效率才可避免藻類生長。其處理方法包括：**1.化學沈降法**；**2.活性污泥法**；**3.二級生物處理後之除磷**。

1.化學沈降法

家庭污水在流進初沈池之前加入石灰做爲沈降劑，不僅可有效除磷（(5–41) 式），亦可增加 BOD 及 SS 在初沈池之去除率。

$$5Ca^{2+} + 3HPO_4^{2-} + H_2O \rightleftharpoons Ca_5OH(PO_4)_{3(s)} + 4H^+ \qquad \textbf{(5–41)}$$

經初沈池後，污染物之去除率爲磷酸鹽 90%，BOD_5 60% 及 SS 90%以上。通常加入足夠的石灰，使初沈池出流水 pH 值達 9.5～10，在此一鹼性 pH 下之水流入活性污泥處理單元時，因曝氣槽中有機物經生物分解所產生之 CO_2 可將水之 pH 中和至中性偏鹼，故不致影響活性污泥處理單元之功能。

其他化學沈降法常用之藥劑及沈澱物如表 5–2 所示。

表 5–2 除磷之沈降劑及產物

沈　降　劑	產　　物
$Ca(OH)_2$	$Ca_5OH(PO_4)_3(s)$
$Ca(OH)_2 + NaF$	$Ca_5F(PO_4)_3(s)$
$Al_2(SO_4)_3$	$AlPO_4(s)$
$FeCl_3$	$FePO_4(s)$
$MgSO_4$	$MgNH_4PO_4(s)$

2.活性污泥法

傳統活性污泥法對磷之去除約爲20%，但若改變操作條件，提高曝氣槽溶氧及pH，則可增加磷去除率至60～90%，大約爲傳統活性污泥法之三至四倍。傳統的曝氣槽操作爲考慮傳氧效率及動力成本等因素，操作曝氣量只達到最低溶氧濃度要求，以致生物作用分解生成之CO_2不易吹除，CO_2濃度太高，pH下降，磷酸鹽物種主要爲$H_2PO_4^-$。因此，提高曝氣量，可使水中硬度離子以(5–41)式生成沈澱物，並和生物膠羽**共沈降** (coprecipitation)去除。

3.二級生物處理後之除磷

當石灰添加作爲三級處理時，首先將石灰加入二級沈澱池之出流水，再調整pH至適當值，然後經沈澱或過濾處理。磷酸鹽也可藉吸附去除，尤其是使用**活性礬土** (activated alumina)，作爲吸附劑時，可去除正磷酸鹽達99.9%以上。

參考資料

1. BeneField, L.D., Judkins, Jr. J. F. and Weand, B. L., *Process Chemistry for Water and Wastewater Treatment,* Prentice-Hall, New Jersey, 1982.
2. Morel, F. M. M., *Principles of Aquatic Chemistry,* Wiley-Interscience, New York, 1983.
3. Sawyer, C. N. and McCarty, P. L., *Chemistry for Environmental Engineering,* 3rd ed., Mcgraw-Hill, Inc., New York, 1978.
4. Snoeyink, V. L. and Jenkins, D., *Water Chemistry,* John Wiley and Sons, Inc., New York, 1980.
5. Stumm, W. and Morgan, J. J., *Aquatic Chemistry,* 2nd ed., Wiley-Interscience, New York, 1981.

習　題

1. 化學混凝處理高濁度原水只須加入較少量的混凝劑即可達成混凝的目的；相反的，濁度很低的原水卻較難達成混凝，試說明其原因?
2. 為何水處理工程之化學沈澱處理程序需設置快混操作單元?
3. 試求鉻酸銀在25℃水中的飽和溶解度。
   $Ag_2CrO_{4(s)}$ 之 $K_{so} = 1.1 \times 10^{-12}$。
4. 對下列物質，試寫出其溶解度積式。
   (a) AgI；(b) $CaSO_4$；(c) $Ca(OH)_2$；(d) LaF_3；(e) $La_2(SO_4)_3$。
5. 試求 $PbSO_{4(s)}$ 在含 10^{-3} M H_2SO_4 溶液中之溶解度。$PbSO_{4(s)}$ 之 $K_{so} = 1.3 \times 10^{-8}$。
6. 溶液中含有 0.02 M 之 Zn^{2+} 及 Cu^{2+}，若此溶液加入 0.1 M 之 Na_2S 後再加入 HCl 使 pH = 1，試問 Zn^{2+} 及 Cu^{2+} 是否可被分離出來? H_2S 之 $K_{a1} = 1 \times 10^{-7}$，$K_{a2} = 1.3 \times 10^{-15}$；$ZnS_{(s)}$ 之 $K_{so} = 1.2 \times 10^{-18}$；$CuS_{(s)}$ 之 $K_{so} = 8 \times 10^{-37}$。
7. 溶液中 Fe^{3+} 及 Mg^{2+} 濃度都為0.1 M，試問利用氫氧化物之溶解度差異是否可分離出 Fe^{3+} 及 Mg^{2+}? 如其分離是可行，試問 pH 應控制在什麼範圍內? $Fe(OH)_{3(s)}$ 之 $K_{so} = 4 \times 10^{-38}$；$Mg(OH)_{2(s)}$ 之 $K_{so} = 1.8 \times 10^{-12}$。
8. 當 100 mL 的 0.1 M $MgCl_2$ 溶液與下列溶液混合時，試分別計算 Mg^{2+} 的濃度。$Mg(OH)_{2(s)}$ 之 $K_{so} = 2 \times 10^{-11}$。
   (a)將足量的水加入上述溶液使成為 300 mL。

(b) 200 mL 的 0.05 M KOH。

(c) 200 mL 的 0.05 M $Ba(OH)_2$。

9. 在離子強度 (μ) 爲0 時， PbS 之 $K_{so} = 1 \times 10^{-27}$，試問飽和溶解度爲何？又在離子強度爲 0.1 時，試問 PbS 之飽和溶解度爲何？

10. 當離子強度 (I) $= 10^{-2}$， pH $= 8.5$，溫度 $= 25$℃時，若唯一可溶性鈣物種是 Ca^{2+}，試計算 $CaCO_3$ 的狀態溶解度積。$CaCO_3$ 之 $K_{so} = 4.6 \times 10^{-9}$。

11. 25℃水溶液中含 $C_{T,CO_3} = 10^{-4}$ M及 $Fe^{2+} = 4 \times 10^{-4}$，試問pH 增加到多少時 $FeCO_{3(s)}$ 才開始沈澱？ pH 爲多少時 $Fe(OH)_{2(s)}$ 才開始沈澱？ $FeCO_{3(s)}$ 之 $K_{so} = 2 \times 10^{-11}$； $Fe(OH)_{2(s)}$ 之 $K_{so} = 1.8 \times 10^{-15}$。

12. 試繪出$Fe(OH)_2 - H_2O$ 系統之溶解物種對數濃度對 pH 圖，並由圖中找出 $Fe(OH)_{2(s)}$ 之最小溶解度及其對應之 pH 值。

13. 試繪一對數濃度圖，表示pH 與 $[Ca^{2+}]$ 對 $CaCO_3$ 的關係。假設溶液中之 $C_{T,CO_3} = 0.1$ M。

14. 溶液中$[Ca^{2+}] = 10^{-3}$ M， $C_{T,CO_3} = 10^{-2}$ M，欲將 $[Ca^{2+}]$ 降到 2×10^{-4} M 時，試問所需的最小 pH 爲何？又其 C_{T,CO_3} 將降爲何值？

15. 試求 25℃ Ag_2CrO_4 在水中的溶解度；又其平衡溶液中之 H_2CrO_4、$HCrO_4^-$ 及 CrO_4^{2-} 之濃度分別爲何？

16. 試依下列原水之水質資料計算出 Langelier 指數。

    pH $= 7.5$

    鹼度 $= 150$ mg/L as $CaCO_3$

    Ca $= 300$ mg/L as $CaCO_3$

    TDS $= 500$ mg/L

    溫度 $= 25$℃

    又此原水對 $CaCO_{3(s)}$ 爲過飽和或未飽和？

17. 廢水中含正磷酸根 (PO_4^{3-}) 濃度爲 30 mg/L，在加入 50 mg/L 之 CaO 後，試估算廢水處理後所殘存之 PO_4^{3-} 濃度。以下式平衡式

計算

$$Ca_5(PO_4)_3(OH)_{(s)} \rightleftharpoons 5Ca^{2+} + 3PO_4^{3-} + OH^- \quad K_{so} = 2.5 \times 10^{-56}$$

第六章　氧化還原及其應用

在現實生活世界裡有許多氧化還原反應（或作用）不斷在發生，例如: 光合作用、呼吸作用、燃燒、爆炸、鐵材的生銹腐蝕、各式電池反應……等不勝枚舉。在水體自淨作用及水處理程序裡所發生的許多反應，氧化還原反應亦扮演著重要角色，例如含有碳、氮、硫、鐵及錳之化合物，在水體中之氧化還原反應及水處理程序中加氯或臭氧處理、廢水生物處理程序中有機物之代謝分解……等。此外，水及廢水分析試驗，也常應用氧化還原反應原理，例如: 生化需氧量 (BOD) 及化學需氧量 (COD) 試驗與溶氧 (DO) 分析……等。

因氧化還原反應極爲複雜，且有些反應在自然環境中反應速率極慢，可能要數年乃至數世紀之久才能達到平衡。因此，本章主要以熱力學討論氧化還原反應之平衡狀態，對此種平衡狀態的瞭解，將有助於預測在某一環境下，可能發生的反應，以便設法控制。

6-1　化學計算式及平衡

一個氧化還原反應係由兩個部分反應或**半反應**（half reaction）組合而成，一爲**氧化反應**（oxidation），另一爲**還原反應**（reduction）。

氧化反應係失去電子的半反應，反應物經氧化反應後之**氧化數**（oxidation number）會增加；還原反應則爲得到電子之半反應，反應後物質之氧化數會減少。

氧化數代表物質之**氧化狀態**（oxidation state），亦決定了該物質之化學性質，反應中氧化數之變化相當於反應中電子之轉移數，而反應中電子必須維持平衡，因此氧化反應與還原反應必須成對發生，且氧化反應失去之電子數與還原反應得到之電子數相等，或氧化反應增加之氧化數與還原反應減少之氧化數相等。利用此觀念可以平衡氧化還原反應方程式，平衡方法可以氧化數法或半反應法來進行，分述如下:

1.**氧化數法**（oxidation number method）

主要可分成三個步驟:

⑴**氧化數平衡** — 確定氧化與還原之物質（即氧化數增加與減少者），並平衡其氧化數變化量，即氧化數增加量應等於氧化數減少量。

⑵**電荷平衡** — 利用 H^+ （酸性溶液中之反應）與 OH^- （鹼性溶液中之反應）來平衡反應之電荷，並視需要加上 H_2O （通常在加 H^+ 或 OH^- 之另一邊）。

⑶**原子平衡** — 最後保持原子不滅。

氧化數平衡方程式以下例來說明。

【例題6-1】

試寫出並平衡 Fe^{2+} 與 MnO_4^- 在酸性溶液中反應之方程式。

【解】

在酸性溶液中，Fe^{2+} 被 MnO_4^- 氧化成 Fe^{3+}，MnO_4^- 則還原成 Mn^{2+}，故可寫出

$$Fe^{2+} + MnO_4^- \longrightarrow Fe^{3+} + Mn^{2+} \tag{A}$$

平衡方程式

(1)氧化數平衡

氧化數增加: Fe $+2 \longrightarrow +3$　　（增加 1）

氧化數減少: Mn $+7 \longrightarrow +2$　　（減少 5）

為平衡氧化數 Fe 需乘以 5 倍，得

$$5Fe^{2+} + MnO_4^- \longrightarrow 5Fe^{3+} + Mn^{2+} \qquad (B)$$

(2)電荷平衡

酸性溶液中反應，用 H^+ 與 H_2O 來平衡電荷，在 (B) 式中，左邊電荷數為 +9，右邊電荷數為 +17，故 H^+ 應加在左邊，且需加 8 個 H^+，才能維持電荷平衡，H_2O 則加在另一邊（右邊），成為

$$5Fe^{2+} + MnO_4^- + 8H^+ \longrightarrow 5Fe^{3+} + Mn^{2+} + H_2O \qquad (C)$$

(3)原子平衡

最後將原子平衡，即可得

$$5Fe^{2+} + MnO_4^- + 8H^+ \longrightarrow 5Fe^{3+} + Mn^{2+} + 4H_2O \qquad (D)$$

註: 上例中有關氧化數之計算，其原則如下:

①元素態之任何物質的氧化數為零。

②單原子離子之氧化數等於其所帶之電荷。

③非金屬化合物中 H 之氧化數為+1，金屬氫化物中 H 之氧化數為−1。

④一般化合物中 O 之氧化數為 −2，過氧化物中 (–O–O–)O 之氧化數為 −1，OF_2 中 O 之氧化數為 +2。

⑤鹼金屬（IA 族）之氧化數為 +1，鹼土族（IIA 族）之氧化數為 +2。

⑥中性化合物之分子式內氧化數總和為零，在離子中則所有原子之氧化數總和等於該離子所帶之電荷。

再舉一例說明。

【例題6-2】

試寫出在化學需氧量 (COD) 測定中，最後以硫酸銨亞鐵 (FAS) 滴定過剩重鉻酸鉀 ($K_2Cr_2O_7$) 之平衡式。

【解】

該反應係在酸性溶液中進行，Fe^{2+} 被 $Cr_2O_7^{2-}$ 氧化成 Fe^{3+}，$Cr_2O_7^{2-}$ 則還原成 Cr^{3+}。

(1)氧化數平衡

$$[+1] \times 6$$

$$Fe^{2+} + \underset{(+6)}{Cr_2O_7^{2-}} \longrightarrow Fe^{3+} + Cr^{3+}$$

$$[(-3) \times 2] \times 1$$

(2)電荷平衡

$$\underbrace{6Fe^{2+} + Cr_2O_7^{2-}}_{+10} + 14H^+ \longrightarrow \underbrace{6Fe^{3+} + 2Cr^{3+}}_{24} + H_2O$$

(3)原子平衡

$$6Fe^{2+} + Cr_2O_7^{2-} + 14H^+ \longrightarrow 6Fe^{3+} + 2Cr^{3+} + 7H_2O$$

2.半反應法（half-reaction method）

半反應法原理與氧化數法相同，其作法是分別寫出氧化反應與還原反應兩個半反應，再將兩個半反應相加得到**全反應**（overall reaction），半反應相加時需平衡電子數以得平衡反應式。重作例題 6–1 說明半反應法平衡氧化還原方程式。

【例題6–3】

試以半反應法平衡例題 6–1。

【解】

氧化反應：$Fe^{2+} \longrightarrow Fe^{3+} + e^-$

還原反應：$MnO_4^- + 8H^+ + 5e^- \longrightarrow Mn^{2+} + 4H_2O$

將上二式相加，並平衡電子數，即氧化半反應式乘以 5 倍加上還原半反應式，得平衡反應式

$$5Fe^{2+} + MnO_4^- + 8H^+ \longrightarrow 5Fe^{3+} + Mn^{2+} + 4H_2O$$

註：寫半反應式時，需注意電子轉移數即氧化數變化量，並如氧化數法中所述，以 H^+（酸性溶液）和 OH^-（鹼性溶液）平衡電荷，且 e 為帶 −1 的電荷。如此例中，

(1)氧化反應

$$Fe^{2+} \longrightarrow Fe^{3+}$$

氧化數變化為 +1，故在右邊加 1e（氧化），即得半反應式

$$Fe^{2+} \longrightarrow Fe^{3+} + e^-$$

(2)還原反應

$$MnO_4^- \longrightarrow Mn^{2+}$$

氧化數變化為 −5，故在左邊加 5e（還原），

$$MnO_4^- + 5e^- \longrightarrow Mn^{2+}$$

以 H^+ 及 H_2O 平衡電荷及原子得

$$MnO_4^- + 8H^+ + 5e^- \longrightarrow Mn^{2+} + 4H_2O$$

氧化還原反應中，進行氧化反應之物種，因其可將另一物種還原，故稱為**還原劑**（reductant **或** reducing agent），反之，進行還原反應之物種，因可將另一物種氧化，故稱為**氧化劑**（oxidant **或** oxidizing agent），如上例中，Fe^{2+} 為還原劑，MnO_4^- 為氧化劑。在一氧化還原反應中，氧化劑之當量數應與還原劑之當量數相等。須注意者，在計算氧化劑與還原劑的當量時，其價數為在氧化還原反應中之氧化數變化量或電子轉移數。如上例中，Fe^{2+} 氧化成 Fe^{3+}，其價數為 1，故 $FeSO_4$ 之當量為 $\dfrac{151.85}{1} = 151.85$；而 MnO_4^- 還原成 Mn^{2+}，其價數為 5（Mn 由 +7 價還原成 +2 價），故 $KMnO_4$ 之當量為 $\dfrac{158}{5} = 31.6$。

註：在任一化學反應中均應滿足當量數相等的原則

【例題6-4】

在重鉻酸鉀迴流法分析 COD 時，欲配製 1 升 0.250 N 之 $K_2Cr_2O_7$ 溶液，試問需多少克之 $K_2Cr_2O_7$?

【解】

$Cr_2O_7^{2-}$ 反應後還原成 Cr^{3+}，故價數爲6（Cr 由 +6 價還原成 +3 價，一分子中有 2 個 Cr）

$K_2Cr_2O_7$ 之當量爲 $\frac{294.189}{6} = 49.032$

1 升之 0.250 N $K_2Cr_2O_7$ 溶液需

$$0.250 \times 1 \times 49.032 = 12.258 \text{ g } K_2Cr_2O_7$$

【例題6–5】

有一溶液每升中含有 50.00 g 之 $KHC_2O_4 \cdot H_2C_2O_4 \cdot 2H_2O$，試計算此溶液(a)當爲酸時，(b)當爲還原劑時之當量濃度？（$KHC_2O_4 \cdot H_2C_2O_4 \cdot 2H_2O$ 之分子量爲 254）

【解】

(a)當爲酸時，$KHC_2O_4 \cdot H_2C_2O_4 \cdot 2H_2O$ 中計有 3 個質子，故爲 3 價，當量濃度爲

$$\frac{50.00}{254} \times 3 = 0.5906 \text{ N}$$

(b)當爲還原劑時，$C_2O_4^{2-} \longrightarrow CO_2$，C 由 +3 價氧化成 +4 價，一分子中有 4 個 C，故爲 4 價，當量濃度爲

$$\frac{50.00}{254} \times 4 = 0.7874 \text{ N}$$

如前所述，氧化還原反應是失去與得到電子之反應，因此若在反應系統中加入電子或**電流收集板**（current collector），即**電極**（electrode）與導線，便成爲電化學系統，其中發生氧化反應之一極稱爲**陽極**（anode），發生還原反應之一極則稱爲**陰極**（cathode），反應之溶液則爲**電解液**（electrolyte）。由於各物種發生氧化還原之趨勢不同，可將電化學系統分成兩大類：

(1)**賈法尼電池**（galvanic cell），即一般之電池系統，在二電極處自然

發生氧化還原反應而產生電能。

(2)**電解電池**(electrolytic cell),即一般電解系統,需在兩極間通入電流(外加電壓),使電解液中之陰、陽離子移向兩極而發生氧化還原反應。

將鋅板放入硫酸鋅溶液中,銅板放入硫酸銅溶液中,兩溶液以多孔隔板連通(鹽橋),兩金屬極板以導線連接,即成鋅|銅電池或丹尼耳電池(Daniell cell),如圖 6–1 所示。

圖 6–1 Daniell 電池

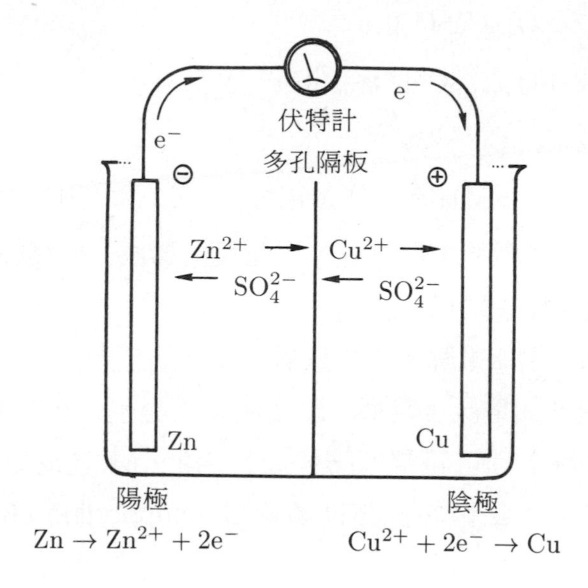

鋅陽極 (−): $Zn_{(s)} \longrightarrow Zn^{2+}{}_{(aq)} + 2e^-$

銅陰極 (+): $Cu^{2+}{}_{(aq)} + 2e^- \longrightarrow Cu_{(s)}$

電池反應: $Zn_{(s)} + Cu^{2+}{}_{(aq)} \longrightarrow Zn^{2+}_{(aq)} + Cu_{(s)}$

由於鋅的活性比銅高,亦即鋅比銅易失去電子,因此在如上之組合時,鋅極便發生氧化反應,即

鋅陽極: $Zn_{(s)} \longrightarrow Zn^{2+}{}_{(eq)} + 2e^-$ **(6–1)**

電子經由導線傳至銅極，使銅離子在銅極上發生還原反應，即

$$\text{銅陰極:}\quad Cu^{2+}{}_{(aq)} + 2e^- \longrightarrow Cu_{(s)} \tag{6–2}$$

由於鋅極發生氧化反應，故爲陽極，銅極發生還原反應，故爲陰極，將兩極反應相加即爲 (6–3) 式之電池反應:

$$\text{電池反應:}\quad Zn_{(s)} + Cu^{2+}{}_{(aq)} \longrightarrow Zn^{2+}{}_{(aq)} + Cu_{(s)} \tag{6–3}$$

此種自發性的氧化還原反應，**可將化學能轉變成電能，即所謂賈法尼電池**。電池之表示，可以如下之簡示法來表示，以上述 Daniell cell 爲例，可表爲:

$Zn|ZnSO_4||CuSO_4|Cu$

或 $Zn|ZnSO_{4(aq)}||CuSO_{4(aq)}|Cu$

或 $Zn|Zn^{2+}||Cu^{2+}|Cu$

或 $Zn|Zn^{2+}(1\ M)||Cu^{2+}(1\ M)|Cu$ **(6–4)**

其原則爲: 陽極（氧化）反應在左，陰極（還原）反應在右，直接接觸以 | 分開，鹽橋連接則以 || 分開。

另一方面，例如電解水產生氫氣與氧氣的反應，由於此反應無法自發，因此必須外加電能（電壓）以驅使反應發生，此即**電解反應**（electrolytic reaction），可將電能轉變成化學能; 水之電解反應可添加硫酸以提高導電度，硫酸在此爲**助電解質**（supporting electrolyte）。上述電解反應式如下:

$$\text{陰極:}\quad 2H^+{}_{(aq)} + 2e^- \longrightarrow H_{2(g)} \tag{6–5}$$

$$\text{陽極:}\quad 2H_2O_{(\ell)} \longrightarrow 4H^+{}_{(aq)} + O_{2(g)} + 4e^- \tag{6–6}$$

$$\text{電池反應:}\quad H_2O_{(\ell)} \longrightarrow H_{2(g)} + \frac{1}{2}O_{2(g)} \tag{6–7}$$

判斷反應自發與否，係以定溫、定壓下系統之自由能變化(ΔG) 小於零，則反應自發。對於一電化學系統而言，系統之自由能變化等於定溫定壓下之電能變化，因此可得:

$$\Delta G = -nFE \qquad (6\text{–}8)$$

其中 F =**法拉第常數**（Faraday's constant），相當於一莫耳電子之帶電量，　1F = 96500 庫侖 (coul)

n = 電子轉移數（莫耳數）

E = 電解槽之**電位差**（potential）**或電動勢**（electromotive force, emf）

由 (6–8) 式可知，當電解槽之電動勢 (E) 大於零時，電解反應可自發 ($E > 0$, $\Delta G < 0$)。

一個電解槽之電動勢包括陰極還原反應之電位與陽極氧化反應之電位，而正如自由能爲一相對值般，電位亦爲一相對值，電位的基準稱爲**標準氫電極**（standard hydrogen electrode, SHE; **或** normal hydrogen electrode, NHE），爲在標準狀態下，H^+ 還原產生氫氣之電位，定爲 0 伏特，如下式所示:

$$2H^+_{(aq)} + 2e^- \rightleftharpoons H_{2(g)} \qquad E^\circ = 0.00\ V \qquad (6\text{–}9)$$

標準狀態 (standard state)係指 25℃，H^+ 濃度爲1 M（正確地說應是活性 $(a_{H^+}) = 1$），氫氣分壓 $P_{H_2} = 1$ atm。所有的電極反應與標準氫電極比較，即可得其氧化還原電極電位，電極電位之表示有以還原電位表示，如

$$Cu^{2+}_{(aq)} + 2e^- \rightleftharpoons Cu_{(s)} \qquad E^\circ = 0.337\ V$$

亦有以氧化電位表示，如

$$Cu_{(s)} \rightleftharpoons Cu^{2+}_{(aq)} + 2e^- \qquad E^\circ = -0.337\ V$$

唯自 1953 年起IUPAC（ International Union of Pure and Applied Chemistry）已採用還原電位爲電極電位之表示，故最好養成以還原電位表示之習慣，但看文獻資料時，仍應注意其電位之表示，方不致錯誤。又 E° 右上角之 "o" 亦如熱力學函數般表示標準狀態。

以還原電位表示電極電位，則電解槽之電位 E_{cell}（即 6–8 式之 E）

可表示如下:

$$E_{cell} = E_C - E_A \tag{6-10}$$

其中 E_C 爲**陰極**（cathode）反應之還原電位，E_A 爲**陽極**（anode）反應之還原電位。表 6-1 列出一些常見反應之標準還原電位。表中電位

表 6-1 25°C之標準還原電位

反應	E° volt	$p\epsilon^\circ \left(= \frac{1}{n}\log K\right)$
$H^+ + e^- \rightleftharpoons \frac{1}{2}H_{2(g)}$	0	0
$Na^+ + e^- \rightleftharpoons Na_{(s)}$	−2.72	−46.0
$Mg^{2+} + 2e^- \rightleftharpoons Mg_{(s)}$	−2.37	−40.0
$Cr_2O_7^{2-} + 14H^+ + 6e^- \rightleftharpoons 2Cr^{3+} + 7H_2O$	+1.33	+22.5
$Cr^{3+} + e^- \rightleftharpoons Cr^{2+}$	−0.41	−6.9
$MnO_4^- + 2H_2O + 3e^- \rightleftharpoons MnO_{2(s)} + 4OH^-$	+0.59	+10.0
$MnO_4^- + 8H^+ + 5e^- \rightleftharpoons Mn^{2+} + 4H_2O$	+1.51	+25.5
$Mn^{4+} + e^- \rightleftharpoons Mn^{3+}$	+1.65	+27.9
$MnO_{2(s)} + 4H^+ + 2e^- \rightleftharpoons Mn^{2+} + 2H_2O$	+1.23	+20.8
$Fe^{3+} + e^- \rightleftharpoons Fe^{2+}$	+0.77	+13.0
$Fe^{2+} + 2e^- \rightleftharpoons Fe_{(s)}$	−0.44	−7.4
$Fe(OH)_{3(s)} + 3H^+ + e^- \rightleftharpoons Fe^{2+} + 3H_2O$	+1.06	+17.9
$Cu^{2+} + e^- \rightleftharpoons Cu^+$	+0.16	+2.7
$Cu^{2+} + 2e^- \rightleftharpoons Cu_{(s)}$	+0.34	+5.7
$Ag^{2+} + e^- \rightleftharpoons Ag^+$	+2.0	+33.8
$Ag^+ + e^- \rightleftharpoons Ag_{(s)}$	+0.8	+13.5
$AgCl_{(s)} + e^- \rightleftharpoons Ag_{(s)} + Cl^-$	+0.22	+3.72
$Au^{3+} + 3e^- \rightleftharpoons Au_{(s)}$	+1.5	+25.3
$Zn^{2+} + 2e^- \rightleftharpoons Zn_{(s)}$	−0.76	−12.8
$Cd^{2+} + 2e^- \rightleftharpoons Cd_{(s)}$	−0.40	−6.8
$Hg_2Cl_{2(s)} + 2e^- \rightleftharpoons 2Hg_{(l)} + 2Cl^-$	+0.27	+4.56
$2Hg^{2+} + 2e^- \rightleftharpoons Hg_2^{2+}$	+0.91	+15.4
$Al^{3+} + 3e^- \rightleftharpoons Al_{(s)}$	−1.68	−28.4
$Sn^{2+} + 2e^- \rightleftharpoons Sn_{(s)}$	−0.14	−2.37
$PbO_{2(s)} + 4H^+ + SO_4^{2-} + 2e^- \rightleftharpoons PbSO_{4(s)} + 2H_2O$	+1.68	+28.4

反　　應	E° volt	$p\epsilon^\circ \left(= \frac{1}{n}\log K\right)$
$Pb^{2+} + 2e^- \rightleftharpoons Pb_{(s)}$	−0.13	−2.2
$NO_3^- + 2H^+ + 2e^- \rightleftharpoons NO_2^- + H_2O$	+0.84	+14.2
$NO_3^- + 10H^+ + 8e^- \rightleftharpoons NH_4^+ + 3H_2O$	+0.88	+14.9
$N_{2(g)} + 8H^+ + 6e^- \rightleftharpoons 2NH_4^+$	+0.28	+4.68
$NO_2^- + 8H^+ + 6e^- \rightleftharpoons NH_4^+ + 2H_2O$	+0.89	+15.0
$2NO_3^- + 12H^+ + 10e^- \rightleftharpoons N_{2(g)} + 6H_2O$	+1.24	+21.0
$O_{3(g)} + 2H^+ + 2e^- \rightleftharpoons O_{2(g)} + H_2O$	+2.07	+35.0
$O_{2(g)} + 4H^+ + 4e^- \rightleftharpoons 2H_2O$	+1.23	+20.8
$O_{2(aq)} + 4H^+ + 4e^- \rightleftharpoons 2H_2O$	+1.27	+21.5
$SO_4^{2-} + 2H^+ + 2e^- \rightleftharpoons SO_3^{2-} + H_2O$	−0.04	−0.68
$S_4O_6^{2-} + 2e^- \rightleftharpoons 2S_2O_3^{2-}$	+0.18	+3.0
$S_{(s)} + 2H^+ + 2e^- \rightleftharpoons H_2S_{(g)}$	+0.17	+2.9
$SO_4^{2-} + 8H^+ + 6e^- \rightleftharpoons S_{(s)} + 4H_2O$	+0.35	+6.0
$SO_4^{2-} + 10H^+ + 8e^- \rightleftharpoons H_2S_{(g)} + 4H_2O$	+0.34	+5.75
$SO_4^{2-} + 9H^+ + 8e^- \rightleftharpoons HS^- + 4H_2O$	+0.24	+4.13
$2HOCl + 2H^+ + 2e^- \rightleftharpoons Cl_{2(aq)} + 2H_2O$	+1.60	+27.0
$Cl_{2(g)} + 2e^- \rightleftharpoons 2Cl^-$	+1.36	+23.0
$Cl_{2(aq)} + 2e^- \rightleftharpoons 2Cl^-$	+1.39	+23.5
$2HOBr + 2H^+ + 2e^- \rightleftharpoons Br_{2(\ell)} + 2H_2O$	+1.59	+26.9
$Br_2 + 2e^- \rightleftharpoons 2Br^-$	+1.09	+18.4
$2HOI + 2H^+ + 2e^- \rightleftharpoons I_{2(s)} + 2H_2O$	+1.45	+24.5
$I_{2(aq)} + 2e^- \rightleftharpoons 2I^-$	+0.62	+10.48
$I_3^- + 2e^- \rightleftharpoons 3I^-$	+0.54	+9.12
$ClO_2 + e^- \rightleftharpoons ClO_2^-$	+1.15	+19.44
$CO_{2(g)} + 8H^+ + 8e^- \rightleftharpoons CH_{4(g)} + 2H_2O$	+0.17	+2.87
$6CO_{2(g)} + 24H^+ + 24e^- \rightleftharpoons C_6H_{12}O_6$ (glucose) $+ 6H_2O$	−0.01	−0.20
$CO_{2(g)} + H^+ + 2e^- \rightleftharpoons HCOO^-$ (formate)	−0.31	−5.23

來源: Sillen, L. G. and Martell, A. E., Stability Constants of Metal Ion Complexes, *The Chemical Society,* London, Special Publication No. 16, 1964. Stumm W. and Morgan, J. J., *Aquatic Chemistry,* Wiley-Interscience, New York, 1970.

爲正者表示此還原反應相對於氫氣發生反應爲較易發生者，若爲金屬元素之反應，則表示該金屬較趨向於處於還原態；反之電位爲負者表示該還原反應較難發生（易發生反向之氧化反應），金屬元素則較易氧化。

有關電位之計算，舉數例說明。

【例題6-6】

試求前述 Daniell 電池之標準電位。

【解】

$$E^\circ_C \qquad Cu^{2+} + 2e^- \rightleftharpoons Cu \qquad E^\circ = 0.337\ V$$

$$E^\circ_A \qquad Zn^{2+} + 2e^- \rightleftharpoons Zn \qquad E^\circ = -0.763\ V$$

$$\begin{aligned} E^\circ_{cell} &= E^\circ_C - E^\circ_A \\ &= 0.337 - (-0.763) \\ &= 1.100\ V \end{aligned}$$

或

$$Cu^{2+} + 2e^- \rightleftharpoons Cu \qquad E^\circ = 0.337\ V$$

$$Zn \rightleftharpoons Zn^{2+} + 2e^- \qquad E^\circ = 0.763\ V$$

$$Cu^{2+} + Zn \rightleftharpoons Cu + Zn^{2+} \qquad E^\circ = 1.100\ V$$

【例題6-7】

已知 $Ag^+ + e^- \rightleftharpoons Ag \qquad E^\circ = 0.7996\ V$

$Cu^{2+} + 2e^- \rightleftharpoons Cu \qquad E^\circ = 0.337\ V$

試求 $2Ag^+ + Cu \rightleftharpoons 2Ag + Cu^{2+}$ 之 E°。

【解】

陰極爲 Ag 極，陽極爲銅極，

$$\begin{aligned} E^\circ_{cell} &= E^\circ_C - E^\circ_A \\ &= 0.7996 - 0.337 \\ &= 0.4626V \end{aligned}$$

註：下列方式為錯誤計算法：

(1) $Ag^+ + e^- \rightleftharpoons Ag \quad E_1^\circ$

(2) $Cu^{2+} + 2e^- \rightleftharpoons Cu \quad E_2^\circ$

---

(3) $2Ag^+ + Cu \rightleftharpoons 2Ag + Cu^{2+} \quad E_3^\circ$

(3) = 2× (1) − (2)

$E_3^\circ = 2E_1^\circ - E_2^\circ = 2 \times 0.7996 - 0.337 = 1.2622\ V$

電位 (E) 並非熱力學狀態函數，不可如上式計算。

正確計算應由狀態函數 ΔG 求之，如下 ($\Delta G = -nFE$)：

(1)式之　$\Delta G_1^\circ = -1FE_1^\circ$

(2)式之　$\Delta G_2^\circ = -2FE_2^\circ$

(3)式之　$\Delta G_3^\circ = -2FE_3^\circ$

$$\Delta G_3^\circ = 2\Delta G_1^\circ - \Delta G_2^\circ$$

$$-2FE_3^\circ = 2(-1FE_1^\circ) - (-2FE_2^\circ)$$

即　$E_3^\circ = E_1^\circ - E_2^\circ$

$$= 0.7996 - 0.337 = 0.4626\ V$$

【例題6-8】

已知(1) $Fe^{2+} + 2e^- \rightleftharpoons Fe \qquad E_1^\circ = -0.440\ V$

(2) $Fe^{3+} + e^- \rightleftharpoons Fe^{2+} \qquad E_2^\circ = 0.771\ V$

試求　(3) $Fe^{3+} + 3e^- \rightleftharpoons Fe \qquad E_3^\circ = ?$

【解】

$$\Delta G_1^\circ = -2FE_1^\circ$$

$$\Delta G_2^\circ = -1FE_2^\circ$$

$$\Delta G_3^\circ = -3FE_3^\circ$$

又　(3) = (1) + (2)

$$\Delta G_3^\circ = \Delta G_1^\circ + \Delta G_2^\circ$$

$$-3FE_3^\circ = -2FE_1^\circ - 1FE_2^\circ$$

$$\therefore E_3^\circ = \frac{2E_1^\circ + E_2^\circ}{3} = \frac{2(-0.440) + (0.771)}{3}$$

$$= -0.0363\ V$$

註: (3)式並非電池反應，其仍為一半反應。

前述之計算均在標準狀態下，若非標準狀態則可由自由能關係來推得:

$$\Delta G = \Delta G^\circ + RT \ln Q \qquad \textbf{(2–34)}$$

而

$$\Delta G = -nFE \qquad \textbf{(6–8)}$$

則

$$-nFE = -nFE^\circ + RT \ln Q$$

即

$$E = E^\circ - \frac{RT}{nF} \ln Q \qquad \textbf{(6–11)}$$

(6–11) 式稱爲**Nernst 方程式**，表示電位與溫度、物種濃度之關係。若溫度爲 25℃ (298K)， $R = 8.314\ J/mole \cdot K$， $F = 96500\ coul/mole$，並將自然對數改爲常用對數，則 (6–11) 式成爲

$$E = E^\circ - \frac{0.0591}{n} \log Q \qquad \textbf{(6–12)}$$

(6–12) 式爲 25℃之 Nernst 方程式。與自由能相同，平衡時， $\Delta G = 0$ 或 $E = 0$，則

$$E^\circ = \frac{RT}{nF} \ln K \qquad \textbf{(6–13)}$$

或

$$E^\circ = \frac{0.0591}{n} \log K \quad (25℃時) \qquad \textbf{(6–14)}$$

【例題6-9】

試求 25℃時 $Zn|Zn^{2+}(0.0004\ M)||Cd^{2+}(0.2\ M)|Cd$ 之電位。

【解】

$$Zn^{2+} + 2e^- \rightleftharpoons Zn \qquad E^\circ = -0.763\ V$$

$$Cd^{2+} + 2e^- \rightleftharpoons Cd \qquad E^\circ = -0.403\ V$$

$$E^\circ_{cell} = E^\circ_C - E^\circ_A$$

$$= (-0.403) - (-0.763)$$

$$= 0.360\ V$$

$$E_{cell} = E^\circ_{cell} - \frac{0.0591}{n} \log \frac{[Zn^{2+}]}{[Cd^{2+}]}$$

$$= 0.360 - \frac{0.0591}{2} \log \frac{0.0004}{0.2}$$

$$= 0.440\ V$$

註：電池反應

$$Zn_{(s)} + Cd^{2+}{}_{(aq)} \rightleftharpoons Zn^{2+}{}_{(aq)} + Cd_{(s)}$$

【例題6-10】

試求 25℃時

$$MnO_4^- + 5Fe^{2+} + 8H^+ \rightleftharpoons Mn^{2+} + 5Fe^{3+} + 4H_2O$$

之平衡常數。

【解】

$$Fe^{3+} + e^- \rightleftharpoons Fe^{2+} \qquad E^\circ = 0.771\ V$$

$$MnO_4^- + 8H^+ + 5e^- \rightleftharpoons Mn^{2+} + 4H_2O \qquad E^\circ = 1.51\ V$$

∴所求反應式之 E°

$$E^\circ = 1.51 - 0.771 = 0.739V = \frac{0.0591}{5} \log K$$

$$\therefore K = 3.32 \times 10^{62}$$

【例題6–11】

試求 25°C時 $Cu|Cu^{2+}(0.01\ M)||Cu^{2+}(0.1\ M)|Cu$ 之電動勢。

【解】

$$E^{\circ}_{cell}=0$$

$$E_{cell}=0-\frac{0.0591}{2}\log\frac{0.01}{0.1}$$

$$=0.0296\ V$$

註：此電池之兩極反應相同，由於兩極電解液之濃度差而產生電動勢，此類電池稱為**濃差電池或濃度電池** (concentration cell)。

【例題6–12】

試由標準電位計算 25°C時 AgCl 之溶解度積。

【解】

$$AgC1_{(s)}\rightleftharpoons Ag^{+}{}_{(aq)}+Cl^{-}{}_{(aq)}$$

$$K_{so}=[Ag^{+}][Cl^{-}]$$

由電位表

$$Ag^{+}_{(aq)}+e^{-}\rightleftharpoons Ag_{(s)}\qquad E^{\circ}=0.799\ V$$

$$AgC1_{(s)}+e^{-}\rightleftharpoons Ag_{(s)}+C1^{-}{}_{(aq)}\qquad E^{\circ}=0.222\ V$$

故 $AgC1_{(s)}\rightleftharpoons Ag^{+}{}_{(aq)}+Cl^{-}{}_{(aq)}$之電位爲

$$E^{\circ}=0.222-0.799=-0.577\ V=\frac{0.0591}{1}\log K_{so}$$

$$\therefore K_{so}=1.73\times10^{-10}$$

6–2 電子活性度及pE

在有關酸鹼的反應中，吾人已習慣於以pH 值來表示溶液中氫離子之**活性**（activity），其定義如大家所熟知，即

$$pH = -\log a_{H+} \qquad (6\text{–}15)$$

而在有關氧化還原反應的半反應（極反應）中，皆有電子出現，吾人可以類似 pH 之 pE 來表示溶液中電子的活性，即

$$pE = -\log a_e \qquad (6\text{–}16)$$

唯需注意者，pE 只適用於半反應，全反應（電池反應）則因電子平衡反應式中並無電子出現，故不適用 pE 表示。

考慮下列一般的半反應 (25℃)

$$O + ne^- \rightleftharpoons R \qquad (6\text{–}17)$$

上反應中 O 爲物種氧化態，R 表還原態，式中電荷仍應平衡，上式之熱力學平衡常數可表示爲

$$K = \frac{a_R}{a_O \cdot a_c^n} \qquad (6\text{–}18)$$

對 (6–18) 式取對數，得

$$\log K = \log \frac{a_R}{a_O} - n \log a_e \qquad (6\text{–}19)$$

再將 (6–19) 式乘以 $\frac{0.0591}{n}$

$$\frac{0.0591}{n} \log K = \frac{0.0591}{n} \log \frac{a_R}{a_O} - 0.0591 \log a_e \qquad (6\text{–}20)$$

將 (6–14) 式與 (6–15) 式代入 (6–20) 式，重新整理得

$$0.0591pE = E^\circ - \frac{0.0591}{n} \log \frac{a_R}{a_O} \qquad (6\text{–}21)$$

(6–21) 式與 (6–12) 式比較可得

$$pE = \frac{E}{0.0591} \qquad (6\text{–}22)$$

同理

$$pE^\circ = \frac{E^\circ}{0.0591} \qquad (6\text{–}23)$$

而 (6–21) 式可表為

$$pE = pE^\circ - \frac{1}{n}\log\frac{a_R}{a_O} \qquad \textbf{(6–24)}$$

在表 6–1 中除列出標準還原電位外，亦同時列出各半反應之 pE° 值。

【例題6–13】

有一水樣於現場測得 25℃，pH = 8.2，大氣中含氧量 21%，水樣攜回實驗室後於 25℃，測得 pH = 10.0，而水面上空氣之含氧量為 40%。若水樣之氧化還原狀態由下列反應控制:

$$O_{2(g)} + 4H^+_{(aq)} + 4e^- \rightleftharpoons 2H_2O_{(\ell)}$$

試求水樣之 pE 值及氧化還原電位變化量。

【解】

由電位表

$$O_{2(g)} + 4H^+{}_{(aq)} + 4e^- \rightleftharpoons 2H_2O_{(\ell)}$$

$$E^\circ = 1.23\ V,\quad pE^\circ = 20.8$$

現場水樣: $pH = 8.2,\ P_{O_2} = 0.21\ atm$

$$E = E^\circ - \frac{0.0591}{4}\log\frac{1}{P_{O_2}\cdot[H^+]^4}$$

$$= 1.23 - \frac{0.0591}{4}\log\frac{1}{0.21\cdot(10^{-8.2})^4}$$

$$= 0.735\ V$$

$$pE = pE^\circ - \frac{1}{4}\log\frac{1}{P_{O_2}\cdot[H^+]^4}$$

$$= 20.8 - \frac{1}{4}\log\frac{1}{0.21\cdot(10^{-8.2})^4}$$

$$= 12.4$$

$$(\text{或 } pE = \frac{E^\circ}{0.0591} = \frac{0.735}{0.0591} = 12.4)$$

實驗室水樣: $pH = 10.0$　　$P_{O_2} = 0.4$ atm

$$E = 1.23 - \frac{0.0591}{4}\log\frac{1}{0.4\cdot(10^{-10.0})^4}$$

$$= 0.633\ V$$

$$pE = 20.8 - \frac{1}{4}\log\frac{1}{0.4\cdot(10^{-10.0})^4}$$

$$= 10.7$$

（或 $pE = \frac{0.633}{0.0591} = 10.7$）

分別計算 pE 值及氧化還原電位之變化量如下:

$$12.4 - 10.7 = 1.7$$

$$0.735 - 0.633 = 0.102\ V$$

6-3　平衡圖解法

如同酸鹼平衡、錯鹽平衡及沈澱平衡之圖解一般，有關於氧化還原平衡的問題，亦可以**圖解法** (graphical approach)近似求解。關於氧化還原平衡的系統，通常除涉及電子之轉移外，溶液組成之改變（如 pH 值變化、錯離子生成、溶解度平衡等）亦影響氧化還原平衡，因此其平衡圖較為複雜。本節介紹兩種圖形: pE – pC 圖及 pE – pH 圖。

6-3-1　pE – pC 圖

pE – pC 圖為僅涉及電子轉移反應的簡單圖形，亦有以電位表示替代 pE 表示的 E – pC 圖。現以水中氮物種的平衡，即 $NH_4^+ - NO_2^- - NO_3^-$ 系統為例，說明 pE – pC 圖之繪製。

考慮在 pH = 7 的水中，$NH_4^+ - NO_2^- - NO_3^-$ 達成平衡，且總氮物

種濃度為 10^{-4} M，此系統涉及之氧化還原平衡式計有:

(1) $$\frac{1}{6}NO_2^- + \frac{4}{3}H^+ + e^- \rightleftharpoons \frac{1}{6}NH_4^+ + \frac{1}{3}H_2O \qquad pE^\circ = 15.14 \quad \textbf{(6–25)}$$

$$pE = pE^\circ - \log \frac{[NH_4^+]^{\frac{1}{6}}}{[NO_2^-]^{\frac{1}{6}}[H^+]^{\frac{4}{3}}}$$

pH=7 時

$$pE = 15.14 - \frac{4}{3}pH - \frac{1}{6}\log\frac{[NH_4^+]}{[NO_2^-]}$$

$$= 5.82 - \frac{1}{6}\log\frac{[NH_4^+]}{[NO_2^-]} \qquad \textbf{(6–26)}$$

(2) $$\frac{1}{8}NO_3^- + \frac{5}{4}H^+ + e^- \rightleftharpoons \frac{1}{8}NH_4^+ + \frac{3}{8}H_2O \qquad pE^\circ = 14.9 \quad \textbf{(6–27)}$$

$$pE = pE^\circ - \log \frac{[NH_4^+]^{\frac{1}{8}}}{[NO_3^-]^{\frac{1}{8}}[H^+]^{\frac{5}{4}}}$$

pH=7 時

$$pE = 14.9 - \frac{5}{4}pH - \frac{1}{8}\log\frac{[NH_4^+]}{[NO_3^-]}$$

$$= 6.15 - \frac{1}{8}\log\frac{[NH_4^+]}{[NO_3^-]} \qquad \textbf{(6–28)}$$

(3) $$\frac{1}{2}NO_3^- + H^+ + e^- \rightleftharpoons \frac{1}{2}NO_2^- + \frac{1}{2}H_2O \qquad pE^\circ = 14.15 \quad \textbf{(6–29)}$$

$$pE = pE^\circ - \log \frac{[NO_2^-]^{\frac{1}{2}}}{[NO_3^-]^{\frac{1}{2}}[H^+]}$$

pH=7 時

$$pE = 14.15 - pH - \frac{1}{2}\log\frac{[NO_2^-]}{[NO_3^-]}$$

$$= 7.15 - \frac{1}{2}\log\frac{[NO_2^-]}{[NO_3^-]} \qquad \textbf{(6–30)}$$

又總氮濃度為 10^{-4} M，即

$$C_{T,N} = [NH_4^+] + [NO_2^-] + [NO_3^-] = 10^{-4}M$$

此平衡系統可分為以下三部分討論:

(1)$pE < 5$ 時，NH_4^+ 為優勢物種，（例如: $pE = 4.82$，由 (6–26) 式，$\dfrac{[NH_4^+]}{[NO_2^-]} = 10^6$），即

$$C_{T,N} \cong [NH_4^+] = 10^{-4}M$$

$$\log[NH_4^+] = -4$$

$$\frac{d\log[NH_4^+]}{dpE} = 0$$

則 (6–26) 式整理得

$$\log[NO_2^-] = -38.92 + 6pE$$

$$\frac{d\log[NO_2^-]}{dpE} = 6$$

同時 (6–28) 式亦可整理得

$$\log[NO_3^-] = -53.20 + 8pE$$

$$\frac{d\log[NO_3^-]}{dpE} = 8$$

(2) $pE = 6.5$ 附近極窄範圍內，NO_2^- 為優勢物種，

$$C_{T,N} \cong [NO_2^-] = 10^{-4}M$$

$$\log[NO_2^-] = -4$$

$$\frac{d\log[NO_2^-]}{dpE} = 0$$

由 (6–26) 式得

$$\log[NH_4^+] = 30.92 - 6pE$$

$$\frac{d\log[NH_4^+]}{dpE} = -6$$

由 (6–30) 式得

$$\log[NO_3^-] = -18.30 + 2pE$$

$$\frac{d\log[NO_3^-]}{dpE} = 2$$

(3) $pE > 8$ 時，NO_3^- 爲優勢物種，

$$C_{T,N} \cong [NO_3^-] = 10^{-4}M$$

$$\log[NO_3^-] = -4$$

$$\frac{d\log[NO_3^-]}{dpE} = 0$$

由 (6–28) 式得

$$\log[NH_4^+] = 45.2 - 8pE$$

$$\frac{d\log[NH_4^+]}{dpE} = -8$$

由 (6–30) 式得

$$\log[NO_2^-] = 10.30 - 2pE$$

$$\frac{d\log[NO_2^-]}{dpE} = -2$$

另外，當 $pE = 5.82$ 時，由 (6–26) 式知（忽略 $[NO_3^-]$）

$$[NH_4^+] = [NO_2^-] = \frac{1}{2} \times 10^{-4}\ M$$

即

$$\log[NH_4^+] = \log[NO_2^-] = -4.3$$

同理，當 $pE = 7.15$ 時，由 (6–30) 式

$$[NO_2^-] = [NO_3^-] = \frac{1}{2} \times 10^{-4}\ M$$

$$\log[NO_2^-] = \log[NO_3^-] = -4.3$$

將上述求出之各範圍中各物種之 pE − pC 關係繪成圖，得如圖 6–2。

圖 6–2　水中 $NH_4^+ - NO_2^- - NO_3^-$ 平衡 pE − pC 圖 ($pH = 7, C_{T,N} = 10^{-4}$ M)

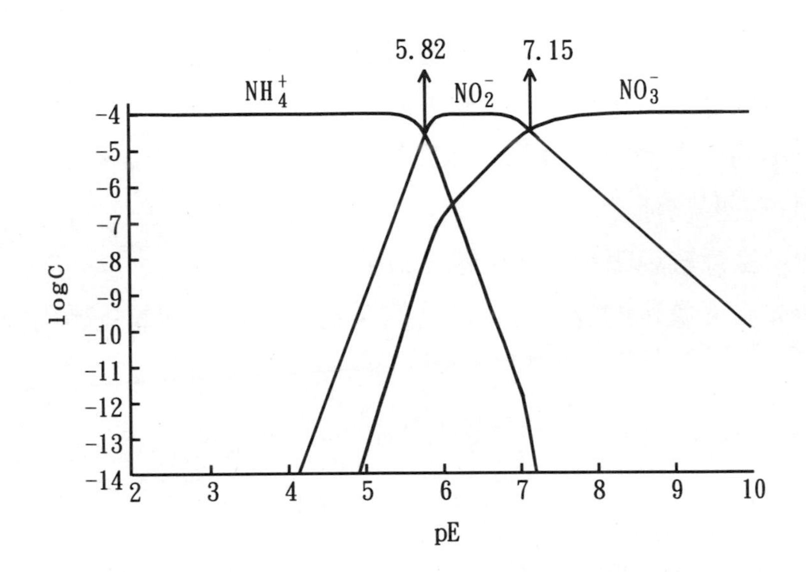

由圖中可知，當 pE 值在 6.5 附近時，NO_2^- 具有最大濃度，而在微生物好氧性代謝系統中，其氧化還原狀態係由下列反應控制:

$$O_{2(g)} + 4H^+ + 4e^- \rightleftharpoons 2H_2O \qquad pE^\circ = 20.8 \qquad \textbf{(6–31)}$$

當 pH = 7 時，若 pE = 6.5，則

$$6.5 = 20.8 - \frac{1}{4}\log\frac{1}{P_{O_2}\cdot[H^+]^4}$$

$$= 13.8 - \frac{1}{4}\log\frac{1}{P_{O_2}}$$

可求得 $P_{O_2} = 10^{-29.2}$ atm，因此水中 NO_2^- 的生成必須在厭氧狀態下，而且 NO_2^- 爲優勢物種之 pE 範圍極窄，NO_2^- 很容易轉變成 NO_3^- 或 NH_4^+。

6–3–2 pE – pH 圖

pE – pH 圖係表示一化學平衡系統受電子與質子影響之穩定圖，可顯示在某一特定條件（pE 及 pH）下何種爲主要優勢物種，或是各物種存在之主要範圍，因此在繪圖時要注意:

(1)在一定條件下，界線僅繪於兩主要物種間。

(2)兩物種的界線繪於濃度相等處，故界線一邊爲一主要物種，另一邊爲另一主要物種。

現以水中鐵系統說明 pE – pH 圖之繪製。

首先需考慮水的穩定性，就水的系統而言，水的氧化極限爲下列反應:

$$O_{2(g)} + 4H^+ + 4e^- \rightleftharpoons 2H_2O_{(\ell)} \quad pE^\circ = 20.8 \tag{6–31}$$

$$pE = 20.8 - \frac{1}{4}\log\frac{1}{P_{O_2}\cdot[H^+]^4}$$

若水系統與大氣平衡，大氣中 $P_{O_2} = 0.21$ atm，則上式成爲

$$pE = 20.6 - pH \tag{6–32}$$

同樣地，水中還原極限爲:

$$2H_2O_{(\ell)} + 2e^- \rightleftharpoons H_{2(g)} + 2OH^-_{(aq)} \quad pE^\circ = -14.0 \tag{6–33}$$

$$pE = -14.0 - \frac{1}{2}\log P_{H_2}[OH^-]^2$$

若 $P_{H_2} = 1$ atm，而 $pH + pOH = 14$，上式成爲

$$pE = -pH \tag{6–34}$$

(6–32) 式與 (6–34) 式即 pE – pH 圖中之氧化極限與還原極限。

其次考慮水系統中各鐵物種之平衡，假設溶鐵之總濃度爲10^{-5} M，而水中鐵物種包括溶液相之 Fe^{2+} 與 Fe^{3+} 及固相之 $Fe(OH)_2$ 與 $Fe(OH)_3$，

因此分成以下五部分說明:

(1) Fe^{2+} 與 Fe^{3+} 界線

$$Fe^{3+} + e^- \rightleftharpoons Fe^{2+} \quad pE^\circ = 13.2 \qquad \textbf{(6–35)}$$

$$pE = 13.2 - \log \frac{[Fe^{2+}]}{[Fe^{3+}]}$$

在邊界時，$[Fe^{2+}] = [Fe^{3+}]$，故

$$pE = 13.2 \cdots\cdots\cdots\cdots\cdots\cdots (A)$$

此即爲 $\frac{Fe^{2+}}{Fe^{3+}}$ 之界線。

(2)Fe^{3+} 與 $Fe(OH)_{3(s)}$ 界線

$$Fe(OH)_{3(s)} + 3H^+ \rightleftharpoons Fe^{3+} + 3H_2O \quad K_{sp} = 9.1 \times 10^3 \qquad \textbf{(6–36)}$$

$$K_{sp} = 9.1 \times 10^3 = \frac{[Fe^{3+}]}{[H^+]^3}$$

在邊界時，$[Fe^{3+}] = 10^{-5}$ M，上式成爲

$$pH = 2.99 \cdots\cdots\cdots\cdots\cdots\cdots (B)$$

此即爲 $\frac{Fe^{3+}}{Fe(OH)_{3(s)}}$ 之界線。

(3)Fe^{2+} 與 $Fe(OH)_{3(s)}$ 界線

$$Fe(OH)_{3(s)} + 3H^+ + e^- \rightleftharpoons Fe^{2+} + 3H_2O \quad pE^\circ = 17.9 \qquad \textbf{(6–37)}$$

$$pE = 17.9 - \log \frac{[Fe^{2+}]}{[H^+]^3}$$

在邊界時，$[Fe^{2+}] = 10^{-5}$ M，故

$$pE = 22.9 - 3pH \cdots\cdots\cdots\cdots\cdots\cdots (C)$$

上式即爲 $\frac{Fe^{2+}}{Fe(OH)_{3(s)}}$ 之界線。

(4)Fe^{2+} 與 $Fe(OH)_{2(s)}$ 界線

$$Fe(OH)_{2(s)} + 2H^+ \rightleftharpoons Fe^{2+} + 2H_2O \quad K_{sp} = 8 \times 10^{12} \qquad \textbf{(6–38)}$$

$$K_{sp} = 8 \times 10^{12} = \frac{[Fe^{2+}]}{[H^+]^2}$$

在邊界時，$[Fe^{2+}] = 10^{-5}$ M，故

$$pH = 8.95 \cdots\cdots\cdots\cdots\cdots\cdots(D)$$

此即為 $\dfrac{Fe^{2+}}{Fe(OH)_{2(s)}}$ 之界線。

(5) $Fe(OH)_{3(s)}$ 與 $Fe(OH)_{2(s)}$ 界線

$$Fe(OH)_{3(s)} + H^+ + e^- \rightleftharpoons Fe(OH)_{2(s)} + H_2O \quad pE^\circ = 4.62 \; \textbf{(6–39)}$$

$$pE = 4.62 - \log\frac{1}{[H^+]}$$

$$= 4.62 - pH \cdots\cdots\cdots\cdots\cdots\cdots(E)$$

圖 6–3　水中鐵系統 pE – pH 初構圖

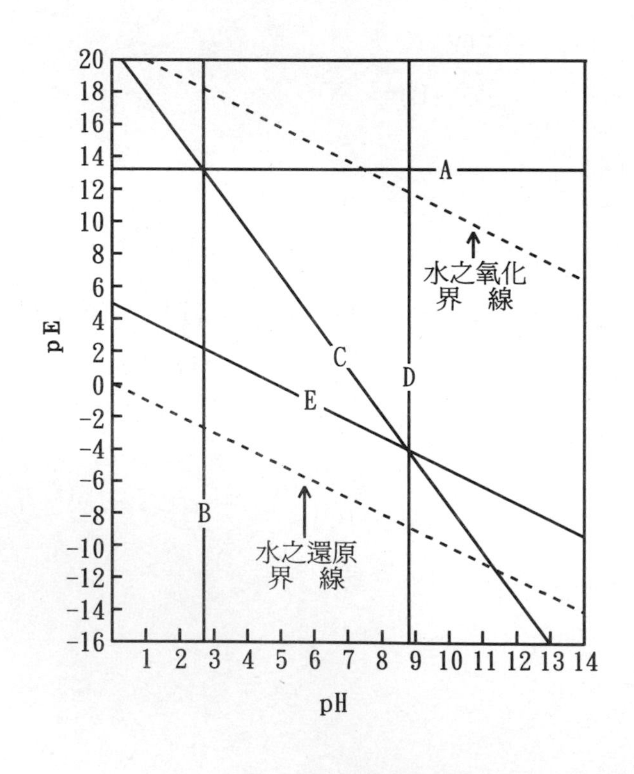

A：Fe^{3+}與Fe^{2+} 界線pE=13.2

B：Fe^{3+}與$Fe(OH)_{3(s)}$ 界線pH=2.99

C：Fe^{2+}與$Fe(OH)_{3(s)}$ 界線pE=22.9-3pH

D：Fe^{2+}與$Fe(OH)_{2(s)}$ 界線pH=8.95

E：$Fe(OH)_2$與$Fe(OH)_{3(s)}$ 界線pE=4.62-pH

此即爲 $\frac{Fe(OH)_{3(s)}}{Fe(OH)_{2(s)}}$ 之界線。

將上列 (A) ～ (E) 五條界線繪成一 pE – pH 之初構圖，如圖 6–3 所示。

最後決定各物種之邊界，基於平衡常數之考慮，其原則爲: ⑴高氧化數者在低氧化數者上部，⑵溶液相者在固相者左側; 另外除去超過氧化或還原邊界範圍之部分，即完成 pE – pH 圖，如圖 6–4 所示。

圖 6–4　水中鐵系統 pE – pH 圖（最大溶鐵濃度 10^{-5} M）

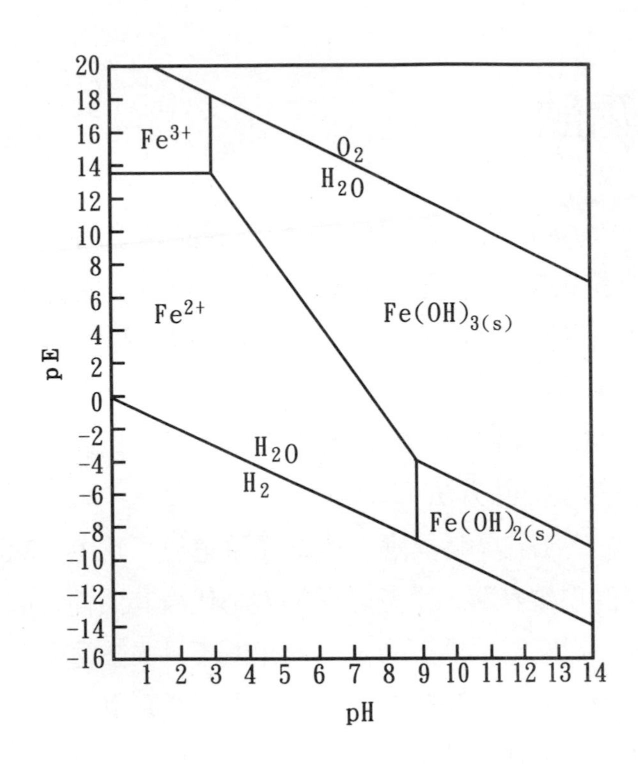

由圖 6–4 可知，在自然水中，pH 介於5～9 之間，水中存在之鐵物種爲 Fe^{3+} 與 $Fe(OH)_{3(s)}$ 兩種優勢且穩定物種，現檢驗元素Fe 是否存在，考慮半反應:

$$Fe^{2+} + 2e^- \rightleftharpoons Fe \qquad pE^\circ = -7.45 \tag{6–40}$$

因元素 Fe 與 $[Fe^{2+}] = 10^{-5}$ M 平衡，故

$$pE = -7.45 - \frac{1}{2}\log\frac{1}{[Fe^{2+}]} = -9.95$$

由於此 pE 值低於水之還原邊界，因此元素 Fe 並不會存在於水中；就熱力學觀點而言， (6-40) 式之反應爲無法自發反應 (non-spontaneous reaction)。

另外，水中之鐵系統，尚有其他鐵錯鹽、碳酸鹽等，因此完整之 pE − pH 圖會比圖 6-4 複雜。

6−4 腐蝕

腐蝕（corrosion）係指金屬材料受到周遭環境的影響而發生結構的破壞，通常是金屬發生電化學變化（氧化反應）而漏失於溶液中。腐蝕現象每天不斷地在世界各地發生，所造成的損失數以億萬計。金屬之腐蝕與金屬本身特性及周圍環境，如 pH 值、存在物種之種類與濃度、溶氧等有關；腐蝕的種類或成因亦有數種，本節介紹數種與環境化學相關之腐蝕及防蝕方法。

在表 6-1 中列出許多半反應之標準還原電位，其中有關金屬元素之半反應多與腐蝕現象有關，元素之電位大小代表其活性，或是代表其失去電子之傾向，還原電位爲正的表示此元素不易失去電子，且愈往正的方向，活性愈小（愈不易失去電子），反之，還原電位爲負，表示該元素易失去電子，且愈往負的方向，活性愈大（愈易失去電子）；此活性大小順序，稱爲**電動勢序列**（electromotive series **或** galvanic series），常見之序列如下:

活性: K > Na > Ca > Mg > Al > Mn > Zn > Cr > Fe > Co > Ni > Sn > Pb > Cu > Hg > Ag > Pt > Au

當兩種不同活性金屬碰在一起時，若有適當電解質溶液，且能形成電子通路時，即形成腐蝕現象，如 6–1 節之 Daniell 電池，此種腐蝕稱爲**賈法尼腐蝕**（galvanic corrosion）**或兩相異金屬腐蝕**（two-metal corrosion），其中較活潑的金屬成爲陽極而腐蝕，活性較小之金屬則爲陰極。如圖 6–5 所示，白鐵即鍍鋅鐵，當鋅層破損時，鋅較鐵活潑，因此鋅成爲陽極（類似犧牲陽極），而仍能保護鐵。相反地，馬口鐵爲鍍錫鐵，當錫層破損時，錫比鐵不活潑，因此鐵成陽極，錫成陰極，反而加速了鐵的腐蝕。

圖 6–5　相異金屬之腐蝕

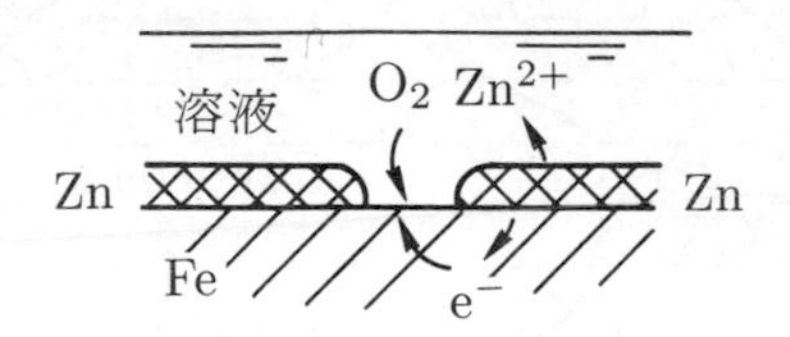

Zn（陽極）：$Zn \longrightarrow Zn^{2+} + 2e^-$

Fe（陰極）：$O_2 + 2H_2O + 4e^- \longrightarrow 4OH^-$

(a) 白鐵之腐蝕反應

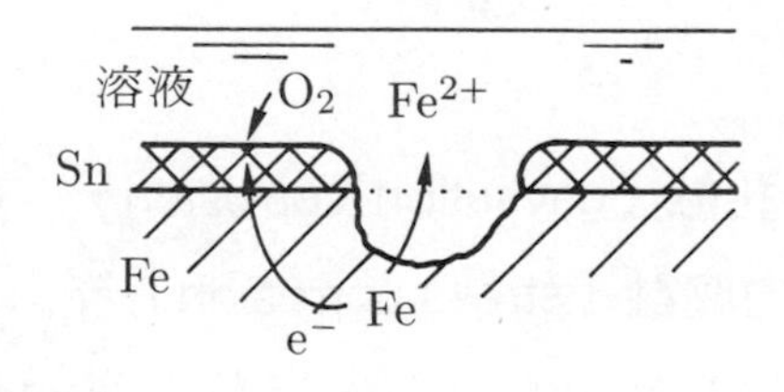

Sn（陰極）：$O_2 + 2H_2O + 4e^- \longrightarrow 4OH^-$

Fe（陽極）：$Fe \longrightarrow Fe^{2+} + 2e^-$

(b) 馬口鐵之腐蝕反應

在 6–1 節曾提及不同的金屬離子濃度，可形成**濃度電池**（concentration cell），此種反應亦常見於腐蝕反應，主要是在金屬表面不同位置有不同之溶氧或氫離子濃度而引起，尤其是不同溶氧濃度造成之**氧**

差腐蝕（differential oxygenation corrosion）廣泛見於兩金屬相接之表面下，如鉚釘處、墊片處、縫隙內或金屬表面溼氣之情況，圖 6-6 說明鐵表面有一滴食鹽水時之氧差腐蝕現象。

另一常見之腐蝕爲**均勻腐蝕**（uniform corrosion），爲金屬表面均勻曝露於腐蝕環境中，而發生氧化還原反應，金屬表面均勻地腐蝕的現象，如一般鋼鐵在潮溼空氣中，發生均勻地腐蝕生銹。

圖 6-6 氧差腐蝕現象

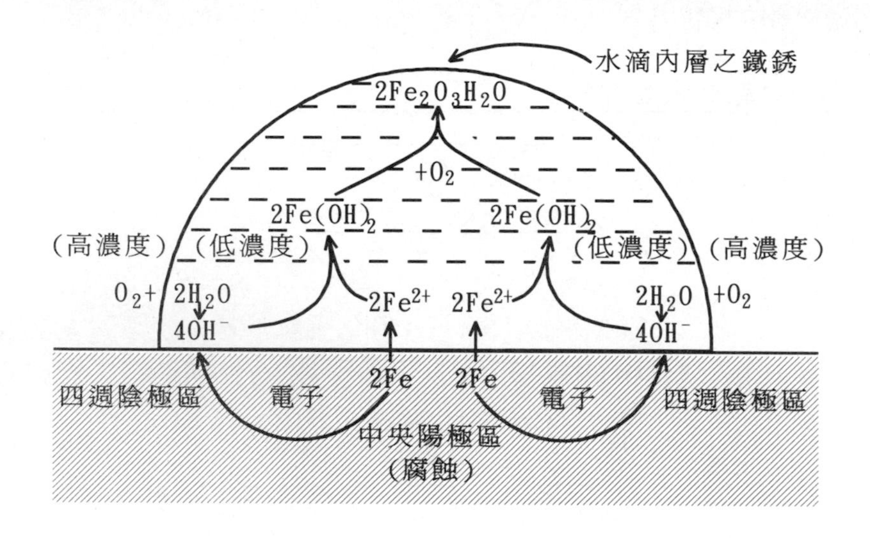

其他腐蝕現象如**孔蝕**（cavitation corrosion）、**磨耗腐蝕**（fretling wear corrosion）、**應力腐蝕**（stress corrosion）等，在此不多做介紹。

如前述，腐蝕現象的發生必須有一完整之腐蝕電池（氧化反應與還原反應），因此防制腐蝕的方法不外乎選擇金屬材料、隔絕腐蝕環境與改變環境三大類，分述如下:

1.選擇金屬材料

選擇較不活潑之金屬材料，其較不易成爲陽極，即不易發生腐蝕;另外有些金屬雖然活性頗大，如鋁，表面易氧化生成氧化鋁，但因氧化鋁層緻密性高，因此可保護底層之鋁被氧化。

2.隔絕腐蝕環境

將發生腐蝕之陰極與陽極隔離，或是金屬與腐蝕環境隔離，即可避免腐蝕現象發生。隔絕方法有許多種，如油漆、塗裝、電鍍、金屬膜、化成皮膜、襯墊（非金屬塗膜）、防銹油處理等。

3.改變環境

改變發生腐蝕之環境，使腐蝕反應無法發生，如此即可達到防蝕目的。改變環境的方法如添加**腐蝕抑制劑**（corrosion inhibitor）、**環境溼度控制**（moisture control）、**陰極防蝕法**（cathodic protection）、**犧牲陽極**（sacrificial anode）等。

6–5 鐵之化學

鐵爲地球上存量最豐富之元素之一（地心之主要成分爲鐵），鐵廣存於土壤與岩石中，主要是以不溶性的氧化鐵與硫化鐵存在。在厭氧狀況下，可形成溶解性的 Fe(II) 進入地下水系統，因而引起公共給水的問題，包括：鐵濃度過高導致水中有金屬味道，使工業製品或家庭器具、衣服等染上有色斑點，鐵沈澱可引起管線阻塞，並促使鐵細菌生長，鐵細菌亦可能造成臭味。因此需要將水中的鐵去除，去除的方法是將溶解性之 Fe(II) 氧化成較低溶解度之 Fe(III) 再沈澱去除。

將Fe(II) 氧化爲 Fe(III) 常用之氧化劑爲氧、氯及高錳酸鉀，尤其是氧，在氧存在下，Fe(II) 可如下式被氧化：

$$4Fe^{2+}{}_{(aq)} + O_{2(g)} + 10H_2O_{(\ell)} \rightleftharpoons 4Fe(OH)_{3(s)} + 8H^+{}_{(aq)} \qquad \textbf{(6–41)}$$

上式反應由標準生成自由能可求得 $\Delta G^\circ = -23.7$ kcal，並由熱力學關係

$$\Delta G^\circ = -RT\ln K$$

可求得平衡常數$K = 2.4 \times 10^{17}$，表示此反應在標準狀態下，氧化反應可趨於完全。

氯或次氯酸鈉及高錳酸鉀亦可用來氧化 Fe(II)，如下式所示：

$$2Fe^{2+}{}_{(aq)} + Cl_{2(g)} + 6H_2O_{(\ell)} \rightleftharpoons 2Fe(OH)_{3(s)} + 2Cl^-{}_{(aq)} + 6H^+{}_{(aq)} \quad \textbf{(6–42)}$$

$$3Fe^{2+}{}_{(aq)} + KMnO_{4(aq)} + 7H_2O_{(\ell)} \rightleftharpoons 3Fe^{2+}{}_{(aq)} + MnO_{2(s)} + K^+{}_{(aq)} + 5H^+{}_{(aq)} \quad \textbf{(6–43)}$$

去除水中鐵常用之方法還是以氧來氧化 Fe(II) 爲主，其方法爲曝氣，再藉由沈澱、過濾去除。

水中鐵系統亦爲環境工程上有關腐蝕及沈澱溶解平衡極重要之問題，請參考 6-3 節水中鐵系統 pE – pH 圖之敍述，與 6-4 節鐵腐蝕之現象。

6–6 氯之化學

在水及廢水處理工程上廣用氯做爲氧化劑及殺菌劑，使用之氯形式包括氯氣 (Cl_2) 及次氯酸鹽 (NaOCl, $Ca(OCl)_2$) 等，而氯在水中則以 Cl_2、 HOCl、 OCl^- 及各種氯胺 (chloramine) 存在，統稱爲**水化氯**（aqueous chlorine）。

氯與水作用生成次氯酸 (HOCl) 及氫氯酸 (HCl)，如下式所示：

$$Cl_2 + H_2O \rightleftharpoons HOCl + H^+ + Cl^- \quad \textbf{(6–44)}$$

$$K = \frac{[HOCl][H^+][Cl^-]}{[Cl_2]} = 4 \times 10^{-4} \qquad (25^\circ C) \quad \textbf{(6–45)}$$

而次氯酸爲一弱酸，其解離平衡爲

$$HOCl \rightleftharpoons H^+ + OCl^- \quad \textbf{(6–46)}$$

$$K_a = \frac{[H^+][OCl^-]}{[HOCl]} = 3.2 \times 10^{-8} \qquad (25℃)$$

或

$$pK_a = 7.5$$

當 pH 值低於 7.5 時 HOCl 爲主要物種，pH 值高於 7.5 時，OCl^- 則爲主要物種，而一般認爲 HOCl 之殺菌能力超過 OCl^-。

氯具有強氧化力，因此可與水中許多物質反應，尤其是還原性物質，如前節所述之 Fe(II)，另外氯與氨之反應亦廣受注目。

氯與氨反應形成一系列氯化氨化合物，稱爲**氯胺**（chloramine），包括**一氯胺**（monochloramine, NH_2Cl）、**二氯胺**（dichloramine, $NHCl_2$）與**三氯胺** (trichloramine, NCl_3)，其形成反應如下：

$$NH_3 + HOCl \rightleftharpoons NH_2Cl + H_2O \qquad \textbf{(6–47)}$$

$$NH_2Cl + HOCl \rightleftharpoons NHCl_2 + H_2O \qquad \textbf{(6–48)}$$

$$NHCl + HOCl \rightleftharpoons NCl_3 + H_2O \qquad \textbf{(6–49)}$$

在水化學中，通常將 Cl_2、HOCl 與 OCl^- 總稱爲**自由餘氯**（free chlorine residuals），而將一氯胺、二氯胺與三氯胺稱爲**結合餘氯**（combined chlorine residuals）。水中氯與氨之反應除了形成氯胺以外，亦可能將 NH_3 氧化成 N_2，如下式反應：

$$2NH_3 + 3Cl_2 \rightleftharpoons N_{2(g)} + 6H^+ + 6Cl^- \qquad \textbf{(6–50)}$$

因此當水中加氯到一定程度時，所有氨變成 N_2 或更高氧化態，稱爲**折點加氯**（break-point chlorination），如圖 6–7 所示。當水源中含有 NH_3 時，氯應加到折點，以產生餘氯來消毒。

圖 6-7 折點加氯曲線

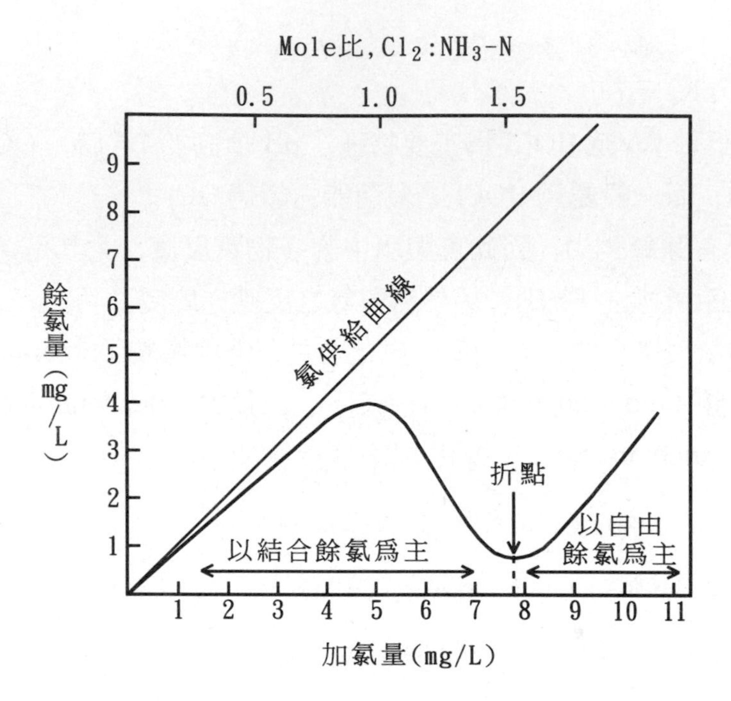

【例題6–14】

試計算折點加氯之理論加氯量對氨氮之重量比及鹼度消耗量。

【解】

由 (6–50) 式知每 2mole 氨與 3mole 氯反應。

故 $$\frac{Cl_2}{NH_3—N}=\frac{3(70.9)}{2(14)}=\frac{7.6}{1}$$

理論上折點加氯反應之加氯量對氨氮之重量比爲 7.6:1，但此比值常因處理水中尚有未知的反應發生，故實際水處理操作時，此比值約在 8:1 至10:1 之間。由 (6–50) 式知每 2mole 氨被氯氧化後，產生 6mole 之 H^+，同時 2mole 之鹼度也被消耗。

故

$$鹼度消耗量=\frac{6(50)}{2(14)}+\frac{2(50)}{2(14)}$$
$$=14.3\text{mg/L}（以 CaCO_3 計）$$

理論上，1g 之氨氮在折點加氯反應中，將消耗 14.3g 之鹼度。

加氯消毒爲水處理程序中最常應用來破壞病原體及有害微生物之處理單元，但加氯處理時，水中特定有機物會與氯起化學反應產生有毒性之氯化有機物，長期上會對人體及環境造成傷害。爲減少此氯化有機物之毒害，水經氯化處理後，常須除氯處理。常用的除氯劑有二氧化硫及活性碳，其反應及應用扼要說明如下:

二氧化硫

二氧化硫可有效的去除自由餘氯、一氯胺、二氯胺、三氯胺及多氯化合物，當二氧化硫加入水中，將有下列反應產生:

$$SO_2 + HOCl + H_2O \rightleftharpoons Cl^- + SO_4^{2-} + 3H^+ \tag{6–51}$$

$$SO_2 + NH_2Cl + 2H_2O \rightleftharpoons Cl^- + SO_4^{2-} + NH_4^+ + 2H^+ \tag{6–52}$$

因爲二氧化硫與自由有效餘氯及結合有效餘氯之反應非常迅速，故以二氧化硫除氯時不需要接觸反應槽，只要在加藥處快速攪拌即可。

活性碳

活性碳吸附設備可完全地去除自由及結合有效餘氯；當活性碳被應用爲除氯時，下列反應將發生:

$$C + 2Cl_2 + 2H_2O \rightleftharpoons 4HCl + CO_2 \tag{6–53}$$

$$C + 2NH_2Cl + 2H_2O \rightleftharpoons CO_2 + 2NH_4^+ + 2Cl^- \tag{6–54}$$

粒狀活性碳 (Granular Activated Carbon, GAC)常被作爲濾床之濾料，GAC 除了具有過濾及吸附功能外，尚可用於除氯。目前家庭用淨水器，常將活性碳過濾器配置在陽離子交換樹脂處理器及逆滲透處理單元之前，除了將活性碳作爲吸附劑去除微量有機物外，尙可除去自來水中之餘氯，以保護離子交換樹脂及逆滲透膜不被餘氯氧化破壞。

6–7 生物氧化還原反應

在自然水系統及諸多廢水處理程序中，有許多現象皆是由生物系統媒介催化的氧化還原反應，如：氧氣的還原、硝化與脫硝、Fe(II)/Fe(III) 之氧化還原、Mn(II)/Mn(IV) 之氧化還原、有機物之氧化還原、CH_4 醱酵、S^{2-}/SO_4^{2-} 之氧化還原 ……等。事實上，微生物並不能進行化學反應（氧化還原反應），只是催化化學反應，並利用化學反應之能量爲新陳代謝過程的能量，或是利用此等化學反應產物作爲生物合成的組成分。

表 6–2 列出一些微生物催化之氧化還原反應及其 pE° 值，而圖 6–8 則將這些反應依氧化還原電位順序排列，並舉數例微生物反應系統，由這些反應之 $\Delta G°(pH = 7)$ 皆小於零，可見這些反應皆可自然發生。注意表 6–2 與圖 6–8 所列反應皆爲 pH = 7 之水系統。

表 6–2　生物催化之氧化還原反應

還　原　反　應	$pE°(W) = \log K(W)$
(A) $\frac{1}{4}O_{2(g)} + H^+(W) + e^- = \frac{1}{2}H_2O$	+13.75
(B) $\frac{1}{5}NO_3^- + \frac{6}{5}H^+(W) + e^- = \frac{1}{10}N_{2(g)} + \frac{3}{5}H_2O$	+12.65
(C) $\frac{1}{2}MnO_{2(s)} + \frac{1}{2}HCO_3^-(10^{-3}) + \frac{3}{2}H^+(W) + e^- = \frac{1}{2}MnCO_{3(s)} + H_2O$	+8.9
(D) $\frac{1}{8}NO_3^- + \frac{5}{4}H^+(W) + e^- = \frac{1}{8}NH_4^+ + \frac{3}{8}H_2O$	+6.15

表 6-2 （續表）

還 原 反 應	$pE°(W) = \log K(W)$
(E)$FeOOH_{(s)} + HCO_3^-(10^{-3}) + 2H^+(W) + e^- = FeCO_{3(s)} + 2H_2O$	-0.8
(F)$\frac{1}{2}CH_2O + H^+(W) + e^- = \frac{1}{2}CH_3OH$	-3.01
(G)$\frac{1}{8}SO_4^{2-} + \frac{9}{8}H^+(W) + e^- = \frac{1}{8}HS^- + \frac{1}{2}H_2O$	-3.75
(H)$\frac{1}{8}CO_{2(g)} + H^+(W) + e^- = \frac{1}{8}CH_{4(g)} + \frac{1}{4}H_2O$	-4.13
(J)$\frac{1}{6}N_2 + \frac{4}{3}H^+(W) + e^- = \frac{1}{3}NH_4^+$	-4.68
氧 化 反 應	$pE°(W) = -\log K(W)$
(L)$\frac{1}{4}CH_2O + \frac{1}{4}H_2O = \frac{1}{4}CO_{2(g)} + H^+(W) + e^-$	-8.20
(L − 1)$\frac{1}{2}HCOO^- = \frac{1}{2}CO_{2(g)} + \frac{1}{2}H^+(W) + e^-$	-8.73
(L − 2)$\frac{1}{2}CH_2O + \frac{1}{2}H_2O = \frac{1}{2}HCOO^- + \frac{3}{2}H^+(W) + e^-$	-7.68
(L − 3)$\frac{1}{2}CH_3OH = \frac{1}{2}CH_2O + H^+(W) + e^-$	-3.01
(L − 4)$\frac{1}{2}CH_{4(g)} + \frac{1}{2}H_2O = \frac{1}{2}CH_3OH + H^+(W) + e^-$	$+2.88$
(M)$\frac{1}{8}HS^- + \frac{1}{2}H_2O = \frac{1}{8}SO_4^{2-} + \frac{9}{8}H^+(W) + e^-$	-3.75
(N)$FeCO_{3(s)} + 2H_2O = FeOOH_{(s)} + HCO_3^-(10^{-3}) + 2H^+(W) + e^-$	-0.8
(O)$\frac{1}{8}NH_4^+ + \frac{3}{8}H_2O = \frac{1}{8}NO_3^- + \frac{5}{4}H^+(W) + e^-$	$+6.16$
(P)$\frac{1}{2}MnCO_{3(s)} + \frac{3}{8}H_2O = \frac{1}{2}MnO_{2(s)} + \frac{1}{2}HCO_3^-(10^{-3}) + \frac{3}{2}H^+(W) + e^-$	8.9

註：$pE°(W)$係指$pH = 7$，其餘為標準狀態之 pE 值。

圖6-8 微生物催化之氧化還原反應序列

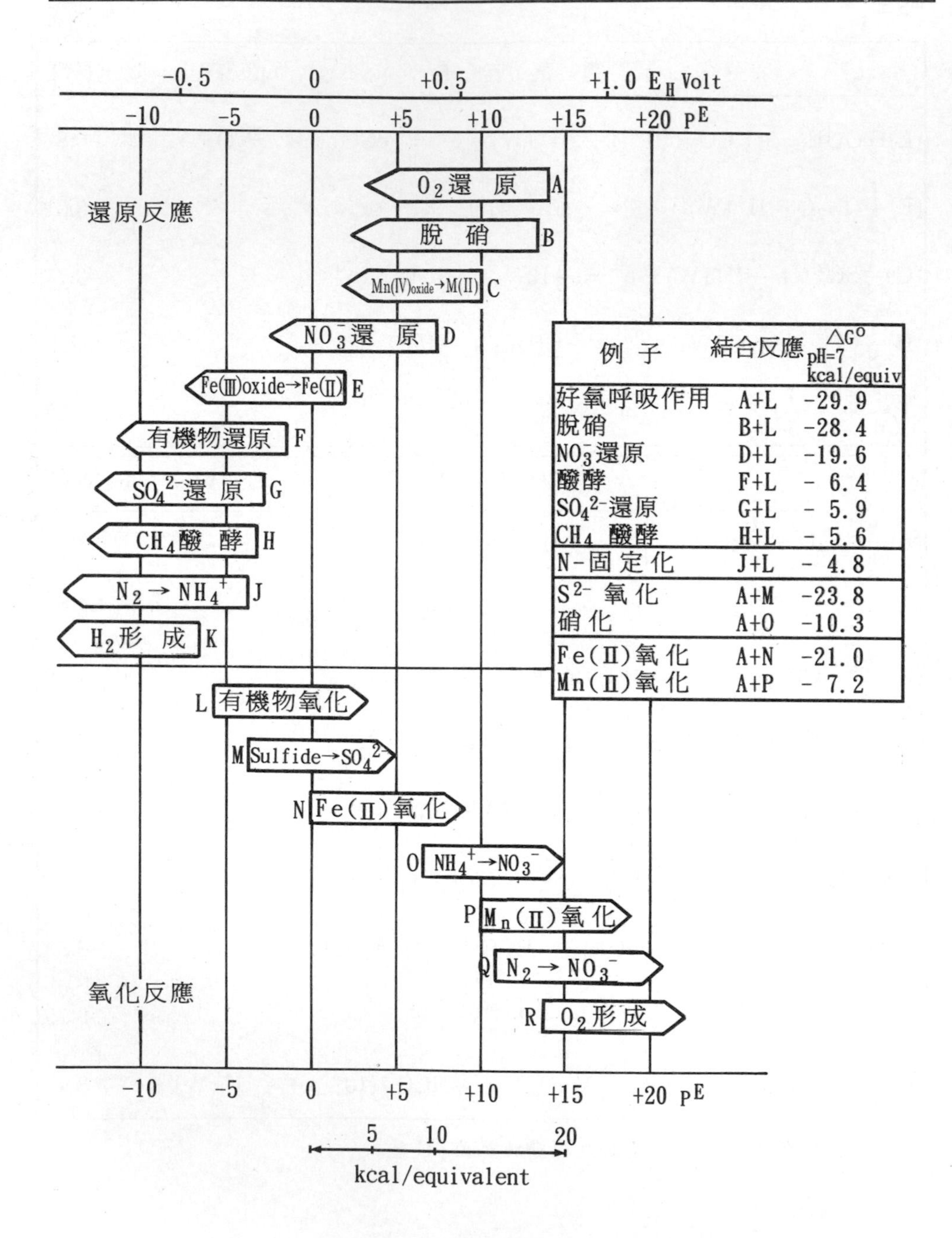

例子	結合反應	ΔG^{o} pH=7 kcal/equiv
好氧呼吸作用	A+L	-29.9
脫硝	B+L	-28.4
NO_3^-還原	D+L	-19.6
醱酵	F+L	- 6.4
SO_4^{2-}還原	G+L	- 5.9
CH_4 醱酵	H+L	- 5.6
N-固定化	J+L	- 4.8
S^{2-} 氧化	A+M	-23.8
硝化	A+O	-10.3
Fe(II)氧化	A+N	-21.0
Mn(II)氧化	A+P	- 7.2

【例題6–15】

試計算碳水化合物醱酵成甲醇之自由能變化。

【解】

由表 6–2 (F) 式

$$\frac{1}{2}CH_2O + H^+(W) + e^- = \frac{1}{2}CH_3OH \qquad \log K(W) = -3.01$$

表 6–2 (L) 式

$$\frac{1}{4}CH_2O + \frac{1}{4}H_2O = \frac{1}{4}CO_{2(g)} + H^+(W) + e^- \quad \log K(W) = 8.20$$

上二式相加

$$\frac{1}{2}CH_2O + \frac{1}{4}CH_2O + \frac{1}{4}H_2O = \frac{1}{2}CH_3OH + \frac{1}{4}CO_{2(g)} \quad \log K(W) = 5.19$$

或

$$C_6H_{12}O_6 + 2H_2O = 4CH_3OH + 2CO_{2(g)} \qquad \log K(W) = 41.52$$

由 (2–37) 式

$$\Delta G^\circ = -RT\ln K$$

$$\Delta G^\circ = -1.987 \times 298 \times (2.3025 \times 41.52)$$

$$= -56607\text{cal}$$

$$= -56.6\text{kcal}$$

將 CH_2O 還原成 CH_3OH 可於 $pE < -3$ 之系統中進行，因伴隨著 CH_2O 之氧化反應爲 $pE^\circ(W) = -8.2$，所以碳水化合物醱酵成甲醇之反應在熱力學上是可行的。

在密閉水溶液系統中，有機物（以 CH_2O 爲例）之氧化作用首先還原 $O_2(pE^\circ(W) = 13.75)$，然後依序還原 NO_3^- 及 NO_2^-，其秩序大致與表 6–2 還原反應之 $pE^\circ(W)$ 遞減秩序相同，當足夠之負 pE 狀態達到時，醱酵反應及 SO_4^{2-} 與 CO_2 之還原反應也可發生。因爲上述之反應爲生物媒介催化進行，所以化學反應之優先秩序與微生物生態遞嬗相同，先爲喜氣異營菌然後再脫硝菌、醱酵菌、硫酸根還原菌及甲烷菌。同時以微生物進化觀點來看，微生物媒介催化高產能反應將先於低產能反應，因微生物可經由高產能反應獲得較多能量以合成細胞體。

6-8 電化測定

電化測定爲廣泛應用的分析技術之一，本節僅舉數種應用於環境工程上常見之分析技術。

1.pH測定

利用 pH 計來測定 pH 值，其原理爲 Nernst 方程式，以下式反應說明:

$$2H^+ + 2e^- \rightleftharpoons H_{2(g)} \qquad \textbf{(6–55)}$$

Nernst 方程式爲

$$E = E^\circ - \frac{0.0591}{2}\log\frac{P_{H_2}}{[H^+]^2} \qquad (25℃時) \qquad \textbf{(6–56)}$$

若 $P_{H_2} = 1$ atm，而 pH 之定義爲 $pH = -\log[H^+]$，故上式成爲

$$E = E^\circ - 0.0591pH \qquad \textbf{(6–57)}$$

測量電位即可求算出 pH。

如 6–1 節所述，電位爲一相對值，測量電位需有一基準，一般之基準爲**標準氫電極**（normal hydrogen electrode, NHE），但其操作並不方便，通常較爲常用的**參考電極**（reference electrode）爲**飽和甘汞電極**（saturated calomel electrode, SCE），其反應爲:

$$Hg_2Cl_{2(s)} + 2e^- \rightleftharpoons 2Hg_{(\ell)} + 2Cl^-{}_{(aq)} \qquad \textbf{(6–58)}$$

$$E = E^\circ - \frac{0.0591}{2}\log[Cl^-]^2$$

$$= 0.242\ V \qquad （25℃時，[Cl^-] = 飽和） \qquad \textbf{(6–59)}$$

飽和甘汞電極之構造如圖 6–9 所示。

圖 6–9　飽和甘汞電極

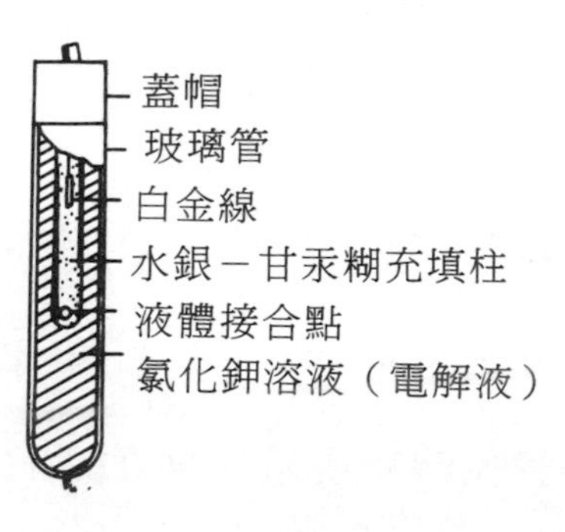

除了做爲電位基準之參考電極外，pH 計中尚需有能指示 H^+ 濃度之**指示電極**（indicator electrode），pH 計之指示電極爲**玻璃電極**（glass electrode），其構造包括一對 H^+ 濃度（活性）敏感之玻璃薄膜（對 H^+ 有靈敏之滲透性），膜內盛有緩衝溶液，並有一內部參考電極（一般爲 Ag/AgCl 電極），如圖 6–10 所示。

圖 6–10　玻璃電極

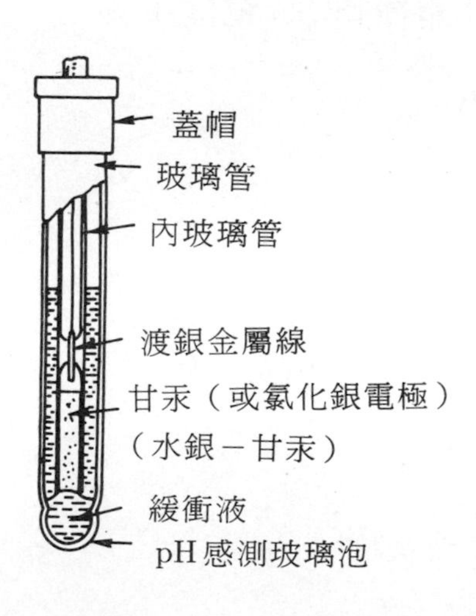

測定 pH 值之整個電池可表示如下:

$$\underbrace{Ag|AgCl_{(s)}, HCl(0.1\ M)|\text{玻璃膜}}_{\text{玻璃電極}}|\text{待測溶液}||\underbrace{KCl(sat.),\ Hg_2Cl_{2(s)}|Hg}_{SCE} \quad \textbf{(6–60)}$$

【例題6–16】

下列電池左邊部分溶液爲 pH=6.34 之緩衝液時，其電位爲 0.209v,

$$\text{玻璃電極}|H^+(a = x)||SCE$$

當緩衝液以未知溶液替代時所得電位爲 0.064v，試求未知溶液之 pH 值。

【解】

由 (6–56) 式，知玻璃電極電位爲

$$E_G = \text{常數} + 0.0591 \log a_{H^+}$$

或

$$E_G = \text{常數} - 0.0591pH$$

由 (6–59) 式，飽和甘汞電極 (SCE) 電位爲

$$E_{SCE} = 0.242v$$

所以電池電位爲

$$\begin{aligned} E_{cell} &= E_{SCE} - E_G \\ &= 0.242 - (\text{常數} - 0.0591pH) \\ &= K + 0.0591pH \end{aligned}$$

當 pH = 6.34 時， E_{cell} 爲 0.209v

所以　$K = E_{cell} - 0.0591pH$

$= 0.209 - 0.0591 \times 6.34$

$= -0.166v$

當 $E_{cell} = 0.064v$ 時，未知溶液之 pH 值爲

$$pH = \frac{(E_{cell} - K)}{0.0591}$$

$$= \frac{(0.064 + 0.166)}{0.0591}$$

$$= 3.89$$

2.氧化還原電位測定

氧化還原電位（oxidation-reduction potential, ORP）常被用來判定水樣之氧化還原狀態，ORP 之測定與 pH 計類似，其原理亦爲Nernst 方程式，一般 pH 計即可用來測定 ORP，只是電極採用 ORP 電極（通常爲銀電極或白金電極）。甘汞電極是陰極，白金或銀惰性金屬爲陽極。陽極由高度惰性金屬構成，因此氧化電位小於溶液中任何可氧化之成份。所以陽極是溶液成份氧化的位置，其電極本身不被氧化。

自然水及廢水氧化還原電位測定結果不易解釋，因 ORP 電池之電位只是能在陽極表面反應物種之結果而已。自然水在陽極表面只有少數反應能進行，如 $Fe^{2+} \rightleftharpoons Fe^{3+} + e^-$ 及 $Mn^{2+} \rightleftharpoons Mn(IV) + 2e^-$。部分在氮、硫及碳循環的重要氧化還原反應中，在 ORP 電池之指示電極（陽極）反應並不完全。而且 ORP 電池電位是許多反應發生之混合電位，其值很難甚至不可能用氧化還原理論做定量解釋。

3.pH 滴定與電位滴定 (potentiometric titration)

容量分析法之滴定終點判定常有困難，一般可以pH 計或電位測定將滴定曲線繪出，再據以判定滴定終點，滴定曲線如圖 6–11 所示爲以 NaOH 滴定 HCl 之結果。

圖 6−11 以NaOH 滴定 HCl之滴定曲線

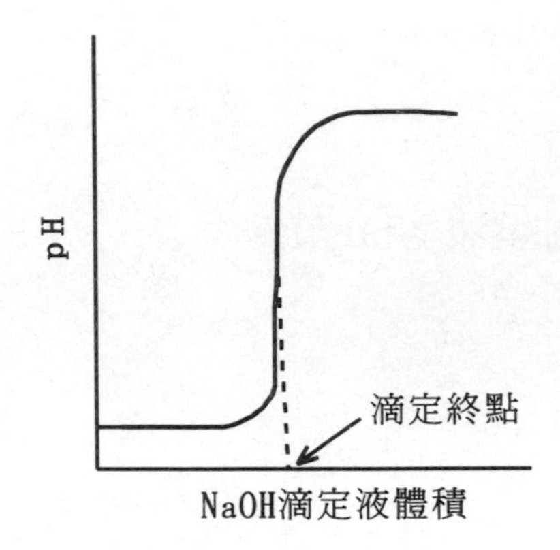

用合適之指示電極來測定電位可以得到滴定的當量點（此即電位滴定）。電位滴定所得的數據與由直接電位測定所得者不同。例如，使用 pH 電極直接測 0.1M 醋酸與鹽酸溶液，所得的氫離子濃度相差很大，因前者只有部分解離。另一方面，電位滴定相等體積的上述酸溶液，需相等量的標準鹼液來中和。

【例題6–17】

試求下列反應在電位滴定法當量點之電位表示式:

$$5Fe^{2+} + MnO_4^- + 8H^+ \rightleftharpoons 5Fe^{3+} + Mn^{2+} + 4H_2O$$

【解】

氧化還原半反應式爲:

$$Fe^{3+} + e^- \rightleftharpoons Fe^{2+}$$

$$MnO_4^- + 8H^+ + 5e^- \rightleftharpoons Mn^{2+} + 4H_2O$$

此系統的電位可用下列二式之一來表示

$$E = E^{\circ}_{Fe^{3+}} - \frac{0.0591}{1} \log \frac{[Fe^{2+}]}{[Fe^{3+}]}$$

或

$$E = E^{\circ}_{MnO_4^-} - \frac{0.0591}{5} \log \frac{[Mn^{2+}]}{[MnO_4^-][H^+]^8}$$

MnO_4^- 的半反應式乘以 5，即

$$5E = 5E^{\circ}_{MnO_4^-} - 0.0591 \log \frac{[Mn^{2+}]}{[MnO_4^-][H^+]^8}$$

二半反應式之電位相加

$$6E = E^{\circ}_{Fe^{3+}} + 5E^{\circ}_{MnO_4^-} - 0.0591 \log \frac{[Fe^{2+}][Mn^{2+}]}{[Fe^{3+}][MnO_4^-][H^+]^8}$$

在當量點的計量關係爲:

$$[Fe^{3+}] = 5[Mn^{2+}]$$

$$[Fe^{2+}] = 5[MnO_4^-]$$

將其代入上式並整理，可得

$$E_{eq} = \frac{E^{\circ}_{Fe^{3+}} + 5E^{\circ}_{MnO_4^-}}{6} - \frac{0.0591}{6} \log \frac{1}{[H^+]^8}$$

此電位滴定的當量點電位和 pH 值有關。

4.溶氧測定

利用**溶氧電極**（DO probe）測定水中溶氧亦爲廣用於水化學之電化學分析技術，溶氧電極爲將固態惰性電極密封於透氣的 pE 透膜內，水中之氧擴散通過透膜在膜內起電化學反應，膜內的反應使膜內氧濃度維持近於零，因此膜外的氧濃度決定了氧擴散通過透膜的速率，也決定了膜內電化學反應之電流大小，故可據以決定水中溶氧濃度，圖 6–12 爲 Mackereth 溶氧電極之示意圖。

圖 6-12 Mackereth 溶氧電極

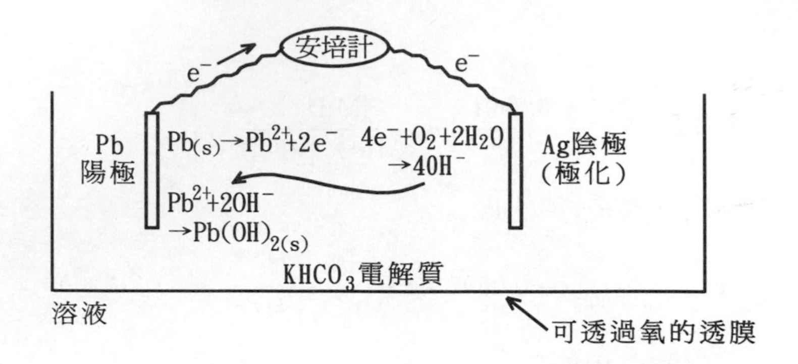

5.導電度測定

水樣之導電度代表水中離子之濃度，其測定通常利用 Wheasten 電橋測定電阻，而導電度與電阻互爲倒數，如下式所示:

$$K = \frac{1}{R} = k\frac{A}{\ell} = \frac{k}{C} \tag{6-61}$$

其中 K = **導電度**（conductivity） 單位 mho

R = **電阻**（resistance） 單位 ohm

k =**比電導**（specific conductivity） 單位 mho/cm

A = 電極面積 單位 cm^2

ℓ = 二電極間之距離 單位 cm

C = **電解槽常數**（cell constant） 單位 cm^{-1}

利用電解槽常數已知之電極，通常爲白金電極，電極面積 (A) 與極距 (ℓ) 固定，（亦即 C 固定）測得電阻後，即可求得其比電導 k，可知水中離子之濃度狀況。

【例題6-18】

用導電度計量測比電導度爲 0.012 mho/cm 的 KCl 水溶液，其 25°C 時電阻爲 45ohm。(a)計算電解槽常數。又以此導電度計測得某溶液電阻爲 125ohm，試問(b)某溶液之比電導度爲何?

【解】

(a)計算電解槽常數由 (6–61) 式得

$$C = kR = 0.012 \times 45$$

$$= 0.54\text{cm}^{-1}$$

(b)求某溶液之比電導度由 (6–61) 式得

$$k = C/R = 0.54/125$$

$$= 0.00432\text{mho/cm}$$

參考資料

1. 田福助，《電化學》，高立圖書公司，民國 77 年。
2. 杜逸虹，《物理化學》，三民書局，民國 65 年。
3. 黃正義、黃炯昌譯，《環境工程化學》，乾泰圖書公司，民國 77 年。
4. 黃定加，《物理化學》，高立圖書公司，民國 77 年。
5. 萬其超，《電化學》，臺灣商務印書館，民國 69 年。
6. Benefield, L. D., Judkins, J. F. and Weand, B. L., *Process Chemistry for Water and Wastewater Treatment,* Prentice-Hall, Inc., N. J., 1982.
7. Rieger, P. H., *Electrochemistry,* Chapman & Hall, Inc., New York, 1994.
8. Sawyer, C. N. and McCarty, P. L., *Chemistry for Environmental Engineering,* 3rd ed., McGraw-Hill, Inc., New York, 1978.
9. Skoog, D. A., West, D. M. and Holler, F. J., *Fundamentals of Analytical Chemistry,* 5th ed., Saunders College Publishing, New York, 1988.
10. Snoeyink, V. L. and Jenkins, D., *Water Chemistry,* John Wiley and Sons, Inc., New York, 1980.
11. Stumm, W. and Morgan, J. J., *Aquatic Chemistry,* Wiley-Interscience, New York, 1981.

習　題

1. 試以半反應法平衡下列方程式:

   (a) $Cr_2O_7^{2-} + C_2O_4^{2-} \longrightarrow$（酸性溶液）

   (b))$MnO_4^- + H_2S \longrightarrow$（酸性溶液）

2. 試以氧化數法平衡下列方程式:

   (a) $I_2 + S_2O_3^{2-} \longrightarrow$

   (b) $I_2 + OH^- \longrightarrow I^- + IO_3^- + H_2O$

   (c) $Fe^{2+} + MnO_4^- \longrightarrow$（鹼性溶液）

3. 試利用電位表，求下列反應之標準電位。

   $$2MnO_4^- + 10Br^- + 16H^+ \longrightarrow 2Mn^{2+} + 5Br_2 + 8H_2O$$

4. 已知 $Ce^{4+} + e^- \longrightarrow Ce^{3+} \qquad E^\circ = -1.61\ V$

   $Ce^{3+} + 3e^- \longrightarrow Ce_{(s)} \qquad E^\circ = -2.48\ V,$

   試求 $Ce^{4+} + 4e^- \longrightarrow Ce_{(s)}$ 之 E°。

5. 試求下列電池在 25℃時之電動勢。

   $$Fe|Fe^{2+}(a = 0.6)||Cd^{2+}(a = 0.001)|Cd$$

6. 試寫出下列電池之電池反應，並求其在 25℃時之電位與自由能變化。　$Zn|Zn^{2+}(a = 0.01)||Fe^{2+}(a = 0.001),\ \ Fe^{3+}(a = 0.1)|Pt$

7. 已知 $Ag^+ + e^- \longrightarrow Ag_{(s)} \qquad E^\circ = 0.799\ V$

   $AgBr_{(s)} + e^- \rightleftharpoons Ag_{(s)} + Br^-\ \ E^\circ = 0.071\ V,$

   試由此求 AgBr 之溶解度積 (K_{so})。

8. 硫酸根還原成亞硫酸根之半反應如下:

   $$SO_4^{2-} + 2H^+ + 2e^- \longrightarrow SO_3^{2-} + H_2O$$

若 $[SO_3^{2-}] = 10^{-3}$ mole/L, $[SO_4^{2-}] = 10^{-4}$ mole/L, pH = 8，則 25℃時此反應之電位爲若干？

9. 試利用電位表，求 Daniell 電池在 25℃時電池反應之平衡常數。
10. 試求下式反應在標準狀態下之電池電位、自由能變化及平衡常數。

$$5H_2S_{(g)} + 6H^+{}_{(aq)} + 2MnO^-_{4\,(aq)} \rightleftharpoons 2Mn^{2+}{}_{(aq)} + 5S_{(s)} + 8H_2O_{(\ell)}$$

11. 若上題各物種之濃度如下： $P_{H_2S} = 0.2$ atm, pH = 7, $[MnO_4^-] = 10^{-4}$ M, $[Mn^{2+}] = 10^{-5}$ M，試求其在 25℃時之電位、自由能變化。
12. 在 pH = 7 的水相中， Fe(II) 氧化之反應如下：

$$4Fe^{2+} + O_{2(g)} + 4H^+{}_{(aq)} \rightleftharpoons 4Fe^{3+} + 2H_2O_{(\ell)}$$

試求 Fe(III) 發生 $Fe(OH)_{3(s)}$ 沈澱時對上反應式之電位影響如何？ ($Fe(OH)_3$ 之 $K_{sp} = 4 \times 10^{-38}$)

13. 試參考表 6–2，寫出脫硝反應之半反應式與全反應式，並計算其電位。（自行假設各物種濃度）
14. 試說明氧差腐蝕現象及相異金屬腐蝕現象。
15. 試說明折點加氯，及其在給水工程上之應用。
16. 何謂參考電極？何謂指示電極？並各舉一例說明之。
17. 試繪製水溶液中 Fe^{2+} 與 Fe^{3+} 平衡之 pE – pC 圖 $C_{T,Fe} = 10^{-4}$ M。
18. 試說明防制腐蝕的方法有那些？

附錄1　溶解度積(≃25℃)

物　　質	分子式	K_{sp}
Aluminum hydroxide	$Al(OH)_3$	2×10^{-32}
Barium arsenate	$Ba_3(AsO_4)_2$	7.7×10^{-51}
Barium carbonate	$BaCO_3$	8.1×10^{-9}
Barium chromate	$BaCrO_4$	2.4×10^{-10}
Barium fluoride	BaF_2	1.7×10^{-6}
Barium iodate	$Ba(IO_3)_2 \cdot 2H_2O$	1.5×10^{-9}
Barium oxalate	$BaC_2O_4 \cdot H_2O$	2.3×10^{-8}
Barium sulfate	$BaSO_4$	1.08×10^{-10}
Beryllium hydroxide	$Be(OH)_2$	7×10^{-22}
Bismuth hydroxide	$BiOOH$	4×10^{-10}
Bismuth iodide	BiI_3	8.1×10^{-19}
Bismuth phosphate	$BiPO_4$	1.3×10^{-23}
Bismuth sulfide	Bi_2S_3	1×10^{-97}
Cadmium arsenate	$Cd_3(AsO_4)_2$	2.2×10^{-33}
Cadmium hydroxide	$Cd(OH)_2$	5.9×10^{-15}
Cadmium oxalate	$CdC_2O_4 \cdot 3H_2O$	1.5×10^{-8}
Cadmium sulfide	CdS	7.8×10^{-27}
Calcium arsenate	$Ca_3(AsO_4)_2$	6.8×10^{-19}
Calcium carbonate	$CaCO_3$	8.7×10^{-9}
Calcium fluoride	CaF_2	4.0×10^{-11}
Calcium hydroxide	$Ca(OH)_2$	5.5×10^{-6}
Calcium iodate	$Ca(IO_3)_2 \cdot 6H_2O$	6.4×10^{-7}
Calcium oxalate	$CaC_2O_4 \cdot H_2O$	2.6×10^{-9}
Calcium phosphate	$Ca_3(PO_4)_2$	2.0×10^{-29}
Calcium sulfate	$CaSO_4$	1.9×10^{-4}
Cerium(III) hydroxide	$Ce(OH)_3$	2×10^{-20}

物　　質	分子式	K_{sp}
Cerium(III) iodate	$Ce(IO_3)_3$	3.2×10^{-10}
Cerium(III) oxalate	$Ce_2(C_2O_4)_3 \cdot 9H_2O$	3×10^{-29}
Chromium(II) hydroxide	$Cr(OH)_2$	1.0×10^{-17}
Chromium(III) hydroxide	$Cr(OH)_3$	6×10^{-31}
Cobalt(II) hydroxide	$Co(OH)_2$	2×10^{-16}
Cobalt(III) hydroxide	$Co(OH)_3$	1×10^{-43}
Copper(II) arsenate	$Cu_3(AsO_4)_2$	7.6×10^{-36}
Copper(I) bromide	$CuBr$	5.2×10^{-9}
Copper(I) chloride	$CuCl$	1.2×10^{-6}
Copper(II) iodate	$Cu(IO_3)_2$	7.4×10^{-8}
Copper(I) iodide	CuI	5.1×10^{-12}
Copper(I) sulfide	Cu_2S	2×10^{-47}
Copper(II) sulfide	CuS	9×10^{-36}
Copper(I) thiocyanate	$CuSCN$	4.8×10^{-15}
Gold(III) hydroxide	$Au(OH)_3$	5.5×10^{-46}
Iron(III) arsenate	$FeAsO_4$	5.7×10^{-21}
Iron(II) carbonate	$FeCO_3$	3.5×10^{-11}
Iron(II) hydroxide	$Fe(OH)_2$	8×10^{-16}
Iron(III) hydroxide	$Fe(OH)_3$	4×10^{-38}
Lead arsenate	$Pb_3(AsO_4)_2$	4.1×10^{-36}
Lead bromide	$PbBr_2$	3.9×10^{-5}
Lead carbonate	$PbCO_3$	3.3×10^{-14}
Lead chloride	$PbCl_2$	1.6×10^{-5}
Lead chromate	$PbCrO_4$	1.8×10^{-14}
Lead fluoride	PbF_2	3.7×10^{-8}
Lead iodate	$Pb(IO_3)_2$	2.6×10^{-13}
Lead iodide	PbI_2	7.1×10^{-9}
Lead oxalate	PbC_2O_4	4.8×10^{-10}
Lead hydroxide	$Pb(OH)_2$	1.2×10^{-15}
Lead sulfate	$PbSO_4$	1.6×10^{-8}
Lead sulfide	PbS	8×10^{-28}
Magnesium ammonium phosphate	$MgNH_4PO_4$	2.5×10^{-13}
Magnesium arsenate	$Mg_3(AsO_4)_2$	2.1×10^{-20}
Magnesium carbonate	$MgCO_3 \cdot 3H_2O$	1×10^{-5}
Magnesium fluoride	MgF_2	6.5×10^{-9}

物 質	分子式	K_{sp}
Magnesium hydroxide	$Mg(OH)_2$	1.2×10^{-11}
Magnesium oxalate	$MgC_2O_4 \cdot 2H_2O$	1×10^{-8}
Manganese (II) hydroxide	$Mn(OH)_2$	1.9×10^{-13}
[a]Mercury(I) bromide	Hg_2Br_2	5.8×10^{-23}
[a]Mercury(I) chloride	Hg_2Cl_2	1.3×10^{-18}
[a]Mercury(I) iodide	Hg_2I_2	4.5×10^{-29}
[b]Mercury(II) oxide	HgO	3.0×10^{-26}
[a]Mercury(I) sulfate	Hg_2SO_4	7.4×10^{-7}
Mercury(II) sulfide	HgS	4×10^{-53}
[a]Mercury(I) thiocyanate	$Hg_2(SCN)_2$	3.0×10^{-20}
Nickel arsenate	$Ni_3(AsO_4)_2$	3.1×10^{-26}
Nickel carbonate	$NiCO_3$	6.6×10^{-9}
Nickel hydroxide	$Ni(OH)_2$	6.5×10^{-18}
Nickel sulfide	NiS	3×10^{-19}
Palladium(II) hydroxide	$Pd(OH)_2$	1×10^{-31}
Platinum(II) hydroxide	$Pt(OH)_2$	1×10^{-35}
Radium sulfate	$RaSO_4$	4.3×10^{-11}
Silver arsenate	Ag_3AsO_4	1×10^{-22}
Silver bromate	$AgBrO_3$	5.77×10^{-5}
Silver bromide	$AgBr$	5.25×10^{-13}
Silver carbonate	Ag_2CO_3	8.1×10^{-12}
Silver chloride	$AgCl$	1.78×10^{-10}
Silver chromate	Ag_2CrO_4	2.45×10^{-12}
Silver cyanide	$Ag[Ag(CN)_2]$	5.0×10^{-12}
Silver iodate	$AgIO_3$	3.02×10^{-8}
Silver iodide	AgI	8.31×10^{-17}
Silver oxalate	$Ag_2C_2O_4$	3.5×10^{-11}
[c]Silver oxide	Ag_2O	2.6×10^{-8}
Silver phosphate	Ag_3PO_4	1.3×10^{-20}
Silver sulfate	Ag_2SO_4	1.6×10^{-5}
Silver sulfide	Ag_2S	2×10^{-49}
Silver thiocyanate	$AgSCN$	1.00×10^{-12}
Strontium carbonate	$SrCO_3$	1.1×10^{-10}
Strontium chromate	$SrCrO_4$	3.6×10^{-5}
Strontium fluoride	SrF_2	2.8×10^{-9}

物　　質	分子式	K_{sp}
Strontium iodate	$Sr(IO_3)_2$	3.3×10^{-7}
Strontium oxalate	$SrC_2O_4 \cdot H_2O$	1.6×10^{-7}
Strontium sulfate	$SrSO_4$	3.8×10^{-7}
Thallium(I) bromate	$TlBrO_3$	8.5×10^{-5}
Thallium(I) bromide	$TlBr$	3.4×10^{-6}
Thallium(I) chloride	$TlCl$	1.7×10^{-4}
Thallium(I) chromate	Tl_2CrO_4	9.8×10^{-13}
Thallium(I) iodate	$TlIO_3$	3.1×10^{-6}
Thallium(I) iodide	TlI	6.5×10^{-8}
Thallium(I) sulfide	Tl_2S	5×10^{-21}
[d]Tin(II) oxide	SnO	1.4×10^{-28}
Tin(II) sulfide	SnS	1×10^{-25}
Titanium(III) hydroxide	$Ti(OH)_3$	1×10^{-40}
[e]Titanium(IV) hydroxide	$TiO(OH)_2$	1×10^{-29}
Zinc arsenate	$Zn_3(AsO_4)_2$	1.3×10^{-28}
Zinc carbonate	$ZnCO_3$	1.4×10^{-11}
Zinc ferrocyanide	$Zn_2Fe(CN)_6$	4.1×10^{-16}
Zinc hydroxide	$Zn(OH)_2$	1.2×10^{-17}
Zinc oxalate	$ZnC_2O_4 \cdot 2H_2O$	2.8×10^{-8}
Zinc phosphate	$Zn_3(PO_4)_2$	9.1×10^{-33}
Zinc sulfide	ZnS	1×10^{-21}

a： $(Hg_2)_mX_n \rightleftharpoons mHg_2^{2+} + nX^{-2m/n}$;　$K_{sp} = [Hg_2^{2+}]^m[X^{-2m/n}]^n$

b： $HgO + H_2O \rightleftharpoons Hg^{2+} + 2OH^-$;　$K_{sp} = [Hg^{2+}][OH^-]^2$

c： $\frac{1}{2}Ag_2O + \frac{1}{2}H_2O \rightleftharpoons Ag^+ + OH^-$;　$K_{sp} = [Ag^+][OH^-]$

d： $SnO + H_2O \rightleftharpoons Sn^{2+} + 2OH^-$;　$K_{sp} = [Sn^{2+}][OH^-]^2$

e： $TiO(OH)_2 \rightleftharpoons TiO^{2+} + 2OH^-$;　$K_{sp} = [TiO^{2+}][OH^-]^2$

資料來源： Peters, D. G., Hayes, J. M. and Hieftje, G. M., *A Brief Introduction to Modern Chemical Analysis,* W. B. Saunders Company, Philadelphia, 1976.

附錄2　酸鹼平衡常數

系統 Acid	系統 Base	化學平衡式	pK_a (酸)	pK_b (共軛鹼)
Acetic		$CH_3COOH \rightleftharpoons CH_3COO^- + H^+$	4.76	9.24
	α-Alanine	$CH_3CH(^+NH_3)COOH \rightleftharpoons CH_3CH(^+NH_3)COO^- + H^+$	2.34	11.66
α−Alanine		$CH_3CH(^+NH_3)COO^- \rightleftharpoons CH_3CH(NH_2)COO^- + H^+$	9.87	4.13
	Ammonia	$NH_4^+ \rightleftharpoons NH_3 + H^+$	9.26	4.74
	Aniline	$C_6H_5NH_3^+ \rightleftharpoons C_6H_5NH_2 + H^+$	4.60	9.40
Arsenic		$H_3AsO_4 \rightleftharpoons H_2AsO_4^- + H^+$	2.19	11.81
		$H_2AsO_4^- \rightleftharpoons HAsO_4^{2-} + H^+$	6.94	7.06
		$HAsO_4^{2-} \rightleftharpoons AsO_4^{3-} + H^+$	11.50	2.50

系統 Acid	Base	化學平衡式	pK_a (酸)	pK_b (共軛鹼)
Arsenious		$H_3AsO_3 \rightleftharpoons H_2AsO_3^- + H^+$	9.29	4.71
Benzoic		$C_6H_5COOH \rightleftharpoons C_6H_5COO^- + H^+$	4.20	9.80
Boric		$H_3BO_3 \rightleftharpoons H_2BO_3^- + H^+$	9.24	4.76
Bromoacetic		$BrCH_2COOH \rightleftharpoons BrCH_2COO^- + H^+$	2.90	11.10
n−Butanoic		$CH_3CH_2CH_2COOH \rightleftharpoons CH_3CH_2CH_2COO^- + H^+$	4.82	9.18
Carbonic		$H_2CO_3 \rightleftharpoons HCO_3^- + H^+$	6.35	7.65
		$HCO_3^- \rightleftharpoons CO_3^{2-} + H^+$	10.33	3.67
Chloroacetic		$ClCH_2COOH \rightleftharpoons ClCH_2COO^- + H^+$	2.86	11.14
Chromic		$H_2CrO_4 \rightleftharpoons HCrO_4^- + H^+$	−0.98	14.98
		$HCrO_4^- \rightleftharpoons CrO_4^{2-} + H^+$	6.50	7.50
Citric		$HOOCCH_2C(OH)(COOH)CH_2COOH \rightleftharpoons HOOCCH_2C(OH)(COO^-)CH_2COOH + H^+$	3.13	10.87
		$HOOCCH_2C(OH)(COO^-)CH_2COOH \rightleftharpoons HOOCCH_2C(OH)(COO^-)CH_2COO^- + H^+$	4.77	9.23

系統 Acid	系統 Base	化學平衡式	pK$_a$ (酸)	pK$_b$ (共軛鹼)
		$HOOCCH_2C(OH)(COO^-)CH_2COO^- \rightleftharpoons {}^-OOCCH_2C(OH)(COO^-)CH_2COO^- + H^+$	6.40	7.60
	Diethylamine	$(CH_3CH_2)_2NH_2^+ \rightleftharpoons (CH_3CH_2)_2NH + H^+$	10.93	3.07
	Dimethylamine	$(CH_3)_2NH_2^+ \rightleftharpoons (CH_3)_2NH + H^+$	10.77	3.23
	Ethanolamine	$HOCH_2CH_2NH_3^+ \rightleftharpoons HOCH_2CH_2NH_2 + H^+$	9.50	4.50
	Ethylamine	$CH_3CH_2NH_3^+ \rightleftharpoons CH_3CH_2NH_2 + H^+$	10.67	3.33
	Ethylenediamine	${}^+NH_3CH_2CH_2NH_3^+ \rightleftharpoons NH_2CH_2CH_2NH_3^+ + H^+$	7.18	6.82
		$NH_2CH_2CH_2NH_3^+ \rightleftharpoons NH_2CH_2CH_2NH_2 + H^+$	9.96	4.04
Ethylenediaminetetra-acetic(H_4Y)		$H_4Y \rightleftharpoons H_3Y^- + H^+$	1.99	12.01
		$H_3Y^- \rightleftharpoons H_2Y^{2-} + H^+$	2.67	11.33
		$H_2Y^{2-} \rightleftharpoons HY^{3-} + H^+$	6.16	7.84
		$HY^{3-} \rightleftharpoons Y^{4-} + H^+$	10.26	3.74
			(in 0.1 F KCl, 20℃)	
Formic		$HCOOH \rightleftharpoons HCOO^- + H^+$	3.75	10.25
	Glycine	${}^+NH_3CH_2COOH \rightleftharpoons {}^+NH_3CH_2COO^- + H^+$	2.35	11.65
Glycine		${}^+NH_3CH_2COO^- \rightleftharpoons NH_2CH_2COO^- + H^+$	9.60	4.40
	Hydrazine	$H_2NNH_3^+ \rightleftharpoons H_2NNH_2 + H^+$	7.99	6.01
Hydrazoic		$HN_3 \rightleftharpoons N_3^- + H^+$	4.72	9.28
Hydrocyanic		$HCN \rightleftharpoons CN^- + H^+$	9.21	4.79
Hydrofluoric		$HF \rightleftharpoons F^- + H^+$	3.17	10.83
Hydrogen sulfide		$H_2S \rightleftharpoons HS^- + H^+$	6.99	7.01
		$HS^- \rightleftharpoons S^{2-} + H^+$	14.96	−0.96

系統 Acid	系統 Base	化學平衡式	pK_a (酸)	pK_b (共軛鹼)
	Hydroxylamine	$HONH_3^+ \rightleftharpoons HONH_2 + H^+$	5.98	8.02
Hypochlorous		$HClO \rightleftharpoons ClO^- + H^+$	7.53	6.47
Iodic		$HIO_3 \rightleftharpoons IO_3^- + H^+$	0.79	13.21
Lactic		$CH_3CH(OH)COOH \rightleftharpoons CH_3CH(OH)COO^- + H^+$	3.86	10.14
Malonic		$HOOCCH_2COOH \rightleftharpoons HOOCCH_2COO^- + H^+$	2.86	11.14
		$HOOCCH_2COO^- \rightleftharpoons {}^-OOCCH_2COO^- + H^+$	5.70	8.30
	Methylamine	$CH_3NH_3^+ \rightleftharpoons CH_3NH_2 + H^+$	10.72 (in 0.5 F $CH_3NH_3 + NO_3^-$)	3.28
	Methylethylamine	$(CH_3)(CH_3CH_2)NH_2^+ \rightleftharpoons (CH_3)(CH_3CH_2)NH + H^+$	10.85	3.15
Nitrilotriacetic (H_3Y)		$H_3Y \rightleftharpoons H_2Y^- + H^+$	1.89	12.11
		$H_2Y^- \rightleftharpoons HY^{2-} + H^+$	2.49	11.51
		$HY^{2-} \rightleftharpoons Y^{3-} + H^+$	9.73	4.27
Nitrous		$HNO_2 \rightleftharpoons NO_2^- + H^+$	2.80 (in 1 F $NaClO_4$)	11.20
Oxalic		$H_2C_2O_4 \rightleftharpoons HC_2O_4^- + H^+$	1.19	12.81
		$HC_2O_4^- \rightleftharpoons C_2O_4^{2-} + H^+$	4.21	9.79
Phenol		$C_6H_5OH \rightleftharpoons C_6H_5O^- + H^+$	9.98	4.02
Phosphoric		$H_3PO_4 \rightleftharpoons H_2PO_4^- + H^+$	2.13	11.87
		$H_2PO_4^- \rightleftharpoons HPO_4^{2-} + H^+$	7.21	6.79
		$HPO_4^{2-} \rightleftharpoons PO_4^{3-} + H^+$	12.32	1.68

系統 Acid	系統 Base	化學平衡式	pK_a (酸)	pK_b (共軛鹼)
Phosphorous		$H_3PO_3 \rightleftharpoons H_2PO_3^- + H^+$	1.29(18℃)	12.71(18℃)
		$H_2PO_3^- \rightleftharpoons HPO_3^{2-} + H^+$	6.70(18℃)	7.30(18℃)
o−Phthalic		$C_6H_4(COOH)_2 \rightleftharpoons C_6H_4(COO^-)(COOH) + H^+$	2.95	11.05
		$C_6H_4(COO^-)(COOH) \rightleftharpoons C_6H_4(COO^-)_2 + H^+$	5.41	8.59
Picric		$(O_2N)_3C_6H_2OH \rightleftharpoons (O_2N)_3C_6H_2O^- + H^+$	0.29	13.71
	Piperidine	$C_5H_{10}NH_2^+ \rightleftharpoons C_5H_{10}NH + H^+$	11.20 (in 0.5 F KNO_3)	2.80
Propanoic		$CH_3CH_2COOH \rightleftharpoons CH_3CH_2COO^- + H^+$	4.87	9.13
	n−Propylamine	$CH_3CH_2CH_2NH_3^+ \rightleftharpoons CH_3CH_2CH_2NH_2 + H^+$	10.74(20℃)	3.26(20℃)
	Pyridine	$C_5H_5NH^+ \rightleftharpoons C_5H_5N + H^+$	5.23	8.77
Salicylic		$C_6H_4(OH)COOH \rightleftharpoons C_6H_4(OH)COO^- + H^+$	2.97	11.03
Succinic		$HOOCCH_2CH_2COOH \rightleftharpoons HOOCCH_2CH_2COO^- + H^+$	4.21	9.79
		$HOOCCH_2CH_2COO^- \rightleftharpoons {}^-OOCCH_2CH_2COO^- + H^+$	5.64	8.36
Sulfamic		$NH_2SO_3H \rightleftharpoons NH_2SO_3^- + H^+$	0.99	13.01
Sulfuric		$HSO_4^- \rightleftharpoons SO_4^{2-} + H^+$	1.92	12.08
Sulfurous		$H_2SO_3 \rightleftharpoons HSO_3^- + H^+$	1.76	12.24
		$HSO_3^- \rightleftharpoons SO_3^{2-} + H^+$	7.21	6.79

系統		化學平衡式	pK_a (酸)	pK_b (共軛鹼)
Acid	Base			
Tartaric		$HOOCCH-CHCOOH \rightleftharpoons HOOCCH-CHCOO^- + H^+$	3.04	10.96
		OH OH　　　　OH OH		
		$HOOCCH-CHCOO^- \rightleftharpoons {}^-OOCCH-CHCOO^- + H^+$	4.37	9.63
		OH OH　　　　OH OH		
	Triethylamine	$(CH_3CH_2)_3NH^+ \rightleftharpoons (CH_3CH_2)_3N + H^+$	10.77 [in 0.4 F $(C_2H_5)_3NH^+NO_3^-$]	3.23
	Trimethylamine	$(CH_3)_3NH^+ \rightleftharpoons (CH_3)_3N + H^+$	9.80	4.20
	Tris(hydroxymethyl)aminomethane	$(HOCH_2)_3CNH_3^+ \rightleftharpoons (HOCH_2)_3CNH_2 + H^+$	8.08	5.92

資料來源：Peters, D. G., Hayes, J. M. and Hieftje, G. M., *A Brief Introduction to Modern Chemical Analysis*, W. B. Saunders Company, Philadelphia, 1976.

附錄3　金屬錯合物平衡常數

配位基	金屬離子	$\log K_1$	$\log K_2$	$\log K_3$	$\log K_4$	$\log K_5$	$\log K_6$	條　件
Acetate, CH_3COO^-	Ag^+	0.73	−0.09					
	Cd^{2+}	1.30	0.98	0.14	−0.42			3 F $NaClO_4$
	Cu^{2+}	1.79	1.15					3 F $NaClO_4$
	Hg^{2+}		8.43(β_2)					
	Pb^{2+}	2.19	0.72	0.61				2 F $NaClO_4$
Acetylacetonate,	Al^{3+}	8.6	7.9	5.8				30℃
	Cd^{2+}	3.83	2.76					30℃
	Co^{2+}	5.40	4.11					30℃
	Cu^{2+}	8.22	6.73					30℃
$CH_3-\overset{\overset{O}{\parallel}}{C}-CH=\overset{\overset{O^-}{\mid}}{C}-CH_3$	Fe^{2+}	5.07	3.60					30℃
	Fe^{3+}	11.4	10.7	4.6				
	Mg^{2+}	3.63	2.54					30℃

配位基	金屬離子	$\log K_1$	$\log K_2$	$\log K_3$	$\log K_4$	$\log K_5$	$\log K_6$	條　件
	Mn^{2+}	4.18	3.07					30℃
	Ni^{2+}	6.06	4.71	2.32				20℃
	UO_2^{2+}	7.74	6.43					30℃
	Zn^{2+}	4.98	3.83					30℃
Ammonia, NH_3	Ag^+	3.37	3.84					
	Cd^{2+}	2.65	2.10	1.44	0.93	−0.32	−1.66	2 F NH_4NO_3; 30℃
	Co^{2+}	1.99	1.51	0.93	0.64	0.06	−0.74	30℃
	Co^{3+}	7.3	6.7	6.1	5.6	5.05	4.41	2 F NH_4NO_3; 30℃
	Cu^+	5.93	4.93					2 F NH_4NO_3; 18℃
	Cu^{2+}	4.31	3.67	3.04	2.30	−0.46		2 F NH_4NO_3; 18℃
	Hg^{2+}	8.8	8.7	1.00	0.78			2 F NH_4NO_3; 22℃
	Ni^{2+}	2.36	1.90	1.55	1.23	0.85	0.42	1 F NH_4NO_3
	Zn^{2+}	2.18	2.25	2.31	1.96			30℃
Bromide, Br^-	Bi^{3+}	4.30	1.25	0.32				1 F HNO_3
	Cd^{2+}	2.23	0.77	−0.17	0.10			
	Hg^{2+}	8.94	7.94	2.27	1.75			0.5 F $NaClO_4$
	Pb^{2+}	1.65	0.75	0.88	0.22			3 F $NaClO_4$
	Zn^{2+}	0.22	−0.32	−0.64	−0.26			0.7 F $HClO_4$; 20℃
Chloride, Cl^-	Bi^{3+}	2.43	2.00	1.35	0.43	0.48		
	Cd^{2+}	2.00	0.70	−0.59				
	Cu^+		4.94(β_2)					

配位基	金屬離子	log K_1	log K_2	log K_3	log K_4	log K_5	log K_6	條　件
	Fe^{3+}	1.48	0.65	−1.0				
	Hg^{2+}	6.74	6.48	0.95	1.05			0.5 F $NaClO_4$
	Pb^{2+}	1.10	1.16	−0.40	−1.05			
Cyanide, CN^-	Ag^+		19.85(β_2)					
	Cd^{2+}	5.48	5.14	4.56	3.58			3 F $NaClO_4$
	Co^{2+}					19.09(β_6)		5 F $CaCl_2$
	Cu^+		24.0(β_2)	4.59	1.70			
	Hg^{2+}	18.00	16.70	3.83	2.98			0.1 F $NaNO_3$; 20℃
	Ni^{2+}				30.3(β_4)			
	Zn^{2+}				16.72(β_4)			
Ethylenediamine, $H_2NCH_2CH_2NH_2$	Ag^+	4.70	3.00					0.1 F $NaNO_3$; 20℃
	Cd^{2+}	5.63	4.59	2.07				1 F KNO_3
	Co^{2+}	5.93	4.73	3.30				1 F KCl
	Co^{3+}	18.7	16.2	13.81				1 F $NaNO_3$; 30℃
	Cu^+		10.8(β_2)					
	Cu^{2+}	10.75	9.28					1 F KNO_3
	Fe^{2+}	4.28	3.25	1.99				1 F KCl; 30℃
	Hg^{2+}	14.3	9.0					0.1 F KNO_3
	Ni^{2+}	7.72	6.36	4.33				1 F KCl
	Zn^{2+}	5.77	5.06	3.28				20℃

配位基	金屬離子	$\log K_1$	$\log K_2$	$\log K_3$	$\log K_4$	$\log K_5$	$\log K_6$	條　件
Ethylenediaminetetraacetate(EDTA), $(^{-}OOCCH_2)_2NCH_2CH_2N(CH_2COO^{-})_2$								
Fluoride, F^-	Al^{3+}	6.13	5.02	3.85	2.74	1.63	0.47	0.53 F KNO_3
	Ce^{3+}	3.99						
	Fe^{3+}	5.17	3.92	2.91				0.5 F $NaClO_4$
Hydroxide, OH^-	Al^{3+}	8.98			32.43(β_4)			
	Bi^{3+}	12.42						3 F $NaClO_4$
	Cd^{2+}	6.38						1 F KNO_3
	Co^{2+}	2.80						
	Cu^{2+}	6.66						
	Fe^{2+}	4.5						1 F $NaClO_4$
	Fe^{3+}	10.95	10.74					3 F $NaClO_4$
	Hg^{2+}	10.77						3 F $NaClO_4$
	Ni^{2+}	3.08						
	Pb^{2+}	6.9		13.95(β_3)				
	Zn^{2+}	4.34		14.23(β_3)	1.26			
8–Hydroxyquinolate (oxinate),	Cd^{2+}	9.43	7.68					50% dioxane
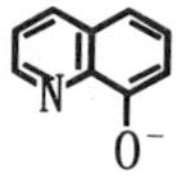	Ce^{3+}	9.15	7.98					50% dioxane
	Co^{2+}	10.55	9.11					50% dioxane
	Cu^{2+}	13.49	12.73					50% dioxane

配位基	金屬離子	log K_1	log K_2	log K_3	log K_4	log K_5	log K_6	條　件
	Fe^{2+}	9.83	9.01					70% dioxane
	Fe^{3+}			38.00(β_3)				50% dioxane
	Mg^{2+}	6.38	5.43					50% dioxane
	Mn^{2+}	8.28	7.17					50% dioxane
	Ni^{2+}	11.44	9.94					50% dioxane
	Pb^{2+}	10.61	8.09					50% dioxane
	UO_2^{2+}	11.25	9.64					50% dioxane
	Zn^{2+}	9.96	8.90					50% dioxane
Iodide, I^-	Bi^{3+}						19.4(β_6)	2 F $NaClO_4$; 20℃
	Cd^{2+}	2.10	1.33	1.06	0.92			
	Cu^+		8.85(β_2)					
	Hg^{2+}	12.87	10.95	3.67	2.37			0.5 F $NaClO_4$
	Pb^{2+}	1.26	1.54	0.62	0.50			1 F $NaClO_4$
Nitrilotriacetate(NTA), $N(CH_2COO)_3^{3-}$	Ba^{2+}	6.41						20℃
	Ca^{2+}	8.17	3.43					20℃
	Cd^{2+}	9.54	5.7					0.1 F KCl; 20℃
	Co^{2+}	10.6	3.9					0.1 F KCl; 20℃
	Cu^{2+}	12.68						0.1 F KCl; 20℃
	Fe^{2+}	8.83						0.1 F KCl; 20℃
	Fe^{3+}	15.87	8.45					0.1 F KCl; 20℃

配位基	金屬離子	$\log K_1$	$\log K_2$	$\log K_3$	$\log K_4$	$\log K_5$	$\log K_6$	條　件
	Mg^{2+}	7.00						20 ℃
	Mn^{2+}	7.44	3.7					0.1 F KCl; 20℃
	Ni^{2+}	11.26	4.7					0.1 F KCl; 20℃
	Pb^{2+}	11.39						0.1 F KNO_3; 20℃
	Sr^{2+}	6.73						20 ℃
	Zn^{2+}	10.67	3.0					0.1 F KCl; 20℃
Oxalate, $C_2O_4^{2-}$	Al^{3+}		13(β_2)	3.3				18℃
	Cd^{2+}	4.00	1.77					
	Co^{2+}	4.79	1.91					
	Cu^{2+}	6.19	4.04					
	Fe^{2+}		4.52(β_2)	0.70				0.5 F $NaClO_4$
	Fe^{3+}	9.4	6.80	4				
	Mg^{2+}		4.38(β_2)					
	Mn^{2+}	3.82	1.43					
	Ni^{2+}	5.16	1.35					
	Pb^{2+}		6.54(β_2)					
	Zn^{2+}	5.00	2.36					
Pyridine, C_5H_5N	Ag^{+}	2.00	2.11					
	Cd^{2+}		2.14(β_2)		2.50(β_4)			0.1 F KNO_3
	Co^{2+}	1.14	0.4					0.5 F HNO_3
	Cu^{2+}	2.52	1.86	1.31	0.85			0.5 F KNO_3

配位基	金屬離子	$\log K_1$	$\log K_2$	$\log K_3$	$\log K_4$	$\log K_5$	$\log K_6$	條　件
Thiocyanate, SCN^-	Hg^{2+}	5.1	4.9					0.5 F HNO_3
	Ni^{2+}	1.78	1.05					0.5 F HNO_3
	Zn^{2+}	1.41	−0.30	0.50	0.32			0.1 F KCl
	Ag^+		8.39(β_2)	1.23	0.28			
	Cu^+		11.00(β_2)	−0.10	−0.42			5 F $NaNO_3$
	Fe^{3+}	2.14	1.31					0.5 F $NaClO_4$
	Hg^{2+}		17.26(β_2)	2.71	1.72			
Thiosulfate, $S_2O_3^{2-}$	Ag^+	8.82	4.64	0.69				20°C
	Cd^{2+}	3.92	2.52					
	Cu^+	10.35	1.92	1.44				0.8 F Na_2SO_4
	Hg^{2+}		29.27(β_2)	2.40	1.35			
	Pb^{2+}	2.56	2.32	1.46	−0.09			3 F $NaClO_4$

資料來源： Peters, D. G., Hayes, J. M. and Hieftje, G. M., *A Brief Introduction to Modern Chemical Analysis*, W. B. Saunders Company, Philadelphia, 1976.

附錄4　半反應電位(25℃, volts vs. NHE)

半　　反　　應	E°
Aluminum	
$Al^{3+} + 3e^- \rightleftharpoons Al$	−1.66
$Al(OH)_4^- + 3e^- \rightleftharpoons Al + 4OH^-$	−2.35
Antimony	
$Sb_2O_5 + 6H^+ + 4e^- \rightleftharpoons 2SbO^+ + 3H_2O$	+0.581
$Sb + 3H^+ + 3e^- \rightleftharpoons SbH_3$	−0.51
Arsenic	
$H_3AsO_4 + 2H^+ + 2e^- \rightleftharpoons HAsO_2 + 2H_2O$	+0.559
$HAsO_2 + 3H^+ + 3e^- \rightleftharpoons As + 2H_2O$	+0.248
$As + 3H^+ + 3e^- \rightleftharpoons AsH_3$	−0.60
Barium	
$Ba^{2+} + 2e^- \rightleftharpoons Ba$	−2.90
Beryllium	
$Be^{2+} + 2e^- \rightleftharpoons Be$	−1.85
Bismuth	
$BiCl_4^- + 3e^- \rightleftharpoons Bi + 4Cl^-$	+0.16
$BiO^+ + 2H^+ + 3e^- \rightleftharpoons Bi + H_2O$	+0.32
Boron	
$H_2BO_3^- + 5H_2O + 8e^- \rightleftharpoons BH_4^- + 8OH^-$	−1.24
$H_2BO_3^- + H_2O + 3e^- \rightleftharpoons B + 4OH^-$	−1.79
Bromine	
$2BrO_3^- + 12H^+ + 10e^- \rightleftharpoons Br_2 + 6H_2O$	+1.52
$Br_{2(aq)} + 2e^- \rightleftharpoons 2Br^-$	+1.087
$Br_{2(\ell)} + 2e^- \rightleftharpoons 2Br^-$	+1.065

半 反 應	E°
$Br_3^- + 2e^- \rightleftharpoons 3Br^-$	+1.05
Cadmium	
$Cd^{2+} + 2e^- \rightleftharpoons Cd$	−0.403
$Cd(CN)_4^{2-} + 2e^- \rightleftharpoons Cd + 4CN^-$	−1.09
$Cd(NH_3)_4^{2+} + 2e^- \rightleftharpoons Cd + 4NH_3$	−0.61
Calcium	
$Ca^{2+} + 2e^- \rightleftharpoons Ca$	−2.87
Carbon	
$2CO_2 + 2H^+ + 2e^- \rightleftharpoons H_2C_2O_4$	−0.49
Cerium	
$Ce^{4+} + e^- \rightleftharpoons Ce^{3+}$ (1 F $HClO_4$)	+1.70
$Ce^{4+} + e^- \rightleftharpoons Ce^{3+}$ (1 F HNO_3)	+1.61
$Ce^{4+} + e^- \rightleftharpoons Ce^{3+}$ (1 F H_2SO_4)	+1.44
Cesium	
$Cs^+ + e^- \rightleftharpoons Cs$	−2.92
Chlorine	
$Cl_2 + 2e^- \rightleftharpoons 2Cl^-$	+1.3595
$2ClO_3^- + 12H^+ + 10e^- \rightleftharpoons Cl_2 + 6H_2O$	+1.47
$ClO_3^- + 2H^+ + e^- \rightleftharpoons ClO_2 + H_2O$	+1.15
$HClO + H^+ + 2e^- \rightleftharpoons Cl^- + H_2O$	+1.49
$2HClO + 2H^+ + 2e^- \rightleftharpoons Cl_2 + 2H_2O$	+1.63
Chromium	
$Cr_2O_7^{2-} + 14H^+ + 6e^- \rightleftharpoons 2Cr^{3+} + 7H_2O$	+1.33
$Cr^{3+} + e^- \rightleftharpoons Cr^{2+}$	−0.41
$Cr^{2+} + 2e^- \rightleftharpoons Cr$	−0.91
$CrO_4^{2-} + 4H_2O + 3e^- \rightleftharpoons Cr(OH)_3 + 5OH^-$	−0.13
Cobalt	
$Co^{3+} + e^- \rightleftharpoons Co^{2+}$	+1.842
$Co(NH_3)_6^{3+} + e^- \rightleftharpoons Co(NH_3)_6^{2+}$	+0.1
$Co(OH)_3 + e^- \rightleftharpoons Co(OH)_2 + OH^-$	+0.17
$Co^{2+} + 2e^- \rightleftharpoons Co$	−0.277
$Co(CN)_6^{3-} + e^- \rightleftharpoons Co(CN)_6^{4-}$	−0.84
Copper	
$Cu^{2+} + 2e^- \rightleftharpoons Cu$	+0.337
$Cu^{2+} + e^- \rightleftharpoons Cu^+$	+0.153

半　　反　　應	E°
$Cu^{2+} + I^- + e^- \rightleftharpoons CuI$	+0.86
$Cu^{2+} + 2CN^- + e^- \rightleftharpoons Cu(CN)_2^-$	+1.12
$Cu(CN)_2^- + e^- \rightleftharpoons Cu + 2CN^-$	−0.43
$Cu(NH_3)_4^{2+} + e^- \rightleftharpoons Cu(NH_3)_2^+ + 2NH_3$	−0.01
$Cu^{2+} + 2Cl^- + e^- \rightleftharpoons CuCl_2^-$	+0.463
$CuCl_2^- + e^- \rightleftharpoons Cu + 2Cl^-$	+0.177
Fluorine	
$F_2 + 2e^- \rightleftharpoons 2F^-$	+2.87
Gold	
$Au^{3+} + 2e^- \rightleftharpoons Au^+$	+1.41
$Au^{3+} + 3e^- \rightleftharpoons Au$	+1.50
$Au(CN)_2^- + e^- \rightleftharpoons Au + 2CN^-$	−0.60
$AuCl_2^- + e^- \rightleftharpoons Au + 2Cl^-$	+1.15
$AuCl_4^- + 2e^- \rightleftharpoons AuCl_2^- + 2Cl^-$	+0.926
$AuBr_2^- + e^- \rightleftharpoons Au + 2Br^-$	+0.959
$AuBr_4^- + 2e^- \rightleftharpoons AuBr_2^- + 2Br^-$	+0.802
Hydrogen	
$2H^+ + 2e^- \rightleftharpoons H_2$	0.0000
$2H_2O + 2e^- \rightleftharpoons H_2 + 2OH^-$	−0.828
Iodine	
$I_{2(aq)} + 2e^- \rightleftharpoons 2I^-$	+0.6197
$I_3^- + 2e^- \rightleftharpoons 3I^-$	+0.5355
$I_{2(s)} + 2e^- \rightleftharpoons 2I^-$	+0.5345
$2IO_3^- + 12H^+ + 10e^- \rightleftharpoons I_2 + 6H_2O$	+1.20
$2ICl_2^- + 2e^- \rightleftharpoons I_2 + 4Cl^-$	+1.06
Iron	
$Fe^{3+} + e^- \rightleftharpoons Fe^{2+}$	+0.771
$Fe^{3+} + e^- \rightleftharpoons Fe^{2+}$ (1 F HCl)	+0.70
$Fe^{3+} + e^- \rightleftharpoons Fe^{2+}$ (1 F H_2SO_4)	+0.68
$Fe^{3+} + e^- \rightleftharpoons Fe^{2+}$ (0.5 F H_3PO_4 − 1 F H_2SO_4)	+0.61
$Fe(CN)_6^{3-} + e^- \rightleftharpoons Fe(CN)_6^{4-}$	+0.36
$Fe(CN)_6^{3-} + e^- \rightleftharpoons Fe(CN)_6^{4-}$ (1 F HCl or $HClO_4$)	+0.71
$Fe^{2+} + 2e^- \rightleftharpoons Fe$	−0.440
Lead	
$Pb^{2+} + 2e^- \rightleftharpoons Pb$	−0.126

半反應	E°
$PbSO_4 + 2e^- \rightleftharpoons Pb + SO_4^{2-}$	−0.3563
$PbO_2 + SO_4^{2-} + 4H^+ + 2e^- \rightleftharpoons PbSO_4 + 2H_2O$	+1.685
$PbO_2 + 4H^+ + 2e^- \rightleftharpoons Pb^{2+} + 2H_2O$	+1.455
Lithium	
$Li^+ + e^- \rightleftharpoons Li$	−3.045
Magnesium	
$Mg^{2+} + 2e^- \rightleftharpoons Mg$	−2.37
$Mg(OH)_2 + 2e^- \rightleftharpoons Mg + 2OH^-$	−2.69
Manganese	
$Mn^{2+} + 2e^- \rightleftharpoons Mn$	−1.18
$MnO_4^- + 4H^+ + 3e^- \rightleftharpoons MnO_2 + 2H_2O$	+1.695
$MnO_4^- + 8H^+ + 5e^- \rightleftharpoons Mn^{2+} + 4H_2O$	+1.51
$MnO_2 + 4H^+ + 2e^- \rightleftharpoons Mn^{2+} + 2H_2O$	+1.23
$MnO_4^- + e^- \rightleftharpoons MnO_4^{2-}$	+0.564
$Mn^{3+} + e^- \rightleftharpoons Mn^{2+}$ (8 F H_2SO_4)	+1.51
Mercury	
$2Hg^{2+} + 2e^- \rightleftharpoons Hg_2^{2+}$	+0.920
$Hg^{2+} + 2e^- \rightleftharpoons Hg$	+0.854
$Hg_2^{2+} + 2e^- \rightleftharpoons 2Hg$	+0.789
$Hg_2SO_4 + 2e^- \rightleftharpoons 2Hg + SO_4^{2-}$	+0.6151
$HgCl_4^{2-} + 2e^- \rightleftharpoons Hg + 4Cl^-$	+0.48
$Hg_2Cl_2 + 2e^- \rightleftharpoons 2Hg + 2Cl^-$ (0.1 F KCl)	+0.334
$Hg_2Cl_2 + 2e^- \rightleftharpoons 2Hg + 2Cl^-$ (1 F KCl)	+0.280
$Hg_2Cl_2 + 2K^+ + 2e^- \rightleftharpoons 2Hg + 2KCl_{(s)}$ (saturated calomel electrode)	+0.2415
Molybdenum	
$Mo^{6+} + e^- \rightleftharpoons Mo^{5+}$ (2 F HCl)	+0.53
$Mo^{4+} + e^- \rightleftharpoons Mo^{3+}$ (4 F H_2SO_4)	+0.1
Neptunium	
$Np^{4+} + e^- \rightleftharpoons Np^{3+}$	+0.147
$NpO_2^+ + 4H^+ + e^- \rightleftharpoons Np^{4+} + 2H_2O$	+0.75
$NpO_2^{2+} + e^- \rightleftharpoons NpO_2^+$	+1.15
Nickel	
$Ni^{2+} + 2e^- \rightleftharpoons Ni$	−0.24
$NiO_2 + 4H^+ + 2e^- \rightleftharpoons Ni^{2+} + 2H_2O$	+1.68

半　反　應	E°
Nitrogen	
$NO_2 + H^+ + e^- \rightleftharpoons HNO_2$	+1.07
$NO_2 + 2H^+ + 2e^- \rightleftharpoons NO + H_2O$	+1.03
$HNO_2 + H^+ + e^- \rightleftharpoons NO + H_2O$	+1.00
$NO_3^- + 4H^+ + 3e^- \rightleftharpoons NO + 2H_2O$	+0.96
$NO_3^- + 3H^+ + 2e^- \rightleftharpoons HNO_2 + H_2O$	+0.94
$NO_3^- + 2H^+ + e^- \rightleftharpoons NO_2 + H_2O$	+0.80
$N_2 + 5H^+ + 4e^- \rightleftharpoons N_2H_5^+$	−0.23
Osmium	
$OsO_4 + 8H^+ + 8e^- \rightleftharpoons Os + 4H_2O$	+0.85
$OsCl_6^{2-} + e^- \rightleftharpoons OsCl_6^{3-}$	+0.85
$OsCl_6^{3-} + e^- \rightleftharpoons Os^{2+} + 6Cl^-$	+0.4
$Os^{2+} + 2e^- \rightleftharpoons Os$	+0.85
Oxygen	
$O_3 + 2H^+ + 2e^- \rightleftharpoons O_2 + H_2O$	+2.07
$H_2O_2 + 2H^+ + 2e^- \rightleftharpoons 2H_2O$	+1.77
$O_2 + 4H^+ + 4e^- \rightleftharpoons 2H_2O$	+1.229
$H_2O_2 + 2e^- \rightleftharpoons 2OH^-$	+0.88
$O_2 + 2H^+ + 2e^- \rightleftharpoons H_2O_2$	+0.682
Palladium	
$Pd^{2+} + 2e^- \rightleftharpoons Pd$	+0.987
$PdCl_6^{2-} + 2e^- \rightleftharpoons PdCl_4^{2-} + 2Cl^-$	+1.288
$PdCl_4^{2-} + 2e^- \rightleftharpoons Pd + 4Cl^-$	+0.623
Phosphorus	
$H_3PO_4 + 2H^+ + 2e^- \rightleftharpoons H_3PO_3 + H_2O$	−0.276
$H_3PO_3 + 2H^+ + 2e^- \rightleftharpoons H_3PO_2 + H_2O$	−0.50
Platinum	
$PtCl_6^{2-} + 2e^- \rightleftharpoons PtCl_4^{2-} + 2Cl^-$	+0.68
$PtBr_6^{2-} + 2e^- \rightleftharpoons PtBr_4^{2-} + 2Br^-$	+0.59
$Pt(OH)_2 + 2H^+ + 2e^- \rightleftharpoons Pt + 2H_2O$	+0.98
Plutonium	
$PuO_2^+ + 4H^+ + e^- \rightleftharpoons Pu^{4+} + 2H_2O$	+1.15
$PuO_2^{2+} + 4H^+ + 2e^- \rightleftharpoons Pu^{4+} + 2H_2O$	+1.067
$Pu^{4+} + e^- \rightleftharpoons Pu^{3+}$	+0.97
$PuO_2^{2+} + e^- \rightleftharpoons PuO_2^+$	+0.93

半　反　應	E°
Potassium	
$K^+ + e^- \rightleftharpoons K$	−2.925
Radium	
$Ra^{2+} + 2e^- \rightleftharpoons Ra$	−2.92
Rubidium	
$Rb^+ + e^- \rightleftharpoons Rb$	−2.925
Selenium	
$SeO_4^{2-} + 4H^+ + 2e^- \rightleftharpoons H_2SeO_3 + H_2O$	+1.15
$H_2SeO_3 + 4H^+ + 4e^- \rightleftharpoons Se + 3H_2O$	+0.740
$Se + 2H^+ + 2e^- \rightleftharpoons H_2Se$	−0.40
Silver	
$Ag^+ + e^- \rightleftharpoons Ag$	+0.7995
$Ag^{2+} + e^- \rightleftharpoons Ag^+$ (4 F HNO_3)	+1.927
$AgCl + e^- \rightleftharpoons Ag + Cl^-$	+0.2222
$AgBr + e^- \rightleftharpoons Ag + Br^-$	+0.073
$AgI + e^- \rightleftharpoons Ag + I^-$	−0.151
$Ag_2O + H_2O + 2e^- \rightleftharpoons 2Ag + 2OH^-$	+0.342
$Ag_2S + 2e^- \rightleftharpoons 2Ag + S^{2-}$	−0.71
Sodium	
$Na^+ + e^- \rightleftharpoons Na$	−2.714
Strontium	
$Sr^{2+} + 2e^- \rightleftharpoons Sr$	−2.89
Sulfur	
$S + 2H^+ + 2e^- \rightleftharpoons H_2S$	+0.141
$S_4O_6^{2-} + 2e^- \rightleftharpoons 2S_2O_3^{2-}$	+0.08
$SO_4^{2-} + 4H^+ + 2e^- \rightleftharpoons H_2SO_3 + H_2O$	+0.17
$S_2O_8^{2-} + 2e^- \rightleftharpoons 2SO_4^{2-}$	+2.01
$SO_4^{2-} + H_2O + 2e^- \rightleftharpoons SO_3^{2-} + 2OH^-$	−0.93
$2H_2SO_3 + 2H^+ + 4e^- \rightleftharpoons S_2O_3^{2-} + 3H_2O$	+0.40
$2SO_3^{2-} + 3H_2O + 4e^- \rightleftharpoons S_2O_3^{2-} + 6OH^-$	−0.58
$SO_3^{2-} + 3H_2O + 4e^- \rightleftharpoons S + 6OH^-$	−0.66
Thallium	
$Tl^{3+} + 2e^- \rightleftharpoons Tl^+$	+1.25
$Tl^+ + e^- \rightleftharpoons Tl$	−0.3363
Tin	

半 反 應	E°
$Sn^{2+} + 2e^- \rightleftharpoons Sn$	−0.136
$Sn^{4+} + 2e^- \rightleftharpoons Sn^{2+}$	+0.154
$SnCl_6^{2-} + 2e^- \rightleftharpoons SnCl_4^{2-} + 2Cl^-$ (1 F HCl)	+0.14
$Sn(OH)_6^{2-} + 2e^- \rightleftharpoons HSnO_2^- + H_2O + 3OH^-$	−0.93
$HSnO_2^- + H_2O + 2e^- \rightleftharpoons Sn + 3OH^-$	−0.91
Titanium	
$Ti^{2+} + 2e^- \rightleftharpoons Ti$	−1.63
$Ti^{3+} + e^- \rightleftharpoons Ti^{2+}$	−0.37
$TiO^{2+} + 2H^+ + e^- \rightleftharpoons Ti^{3+} + H_2O$	+0.10
$Ti^{4+} + e^- \rightleftharpoons Ti^{3+}$ (5 F H_3PO_4)	−0.15
Tungsten	
$W^{6+} + e^- \rightleftharpoons W^{5+}$ (12 F HCl)	+0.26
$W^{5+} + e^- \rightleftharpoons W^{4+}$ (12 F HCl)	−0.3
$W(CN)_8^{3-} + e^- \rightleftharpoons W(CN)_8^{4-}$	+0.48
$2WO_{3(s)} + 2H^+ + 2e^- \rightleftharpoons W_2O_{5(s)} + H_2O$	−0.03
$W_2O_{5(s)} + 2H^+ + 2e^- \rightleftharpoons 2WO_{2(s)} + H_2O$	−0.043
Uranium	
$U^{4+} + e^- \rightleftharpoons U^{3+}$	−0.61
$UO_2^{2+} + e^- \rightleftharpoons UO_2^+$	+0.05
$UO_2^{2+} + 4H^+ + 2e^- \rightleftharpoons U^{4+} + 2H_2O$	+0.334
$UO_2^+ + 4H^+ + e^- \rightleftharpoons U^{4+} + 2H_2O$	+0.62
Vanadium	
$VO_2^+ + 2H^+ + e^- \rightleftharpoons VO^{2+} + H_2O$	+1.000
$VO^{2+} + 2H^+ + e^- \rightleftharpoons V^{3+} + H_2O$	+0.361
$V^{3+} + e^- \rightleftharpoons V^{2+}$	−0.255
$V^{2+} + 2e^- \rightleftharpoons V$	−1.18
Zinc	
$Zn^{2+} + 2e^- \rightleftharpoons Zn$	−0.763
$Zn(NH_3)_4^{2+} + 2e^- \rightleftharpoons Zn + 4NH_3$	−1.04
$Zn(CN)_4^{2-} + 2e^- \rightleftharpoons Zn + 4CN^-$	−1.26
$Zn(OH)_4^{2-} + 2e^- \rightleftharpoons Zn + 4OH^-$	−1.22

資料來源：Peters, D. G., Hayes, J. M. and Hieftje G. M., *A Brief Introduction to Modern Chemical Analysis,* W. B. Saunders Company, Philadelphia, 1976.

附錄5　原子量表

（[　]內數字表示常見同位素之原子量）

	元素符號	原子序	原子量		元素符號	原子序	原子量
Actinium	Ac	89	227	Mercury	Hg	80	200.59
Aluminum	Al	13	26.9815	Molybdenum	Mo	42	95.94
Americium	Am	95	[243]	Neodymium	Nd	60	114.24
Antimony	Sb	51	121.75	Neon	Ne	10	20.183
Argon	Ar	18	39.948	Neptunium	Np	93	[237]
Arsenic	As	33	74.9216	Nickel	Ni	28	58.71
Astatine	At	85	[210]	Niobium	Nb	41	92.906
Barium	Ba	56	137.34	Nitrogen	N	7	14.0067
Berkelium	Bk	97	[249]	Nobelium	No	102	[253]
Beryllium	Be	4	9.0122	Osmium	Os	76	190.2
Bismuth	Bi	83	208.980	Oxygen	O	8	15.9994
Boron	B	5	10.811	Palladium	Pd	46	106.4
Bromine	Br	35	79.909	Phosphorus	P	15	30.9738
Cadmium	Cd	48	112.40	Platinum	Pt	78	195.09
Calcium	Ca	20	40.08	Plutonium	Pu	94	[242]
Californium	Cf	98	[251]	Polonium	Po	84	210
Carbon	C	6	12.01115	Potassium	K	19	39.102
Cerium	Ce	58	140.12	Praseodymium	Pr	59	140.907
Cesium	Cs	55	132.905	Promethium	Pm	61	[145]
Chlorine	Cl	17	35.453	Protactinium	Pa	91	[231]
Chromium	Cr	24	51.996	Radium	Ra	88	[226]
Cobalt	Co	27	58.9332	Radon	Rn	86	[222]
Copper	Cu	29	63.54	Rhenium	Re	75	186.2
Curium	Cm	96	[247]	Rhodium	Rh	45	102.905
Dysprosium	Dy	66	162.50	Rubidium	Rb	37	85.47
Einsteinium	Es	99	[254]	Ruthenium	Ru	44	101.07
Erbium	Er	68	167.26	Samarium	Sm	62	150.35
Europium	Eu	63	151.96	Scandium	Sc	21	44.956
Fermium	Fm	100	[253]	Selenium	Se	34	78.96
Fluorine	F	9	18.9984	Silicon	Si	14	28.086

	元素符號	原子序	原子量		元素符號	原子序	原子量
Francium	Fr	87	[223]	Silver	Ag	47	107.870
Gadolinium	Gd	64	157.25	Sodium	Na	11	22.9898
Gallium	Ga	31	69.72	Strontium	Sr	38	87.62
Germanium	Ge	32	72.59	Sulfur	S	16	32.064
Gold	Au	79	196.967	Tantalum	Ta	73	180.948
Hafnium	Hf	72	178.49	Technetium	Tc	43	[99]
Helium	He	2	4.0026	Tellurium	Te	52	127.60
Holmium	Ho	67	164.930	Terbium	Tb	65	158.924
Hydrogen	H	1	1.00797	Thallium	Tl	81	204.37
Indium	In	49	114.82	Thorium	Th	90	232.038
Iodine	I	53	126.9044	Thulium	Tm	69	168.934
Iridium	Ir	77	192.2	Tin	Sn	50	118.69
Iron	Fe	26	55.847	Titanium	Ti	22	47.90
Krypton	Kr	36	83.80	Tungsten	W	74	183.85
Lanthanum	La	57	138.91	Uranium	U	92	238.03
Lawrencium	Lw	103	[257]	Vanadium	V	23	50.942
Lead	Pb	82	207.19	Xenon	Xe	54	131.30
Lithium	Li	3	6.939	Ytterbium	Yb	70	173.04
Lutetium	Lu	71	174.97	Yttrium	Y	39	88.905
Magnesium	Mg	12	24.312	Zine	Zn	30	65.37
Manganese	Mn	25	54.9380	Zirconium	Zr	40	91.22
Mendelevium	Md	101	[256]				

索　引

三民科學技術叢書（二）

書名	著作人	任職
工業儀錶	周澤川	成功大學
反應工程	徐念文	臺灣大學
定量分析	陳壽南	成功大學
定性分析	陳壽南	成功大學
食品加工	蘇茀第	前臺灣大學教授
質能結算	呂銘坤	成功大學
單元程序	李敏達	臺灣大學
單元操作	陳振揚	臺北技術學院
單元操作題解	陳振揚	臺北技術學院
單元操作(一)、(二)、(三)	葉和明	淡江大學
單元操作演習	葉和明	淡江大學
程序控制	周澤川	成功大學
自動程序控制	周澤川	成功大學
半導體元件物理	李嗣涔 管傑雄 孫台平	臺灣大學
電子學	黃世杰	高雄工學院
電子學	李浩	
電子學	余家聲	逢甲大學
電子學	鄧知晞 李清庭	成功大學 中原大學
電子學	傅勝利 陳光福	高雄工學院 成功大學
電子學	王永和	成功大學
電子實習	陳龍英	交通大學
電子電路	高正治	中山大學
電子電路(一)	陳龍英	交通大學
電子材料	吳朗	成功大學
電子製圖	蔡健藏	臺北技術學院
組合邏輯	姚靜波	成功大學
序向邏輯	姚靜波	成功大學
數位邏輯	鄭國順	成功大學
邏輯設計實習	朱惠勇 康峻源	成功大學 省立新化高工
音響器材	黃貴周	聲寶公司
音響工程	黃貴周	聲寶公司
通訊系統	楊明興	成功大學
印刷電路製作	張奇昌	中山科學研究院
電子計算機概論	歐文雄	臺北技術學院
電子計算機	黃本源	成功大學

三民科學技術叢書（三）

書名	著作人	任職
計算機概論	朱惠勇 黃煌嘉	成功大學 臺北市立南港高工
微算機應用	王明習	成功大學
電子計算機程式	陳澤生 吳建臺	成功大學
計算機程式	王泰裕	成功大學
計算機程式	余政光	中央大學
計算機程式	陳敬	成功大學
電工學	劉濱達	成功大學
電工學	毛齊武	成功大學
電機學	詹益樹	清華大學
電機機械（上）、（下）	黃慶連	成功大學
電機機械	林料總	成功大學
電機機械實習	高文進	華夏工專
電機機械實習	林偉成	成功大學
電磁學	周達如	成功大學
電磁學	黃廣志	中山大學
電磁波	沈在崧	成功大學
電波工程	黃廣志	中山大學
電工原理	毛齊武	成功大學
電工製圖	蔡健藏	臺北技術學院
電工數學	高正治	中山大學
電工數學	王永和	成功大學
電工材料	周達如	成功大學
電工儀錶	陳聖	華夏工專
電工儀表	毛齊武	成功大學
儀表學	周達如	成功大學
輸配電學	王載	成功大學
基本電學	黃世杰	成功大學
基本電學	毛齊武	成功大學
電路學（上）、（下）	王醴	成功大學
電路學	鄭國順	成功大學
電路學	夏少非	成功大學
電路學	蔡有龍	成功大學
電廠設備	夏少非	成功大學
電器保護與安全	蔡健藏	臺北技術學院

三民科學技術叢書（四）

書名	著作人	任職
網路分析	李祖添 杭學鳴	交通大學
自動控制	孫育義	成功大學
自動控制	李祖添	交通大學
自動控制	楊維楨	臺灣大學
自動控制	李嘉猷	成功大學
工業電子	陳文良	清華大學
工業電子實習	高正治	中山大學
工程材料	林立	中正理工學院
材料科學（工程材料）	王櫻茂	成功大學
工程機械	蔡攀鰲	成功大學
工程地質	蔡攀鰲	成功大學
工程數學	羅錦興	成功大學
工程數學	孫育義 高正治	成功大學 中山大學
工程數學	吳朗	成功大學
工程數學	蘇炎坤	成功大學
熱力學	林大惠 侯順雄	成功大學
熱力學概論	蔡旭容	臺北技術學院
熱工學	馬承九	成功大學
熱處理	張天津	臺北技術學院
熱機學	蔡旭容	臺北技術學院
氣壓控制與實習	陳憲治	成功大學
汽車原理	邱澄彬	成功大學
機械工作法	馬承九	成功大學
機械加工法	張天津	臺北技術學院
機械工程實驗	蔡旭容	臺北技術學院
機動學	朱越生	前成功大學教授
機械材料	陳明豊	工業技術學院
機械設計	林文晃	明志工專
鑽模與夾具	于敦德	臺北技術學院
鑽模與夾具	張天津	臺北技術學院
工具機	馬承九	成功大學
內燃機	王仰舒	樹德工專
精密量具及機件檢驗	王仰舒	樹德工專
鑄造學	唱際寬	成功大學
鑄造用模型製作法	于敦德	臺北技術學院

三民科學技術叢書（五）

書名	著作人	任職
塑性加工學	林文樹	工業技術研究院
塑性加工學	李榮顯	成功大學
鋼鐵材料	董基良	成功大學
焊接學	董基良	成功大學
電銲工作法	徐慶昌	中區職訓中心
氧乙炔銲接與切割工作法及實習	徐慶昌	中區職訓中心
原動力廠	李超北	臺北技術學院
流體機械	王石安	海洋學院
流體機械（含流體力學）	蔡旭容	臺北技術學院
流體機械	蔡旭容	臺北技術學院
靜力學	陳健	成功大學
流體力學	王叔厚	前成功大學教授
流體力學概論	蔡旭容	臺北技術學院
應用力學	陳元方	成功大學
應用力學	徐迺良	成功大學
應用力學	朱有功	臺北技術學院
應用力學習題解答	朱有功	臺北技術學院
材料力學	王叔厚 陳健	成功大學
材料力學	陳健	成功大學
材料力學	蔡旭容	臺北技術學院
基礎工程	黃景川	成功大學
基礎工程學	金永斌	成功大學
土木工程概論	常正之	成功大學
土木製圖	顏榮記	成功大學
土木施工法	顏榮記	成功大學
土木材料	黃忠信	成功大學
土木材料	黃榮吾	成功大學
土木材料試驗	蔡攀鰲	成功大學
土壤力學	黃景川	成功大學
土壤力學實驗	蔡攀鰲	成功大學
土壤試驗	莊長賢	成功大學
混凝土	王櫻茂	成功大學
混凝土施工	常正之	成功大學
瀝青混凝土	蔡攀鰲	成功大學
鋼筋混凝土	蘇懇憲	成功大學

三民科學技術叢書（六）

書名	著作人	任職
混凝土橋設計	彭耀南 徐永豐	交通大學 高雄工專
房屋結構設計	彭耀南 徐永豐	交通大學 高雄工專
建築物理	江哲銘	成功大學
鋼結構設計	彭耀南	交通大學
結構學	左利時	逢甲大學
結構學	徐德修	成功大學
結構設計	劉新民	前成功大學教授
水利工程	姜承吾	前成功大學教授
給水工程	高肇藩	成功大學
水文學精要	鄒日誠	榮民工程處
水質分析	江漢全	宜蘭農專
空氣污染學	吳義林	成功大學
固體廢棄物處理	張乃斌	成功大學
施工管理	顏榮記	成功大學
契約與規範	張永康	審計部
計畫管制實習	張益三	成功大學
工廠管理	劉漢容	成功大學
工廠管理	魏天柱	臺北技術學院
工業管理	廖桂華	成功大學
危害分析與風險評估	黃清賢	嘉南藥專
工業安全（工程）	黃清賢	嘉南藥專
工業安全與管理	黃清賢	嘉南藥專
工廠佈置與物料運輸	陳美仁	成功大學
工廠佈置與物料搬運	林政榮	東海大學
生產計劃與管制	郭照坤	成功大學
生產實務	劉漢容	成功大學
甘蔗營養	夏雨人	新埔工專

大學專校教材，各種考試用書。